计算机应用数学

主　编　师　涛　毛圆洁　钱学明

苏州大学出版社

图书在版编目(CIP)数据
计算机应用数学 / 师涛，毛圆洁，钱学明主编.
苏州 ：苏州大学出版社，2025. 1. -- ISBN 978-7-5672-5084-0
Ⅰ. TP301.6
中国国家版本馆 CIP 数据核字第 2025DQ2556 号

书　　名：计算机应用数学

主　　编：师　涛　毛圆洁　钱学明
责任编辑：李　娟
装帧设计：吴　钰

出版发行：苏州大学出版社(Soochow University Press)
社　　址：苏州市十梓街 1 号　邮编：215006
印　　刷：丹阳兴华印务有限公司
邮购热线：0512-67480030
销售热线：0512-67481020

开　　本：787 mm×1 092 mm　1/16　印张：12.75　字数：287 千
版　　次：2025 年 1 月第 1 版
印　　次：2025 年 1 月第 1 次印刷
书　　号：ISBN 978-7-5672-5084-0
定　　价：42.00 元

苏州大学出版社营销部　电话：0512-67481020
苏州大学出版社网址　http://www.sudapress.com
苏州大学出版社邮箱　sdcbs@suda.edu.cn

前言

PREFACE

近年来，我国高职教育体系不断完善，教育质量持续提高，社会对职业教育的认可度亦稳步提升.为适应高职教育的发展，满足高职教育人才培养工作的需要，我们依据高职高专教育高等数学课程教学基本要求，结合高职院校计算机类专业人才培养方案对数学教学的要求，编写了本教材.

编者在编写本教材的过程中贯彻了以下原则：

1. 结合专业，理实融通.教材注重数学知识与人工智能通识教育的紧密结合，借助Python编程进行科学计算，引导学生将数学理论与编程技能相结合.这样既能够助力学生深化对数学知识的领悟，又能够有效提升学生的计算思维和创新能力，契合时代对高职院校跨学科复合型人才培养的要求.

2. 题材丰富，德技融合.教材注重数学教育与思政教育的紧密结合，涵盖了广泛的数学主题，同时通过探讨数学知识的历史脉络和现实应用，启发学生思考数学对于社会发展、科技进步的重要意义，激发其民族自豪感和自信心，帮助其树立科技强国的坚定信念.

3. 直观形象，紧扣学情.针对高职院校学生的学习特点，教材在确保数学理论的科学性和严密性的前提下，将抽象的数学定义、定理转化为通俗易懂的描述，以及简明直观的几何解释，促进学生对知识的理解与运用，培养学生的数学思维和科学素养.

4. 分层教学，因材施教.针对高职院校学生数学基础和学习目标差异大的特点，教材配备了不同层次的习题供学生练习，难度较大的习题以“*”号标注，便于学生根据个人情况自主选择.习题参考答案以二维码形式附在书后，学生可以扫码查看.同时，教材设置了“思维训练营”板块，内容包括常用知识点、常见题型的总结以及拓展知识等，并精选2001—2024年江苏省专转本考试真题用于解题训练，以满足有专转本意向的学生自主学习的需求.

本教材内容包括一元微积分(极限与连续、导数与微分、不定积分与定积分)、线性代数(行列式、矩阵及其运算、矩阵的初等行变换、向量代数与线性方程组)、数理逻辑三大部分，适合高职院校计算机类、信息类各专业的学生作为教材使用.在人工智能和数字化时代背景下，至少掌握一门编程语言已成为一项基本技能，这不仅是对计算机类、信息类学生的要求，也是对所有学生的要求.因此，本教材也适合高职院校非计算机类各专业使用.本教材由师涛、毛圆洁、钱学明主编，方平参与了编写工作.

编　者

2024年11月

目录

Contents

预备知识

数学理论场

函数相关知识

(一) 邻域

以点 x_0 为中心的开区间称为点 x_0 的邻域,记为 $U(x_0)$.点 x_0 称为这个**邻域的中心**.

如图 0-1,设 $\delta>0$,则开区间 $(x_0-\delta,x_0+\delta)$ 称为点 x_0 的 δ **邻域**,记作 $U(x_0,\delta)$,即

$$U(x_0,\delta)=(x_0-\delta,x_0+\delta).$$

其中 δ 称为这个**邻域的半径**.

$(x_0-\delta,x_0)$ 称为 x_0 的**左邻域**,$(x_0,x_0+\delta)$ 称为 x_0 的**右邻域**.

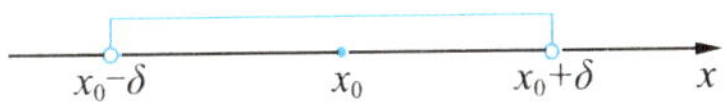

图 0-1

在 $U(x_0)$ 中去掉中心 x_0,就得到了 x_0 的**去心邻域** $\mathring{U}(x_0)$,即

$$\mathring{U}(x_0)=(x_0-\delta,x_0)\cup(x_0,x_0+\delta).$$

邻域主要用来刻画点 x_0 的“左右附近”.

(二) 函数的概念

函数是微积分学研究的基本对象,反映了变量之间的依赖关系.例如,正方形的面积取决于它的边长,太湖的水位取决于当地的降雨量.这两个例子中,正方形的面积因边长的变化而变化,我们称边长为自变量,正方形的面积为因变量;太湖的水位因当地降雨量的变化而变化,我们称太湖的水位为因变量,当地降雨量为自变量.因变量和自变量之间的依赖关系称为对应法则.

设 D 是非空数集,若对于 D 中每一个数 x,按照对应法则 f,都有唯一确定的 y 值与之对应,则称 y 是 x 的**函数**,记为 $y=f(x)$.数集 D 称为函数的**定义域**,它由使函数解析式成立的一切实数构成,也称为自然定义域.

如果 $x_0\in D$,那么 $f(x_0)$ 称为函数 $y=f(x)$ 在点 x_0 处的函数值.当 x 取遍 D 中所有元素时,对应的函数值的全体组成的数集称为函数的**值域**.

例如,圆的面积 y 是半径 x 的函数:$y=\pi x^2$.当 $x=3$ 时,$y=\pi\cdot 3^2=9\pi$,即函数

$y=\pi x^2$ 在点 $x=3$ 处的函数值是 9π.

由于自变量 x 代表圆的半径,所以 $x>0$,即该函数的定义域为 $(0,+\infty)$.这是由问题的实际背景决定的,称为函数的实际定义域.相应地,该函数的值域为 $(0,+\infty)$.

根据函数的定义,定义域和对应法则是确定函数的两个要素.例如,$f(x)=x$ 和 $g(x)=(\sqrt[3]{x})^3$ 是相同的函数,因为它们的定义域和对应法则都相同.但是 $f(x)=x$ 和 $h(x)=(\sqrt{x})^2$ 不是相同的函数,因为 $f(x)$ 的定义域为 $(-\infty,+\infty)$,而 $h(x)=(\sqrt{x})^2$ 的定义域为 $[0,+\infty)$.

自变量或因变量用什么符号表示对函数没有影响.例如,$y=x^2$ 和 $u=t^2$ 是相同的函数.

(三)函数的性质

在初等数学中已经讨论了函数的单调性、奇偶性和周期性,并证明了一些常用函数的性质.例如,关于函数的单调性有以下结论:

指数函数 $y=a^x$,当 $a>1$ 时,函数在定义域 $(-\infty,+\infty)$ 内单调增加;当 $0<a<1$ 时,函数在定义域 $(-\infty,+\infty)$ 内单调减少.

对数函数 $y=\log_a x$,当 $a>1$ 时,函数在定义域 $(0,+\infty)$ 内单调增加;当 $0<a<1$ 时,函数在定义域 $(0,+\infty)$ 内单调减少.

正弦函数 $y=\sin x$ 在区间 $\left[2k\pi-\dfrac{\pi}{2},2k\pi+\dfrac{\pi}{2}\right]$ $(k\in\mathbf{Z})$ 上单调增加,在 $\left[2k\pi+\dfrac{\pi}{2},2k\pi+\dfrac{3\pi}{2}\right]$ $(k\in\mathbf{Z})$ 上单调减少.

余弦函数 $y=\cos x$ 在区间 $[(2k-1)\pi,2k\pi]$ $(k\in\mathbf{Z})$ 上单调增加,在 $[2k\pi,(2k+1)\pi]$ $(k\in\mathbf{Z})$ 上单调减少.

正切函数 $y=\tan x$ 在区间 $\left(k\pi-\dfrac{\pi}{2},k\pi+\dfrac{\pi}{2}\right)$ $(k\in\mathbf{Z})$ 内单调增加.

余切函数 $y=\cot x$ 在区间 $(k\pi,k\pi+\pi)$ $(k\in\mathbf{Z})$ 内单调减少.

关于函数的奇偶性有以下结论:

$y=x^m$(m 为偶数),$y=\cos x$ 是偶函数;

$y=x^n$(n 为奇数),$y=\sin x$,$y=\tan x$,$y=\cot x$ 都是奇函数.

关于函数的周期性有以下结论:

$y=\sin x$,$y=\cos x$ 是周期函数,最小正周期为 2π;

$y=\tan x$,$y=\cot x$ 是周期函数,最小正周期为 π.

如图 0-2,观察正弦函数的图象可知,在定义域 $(-\infty,+\infty)$ 内,$y=\sin x$ 的图象被夹在两条平行于 x 轴的直线 $y=1$ 和 $y=-1$ 中间.

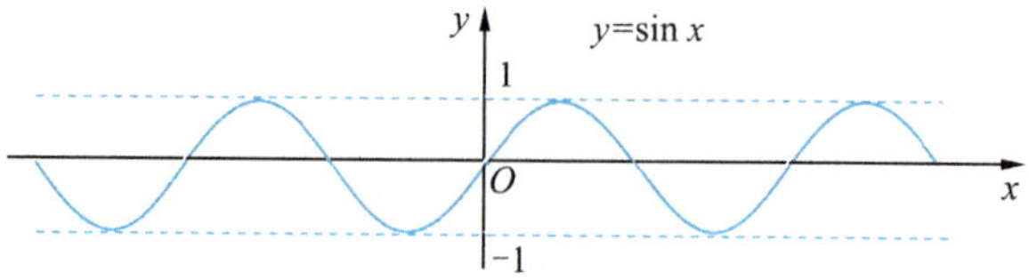

图 0-2

用数学语言描述正弦函数 $y=\sin x$ 的这一特点，即对任意 $x\in\mathbf{R}$，有 $|\sin x|\leqslant 1$.

设函数 $y=f(x)$ 在区间 I 上有定义，若存在一个正数 M，对任意 $x\in I$，函数值 $f(x)$ 都满足 $|f(x)|\leqslant M$，则称函数 $y=f(x)$ 是 I 上的**有界函数**.若不存在这样的正数 M，则称函数 $y=f(x)$ 是 I 上的**无界函数**.

例如，$y=\sin x$，$y=\cos x$ 在定义域 $\mathbf{R}$ 内都是有界的，$y=\tan x$ 在区间 $\left(k\pi-\frac{\pi}{2},k\pi+\frac{\pi}{2}\right)(k\in\mathbf{Z})$ 内无界.

（四）反函数

考虑由函数 $y=2x-1(x\in\mathbf{R})$ 解得 $x=\frac{y+1}{2}(y\in\mathbf{R})$，这也是一个函数，它以 x 为因变量，以 y 为自变量，对于任意 $y\in\mathbf{R}$，有唯一确定的 x 值与 y 对应，称为 $y=2x-1(x\in\mathbf{R})$ 的反函数.

一般地，由函数 $y=f(x)$ 解得符合函数定义的 $x=f^{-1}(y)$，即为函数 $y=f(x)$ 的**反函数**，通常记作 $y=f^{-1}(x)$.

例如，函数 $y=x^2(x\in(0,+\infty))$，由 $y=x^2$，解得 $x=\sqrt{y}$，对任一自变量的值 y，存在唯一确定的 x 值与之对应，即 $x=\sqrt{y}$ 符合函数的定义，它是 $y=x^2(x\in(0,+\infty))$ 的反函数.

但是，对于函数 $y=x^2(x\in\mathbf{R})$，解得 $x=\pm\sqrt{y}$，同一个自变量 y 的值对应两个因变量 x 的值，不符合函数的定义，因此，函数 $y=x^2(x\in\mathbf{R})$ 不存在反函数.

习惯上以“x”作为自变量的符号，因此，通常将 $y=f(x)$ 的反函数 $x=f^{-1}(y)$ 改写为 $y=f^{-1}(x)$.例如，将 $y=2x-1$ 的反函数 $x=\frac{y+1}{2}$ 改写为 $y=\frac{x+1}{2}(x\in\mathbf{R})$.

$y=f(x)$ 与 $x=f^{-1}(y)$ 表示变量 x，y 之间的同一个函数关系，而 $y=f^{-1}(x)$ 由 $x=f^{-1}(y)$ 互换 x，y 得到，因此有以下结论：

(1) 函数的定义域是其反函数的值域，函数的值域是其反函数的定义域.

(2) 函数与其反函数的图象关于直线 $y=x$ 对称（图 0-3）.

(3) 函数存在反函数的充分必要条件是自变量与因变量是一一对应的.

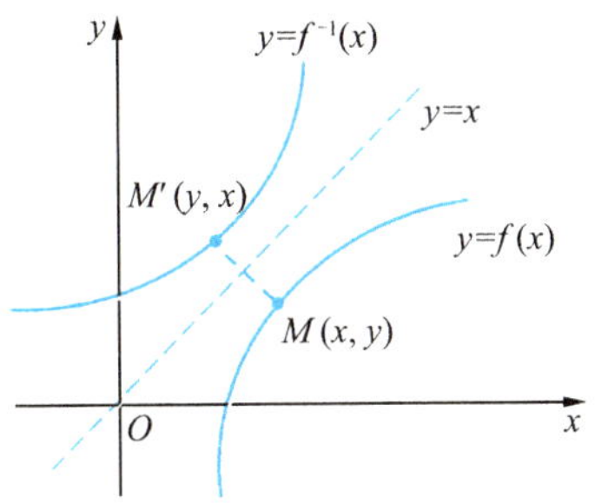

图 0-3

如果一个函数在定义域上单调增加或单调减少，那么在它的定义域上，自变量和因变量一定是一一对应的，从而其反函数一定存在. 也就是说，**单调增加（或减少）的函数一定存在反函数，而且其反函数也单调增加（或减少）.**

如果函数不满足在整个定义域上单调，可以选择该函数的一个单调区间，在这个单调区间上讨论其反函数.

例如，正弦函数 $y=\sin x$ 的定义域为 $\mathbf{R}$，值域为 $[-1,1]$，在其定义域 $\mathbf{R}$ 上，自变量和因变量不是一一对应的，所以可以在 $y=\sin x$ 的单调增加区间 $\left[-\frac{\pi}{2},\frac{\pi}{2}\right]$ 上讨论其反函数.

$y=\sin x$ 在区间 $\left[-\frac{\pi}{2},\frac{\pi}{2}\right]$ 上存在反函数，称为反正弦函数（图 0-4），记作 $y=\arcsin x$.

反正弦函数 $y=\arcsin x$ 的定义域为 $[-1,1]$，值域为 $\left[-\frac{\pi}{2},\frac{\pi}{2}\right]$.

反正弦函数 $y=\arcsin x$ 是单调增加的，是奇函数，是有界函数.

类似地，定义余弦函数、正切函数和余切函数在指定区间上的反函数分别是反余弦函数 $y=\arccos x$、反正切函数 $y=\arctan x$ 和反余切函数 $y=\operatorname{arccot} x$.

余弦函数 $y=\cos x$ 在 $[0,\pi]$ 上的反函数称为反余弦函数，记作 $y=\arccos x$（图 0-5）.

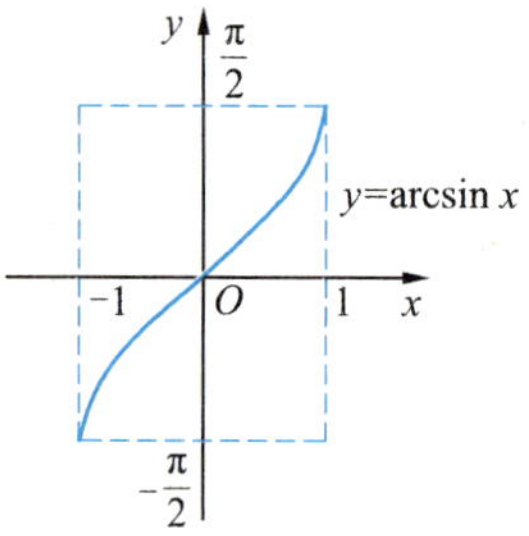

图 0-4

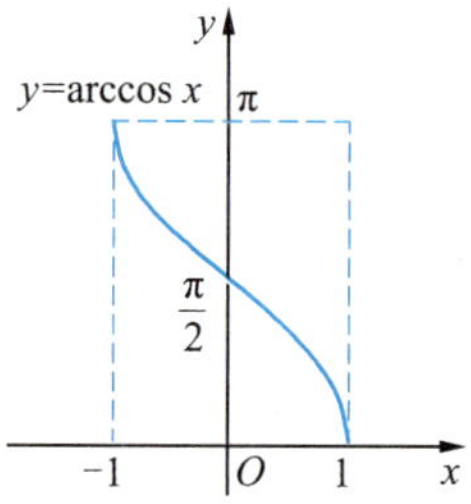

图 0-5

反余弦函数 $y=\arccos x$ 的定义域为 $[-1,1]$，值域为 $[0,\pi]$.

反余弦函数 $y=\arccos x$ 是单调减少的，是非奇非偶函数，是有界函数.

正切函数 $y=\tan x$ 在 $\left(-\frac{\pi}{2},\frac{\pi}{2}\right)$ 内的反函数称为反正切函数，记作 $y=\arctan x$（图 0-6）.

反正切函数 $y=\arctan x$ 的定义域为 $\mathbf{R}$，值域为 $\left(-\frac{\pi}{2},\frac{\pi}{2}\right)$.

反正切函数 $y=\arctan x$ 是单调增加的，是奇函数，是有界函数.

余切函数 $y=\cot x$ 在 $(0,\pi)$ 内的反函数称为反余切函数，记作 $y=\operatorname{arccot} x$（图 0-7）.

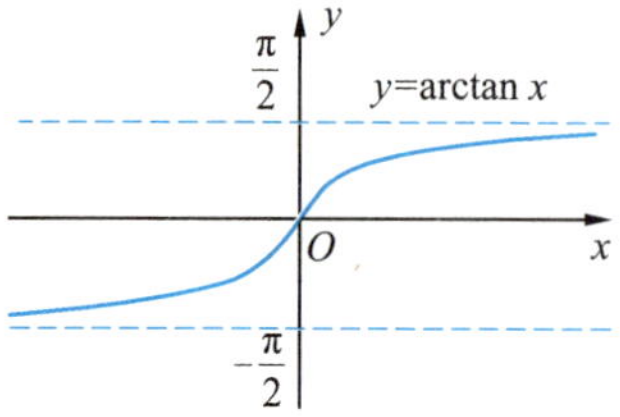

图 0-6

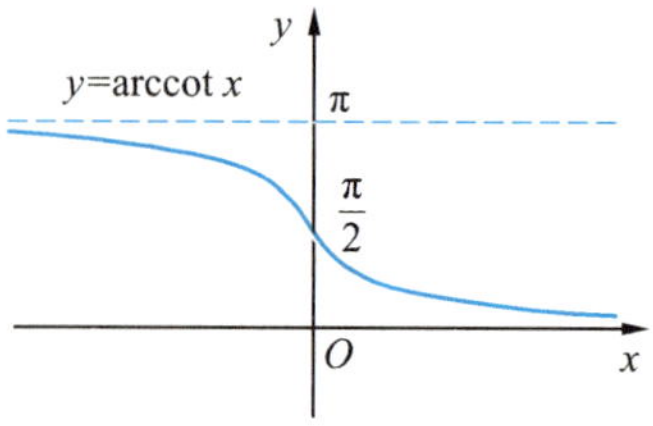

图 0-7

反余切函数 $y=\operatorname{arccot} x$ 的定义域为 $\mathbf{R}$，值域为 $(0,\pi)$.

反余切函数 $y=\operatorname{arccot} x$ 是单调减少的，是非奇非偶函数，是有界函数.

通常使用以下公式计算反三角函数的函数值：

$\sin(\arcsin x)=x$，　　$\cos(\arccos x)=x$，

$\tan(\arctan x)=x$，　　$\cot(\operatorname{arccot} x)=x$，

$\arcsin(-x)=-\arcsin x$，　　$\arccos(-x)=\pi-\arccos x$，

$\arctan(-x)=-\arctan x$，　　$\operatorname{arccot}(-x)=\pi-\operatorname{arccot} x$.

例 1　(1) 在区间 $\left[-\frac{\pi}{2},\frac{\pi}{2}\right]$ 上，计算 $\arcsin\frac{1}{2}$；

(2) 在区间 $(0,\pi)$ 内，计算 $\operatorname{arccot}\left(-\frac{\sqrt{3}}{3}\right)$.

解　(1) 设 $\arcsin\frac{1}{2}=x$，则 $\sin\left(\arcsin\frac{1}{2}\right)=\frac{1}{2}$，即 $\sin x=\frac{1}{2}$. 在 $\left[-\frac{\pi}{2},\frac{\pi}{2}\right]$ 上，$\sin\frac{\pi}{6}=\frac{1}{2}$，所以 $\arcsin\frac{1}{2}=\frac{\pi}{6}$.

(2) 在 $(0,\pi)$ 内，$\cot\frac{\pi}{3}=\frac{\sqrt{3}}{3}$，所以 $\operatorname{arccot}\left(-\frac{\sqrt{3}}{3}\right)=\pi-\operatorname{arccot}\frac{\sqrt{3}}{3}=\pi-\frac{\pi}{3}=\frac{2\pi}{3}$.

（五）复合函数

设函数 $y=\ln u$，函数 $u=\sqrt{x}$，用 $\sqrt{x}$ 代替 $y=\ln u$ 中的 u，得到一个新的函数 $y=\ln\sqrt{x}$，称 $y=\ln\sqrt{x}$ 是由 $y=\ln u$，$u=\sqrt{x}$ 经过复合而成的函数.

一般地，设 $y=f(u)$，$u=g(x)$，且 $u=g(x)$ 的值域与 $y=f(u)$ 的定义域有非空交集，则称 $y=f[g(x)]$ 是 $y=f(u)$ 与 $u=g(x)$ 的**复合函数**，称 u 为中间变量.

应当注意，$u=g(x)$ 的值域与 $y=f(u)$ 的定义域有非空交集是两个函数可以复合的必要条件.

例如，函数 $y=\ln u$ 的定义域 $(0,+\infty)$ 和函数 $u=\sqrt{x}$ 的值域 $[0,+\infty)$ 有非空交集，这两个函数可以复合. 而函数 $y=\arcsin u$ 和 $u=x^2+3$ 则不能复合，因为函数 $y=\arcsin u$ 的定义域 $[-1,1]$ 与 $y=x^2+3$ 的值域 $[3,+\infty)$ 的交集为空集.

有的复合函数可能是由两个以上的函数复合而成的. 例如，函数 $y=2^{\sqrt{x^2-1}}$ 由三个函数 $y=2^u$，$u=\sqrt{v}$，$v=x^2-1$ 复合而成.

（六）基本初等函数与初等函数

幂函数：$y=x^\alpha\ (\alpha\in\mathbf{R})$；

指数函数：$y=a^x\ (a>0, a\neq1)$；

对数函数：$y=\log_a x\ (a>0, a\neq1)$；

三角函数：$y=\sin x$，$y=\cos x$，$y=\tan x$，$y=\cot x$，$y=\sec x$，$y=\csc x$；

反三角函数：$y=\arcsin x$，$y=\arccos x$，$y=\arctan x$，$y=\operatorname{arccot} x$.

以上五类函数统称为**基本初等函数**.

由常数和基本初等函数经过有限次的四则运算和有限次的函数复合构成，且可以

用一个式子表示的函数,称为**初等函数**.

大多数**分段函数**(在自变量的不同范围内用不同式子分段表示的函数)都是非初等函数.

分段函数是一个函数,不是几个函数.分段函数的定义域等于各段定义区间的并集.

例 2 求下列分段函数的定义域和值域,并作出图象:

(1) 符号函数 $\operatorname{sgn} x=\begin{cases}1, & x>0,\\ 0, & x=0,\\ -1, & x<0;\end{cases}$ (2) 绝对值函数 $y=|x|=\begin{cases}x, & x\geqslant 0,\\ -x, & x<0.\end{cases}$

解 (1) 符号函数的定义域为$(-\infty,+\infty)$,值域为$\{-1,0,1\}$,图象如图 0-8 所示.

(2) 绝对值函数的定义域为$(-\infty,+\infty)$,值域为$[0,+\infty)$,图象如图 0-9 所示.

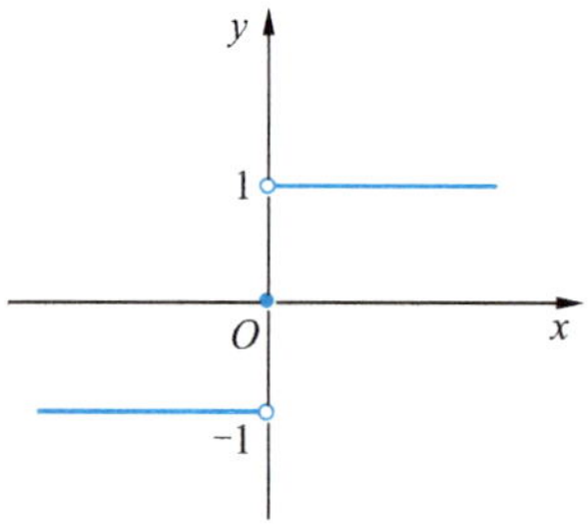

图 0-8

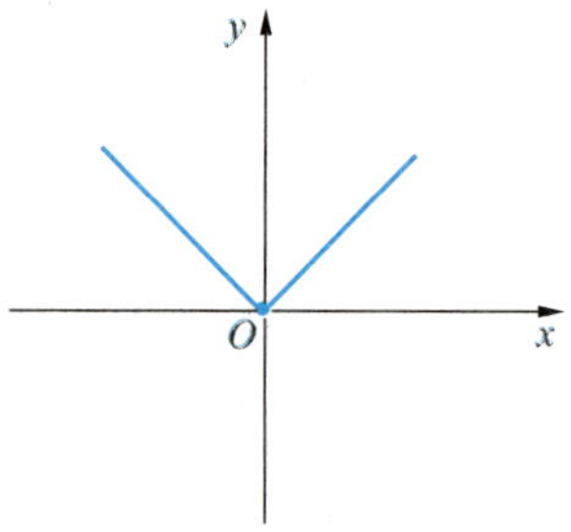

0-9

编程实验室

Python 基础与数学工具包

科学计算是利用计算机解决科学研究和工程技术领域中的数学问题的过程.在科学探索和工程实践中,经常有大量的复杂数学运算,这些运算的复杂性往往超出了手工计算的范畴,必须借助计算机的力量来求解.

传统上,常用 MAPLE、Mathematica 或 Matlab 等软件解决科学计算问题.这些软件功能全面,计算能力强大,但它们都是非开源的商业产品,可能涉及较高的购置成本,并且在跨平台使用上存在限制.相比之下,Python 易于安装、免费且开源的特性,使其迅速成为科学计算的优选编程语言.Python 支持多进程和多线程技术,拥有丰富的库和框架,具备强大的可移植性.在科学计算方面,Python 的性能和速度已经可以与传统软件相媲美.同时,Python 拥有活跃的社区,持续开发出新的工具和库,进一步增强了它在科学计算领域的应用潜力.

（一）Python 基础

1. Python 常见代码编写规范

（1）注释.

注释语句用于对代码进行解释，增加程序的可读性，不会被执行. Python 的注释分为单行注释和多行注释.

单行注释：在注释语句前使用符号“ # ”，后面保留一个空格. 如果在语句行内进行注释（语句与注释在同一行），那么注释和语句之间至少保留两个空格.

多行注释：在注释语句前后各使用三个单引号“'''”或三个双引号“"""”.

由于本教材中的代码结构较为简单，为方便起见，代码中不再添加注释.

（2）代码缩进.

Python 使用缩进格式以体现代码块之间的层次. 通常使用四个空格作为一个标准缩进量. 相同级别的代码块应保持一致的缩进量.

（3）变量.

在 Python 中一切皆为对象. 变量作为“标签”，用以标识对象. 采用英文字母、数字、下划线和汉字等字符及其组合给变量命名，称为变量名. 变量名的首字符不能是数字，中间不能出现空格. 变量名的长度没有限制，但关键字、内置函数名不能用来作为变量名. 引用对象时，可将变量名指向对象，该过程称为赋值. 格式为：变量名＝值.

例如，需要创建一个变量 a，给它赋值为 1，则直接输入 a=1.

2. Python 的数据类型和结构

（1）数据类型.

数据类型通常有整型（int）、浮点型（float）、复数型（complex）、布尔型（bool）等.

字符串（str）用于表示文本，可以包含字母、数字、符号、空格等字符，并且是有序的. 字符串可以通过多种方式创建，最常见的是使用单引号或双引号.

整型数据（int）与数学中整数概念一致，可以是 0、正整数或负整数，默认十进制表示.

浮点型数据（float）对应于数学中的实数概念，表示带有小数的数值. Python 要求浮点数必须包含小数点（即使小数部分是 0），以区分整型数据和浮点型数据.

布尔型数据（bool）仅包含两种值：True（正确）和 False（错误）. Python 将 1 和其他数值及非空字符串都看成 True，将 0、空字符串和 None 看成 False.

不同类型的数据之间可以互相转换，转换方式为：数据类型（x）. 例如，int（x）表示将 x 转换为整型数据.

（2）常用数据结构.

Python 常用的数据结构包括列表、元组、字典等.

列表由一系列按照特定顺序排列的元素组成，可以包含相同或不同类型的数据元素. 通常使用方括号“[]”创建，并且是可变的. 列表的元素之间以逗号隔开.

元组使用圆括号“()”创建，是不可变的. 元素之间用逗号隔开.

字典由键值对构成，是一种无序的数据结构. 其中每个键（key）唯一地与一个值

(value)相关联.通常使用大括号"{}"创建字典,键与值之间用冒号隔开,键值对之间以逗号隔开.字典中的元素可以添加、删除和修改.

3. Python 常用运算符

(1) 算术运算符.

+(加号)、-(减号)、*(乘号)、/(除号)、**(幂)、//(取整数商)、%(取模,即返回除法的余数).

使用这些运算符可以在 Python 中执行基本的数学运算.Python 中的算术运算符遵循数学运算规则和优先级.例如,乘法和除法优先于加法和减法执行.

(2) 比较运算符.

==:等于;!=:不等于;>:大于;<:小于;>=:大于等于;<=:小于等于.

(3) 逻辑运算符.

and:与;or:或;not:非.

(二) Python 数学工具包

Python 内置的 Math 模块提供了多个用于浮点运算的数学函数,包括基本的数学运算,如指数、对数、平方根、三角函数等.Math 模块是 Python 标准库的一部分,不需要额外安装,提供了足够的精确度以进行基础数学运算.但是 Math 模块不支持一些科学计算中常见的大规模数值计算,如数组或矩阵操作功能.

NumPy、SciPy、SymPy 和 Matplotlib 是 Python 较常用的第三方库,其中 SymPy 是符号计算库,Numpy 和 Scipy 都是数值计算库.NumPy 主要处理数组和基础数学操作.SciPy 建立在 NumPy 之上,扩展了 NumPy 的功能.Matplotlib 可以实现数据的可视化,是以几何视角展示数学问题的重要工具. Matplotlib 主要依赖于 NumPy 数值计算,在工程技术应用场景,通常会将 NumPy 与 Matplotlib 结合使用.简而言之,数值计算通常涉及数值解,可能受到舍入误差的影响;符号计算则追求形式解,不存在舍入误差.例如,计算$\sqrt{8}$,使用 NumPy 进行计算得到的结果是浮点数 2.828 427 124 746 190 1,而使用 SymPy 计算得到的结果是 2 * sqrt(2),即 $2\sqrt{2}$.

本教材中使用 SymPy 库以满足符号推导和精确计算的需求.

1. SymPy 的安装

SymPy 是第三方库,可以使用 Python 的包管理工具 pip 安装,具体步骤如下:

(1) 打开命令行工具(Windows 上是命令提示符或 PowerShell,macOS 或 Linux 上是终端);

(2) 使用以下命令安装 SymPy:

```
pip install sympy.
```

2. SymPy 的引入

在编写代码进行科学计算时,应首先使用关键字 import 引入 SymPy 库.关键字是编程语言中具有特殊意义的词汇,通常用于定义语言的语法和结构,是语言的核心部分.

import 的使用有以下三种方式：

(1) 引入整个 SymPy 库.

格式为：import sympy.此时可以使用该库中所有功能. 在引用库中函数或符号时，应当以库名作为前缀，格式为：sympy.函数名(函数参数).

在 Python 中，函数是执行特定任务的代码块，可以通过调用来使用. Python 提供了丰富的内置函数，也允许用户自定义函数. 此外，不同的库也都有各自的内置函数.

为了避免混淆，本教材中“编程实验室”部分默认函数为 Python 函数，数学中(如指数函数、三角函数等)函数称为数学函数.

例如，Python 内置的 print()函数，可以输出指定信息，其语法格式为：print(字符串 1，字符串 2，…，字符串 n).

例如，sqrt(x)函数是 SymPy 库中的函数，用于计算 x 的平方根，使用时要以 sympy 为前缀，格式为：sympy.sqrt(x).参数 x 可以是数值、符号变量或 SymPy 表达式.

(2) 导入整个 Sympy 库且重命名.

引入时为 Sympy 命名一个别名，如 sp，格式为：import sympy as sp.在使用 SymPy 中函数时，应当以 sp 作为前缀.

(3) 指定导入库中的函数.

使用 from…import…语句可以从 SymPy 库中选择性引入指定函数.格式为 from sympy import 函数名. 使用引入的函数时不需要再以库名作为前缀.

例 3 导入 SymPy 库，创建变量 a，并将其赋值为符号表达式 sqrt(2).

解 方法 1：

```
import sympy
a = sympy.sqrt(2)
print('a =', a)
```

方法 2：

```
import sympy as sp
a=sp.sqrt(2)
```

方法 3：

```
from sympy import sqrt
a=sqrt(2)
```

三种方法的代码运行结果一致，为 a=sqrt(2).

习题

1. 分别用区间和邻域表示：

(1) 以 1 为中心、0.1 为半径的邻域；　(2) 以 0 为中心、2 为半径的去心邻域.

2. 化简或计算：

(1) $9^{-\frac{3}{2}}$；　(2) $\log_{16} 4$；　(3) $\log_4 16$；

(4) $\left(\dfrac{2a^{-3}b^3}{4a^{-2}b^2}\right)^{-2}\cdot(2ab)^2$；　(5) $a\sqrt{a\sqrt{a}}\cdot\sqrt[3]{a}$；　(6) $\ln 2+\ln\dfrac{1}{8}+\ln 4$.

3. 将下列指数式换为以 e 为底的指数式：

(1) 3^{2x}；　(2) x^x；　(3) $f(x)^{g(x)}$.

4. 已知 $\sin x=\dfrac{1}{3}$，$0<x<\dfrac{\pi}{2}$，求 $\cos x$，$\tan x$，$\cot x$，$\sec x$，$\csc x$ 的值.

5. 证明：(1) $\dfrac{\cos 2x}{\sin^2 x\cos^2 x}=\csc^2 x-\sec^2 x$；　(2) $\dfrac{1}{1+\cos 2x}=\dfrac{1}{2}\sec^2 x$.

6. 导入 Sympy 库，引用其中的自然对数函数，创建变量 a，并将其赋值为 ln 2 .

7. 导入 Sympy 库，引用其中的正弦函数和符号 pi，创建变量 b，并将其赋值为 sin π.

8. 导入 Sympy 库，引用其中的反正切函数，创建变量 c，并将其赋值为 arctan 1 .

第一单元　一元微积分

微积分的诞生始于17世纪的欧洲，这一时期正值工业革命的兴起，科学技术蓬勃发展的同时，也带来了一系列数学问题．例如，望远镜的光程设计需要确定透镜曲面上任意一点的法线；研究炮弹的最大射程需要求解函数的最值；研究物体的运动轨迹需要确定物体的瞬时速度和加速度；在天文学、力学等学科中，还需要计算平面图形的面积、曲线的长度、物体的重心等．微积分学正是在这样的背景下应运而生．

在微积分的发明过程中，莱布尼兹和牛顿扮演了关键角色．莱布尼兹定义了微分符号和运算法则，牛顿通过"流数"的概念描述了物体的运动速度．牛顿和莱布尼兹都认识到积分与微分的互逆关系，利用"反微分"计算面积．至此，微积分的核心内容——导数、微分、不定积分和定积分均已基本成型，科学界的四大问题似乎也得到了解决：导数与微分可以用于计算曲线的切线和法线、求出物体运动的瞬时速度、计算函数的最值，积分则可用于计算曲线的长度、平面图形的面积等．然而，人们很快从中发现了漏洞：牛顿和莱布尼兹的理论均涉及"无穷小"的概念，但他们未能提供这一概念的严谨的数学定义．数学家们开始致力于为微积分构建坚实的理论基础——极限．

我国最早的极限思想可以追溯到战国时期．庄子及其弟子所著的《庄子》不仅在文学上享有盛誉，而且其深邃的哲学思想对后世也产生了重要影响．《庄子・天下篇》中记载着这样一句话：一尺之棰，日取其半，万世不竭．大意是：每日将一尺长的木棍取半，永远都取之不尽．这一观点体现了古人对"无穷"的深刻认识．以现代数学的角度来看，这是一个数列极限的典型案例：随着天数无限增加，木棍的长度依次为$1,\frac{1}{2},\frac{1}{2^2},\cdots,\frac{1}{2^{n-1}},\cdots$，这是一个无穷数列，随着项数$n$的无限增大，数列$\left\{\frac{1}{2^{n-1}}\right\}$无限趋近于0．

公元3世纪，魏晋时期的数学家刘徽提出了割圆术：用内接正多边形的面积逐步逼近圆的面积．设圆的内接正n边形的面积为$A_n(n\in\mathbf{N}^*)$，随着边数n的无限增大，虽然A_n始终是正多边形的面积，但是A_n会无限趋近于一个确定的常数A，即圆的面积．现代数学称此常数A为数列$A_1,A_2,\cdots,A_n,\cdots$的极限．刘徽描述为"割之弥细，所失弥少．割之又割，以至于不可割，则与圆合体而无所失矣"．其思想与现代微积分中数列极限的概念如出一辙．通过割圆术，刘徽得到圆周率约为3.14．这是当时最精确的圆周率数据，被称为"徽率"．

尽管我国古代数学家已经具备了朴素直观的极限观念，但是由于儒家思想的影响，古典数学偏重于实用计算而忽视了理论推演．从元代末期开始，我国数学研究逐渐衰退，微积分学未能进一步发展．

19 世纪，柯西提出：当一个变量的值无限趋近于一个定值时，这个定值称为该变量的极限.这一描述为现代极限概念奠定了基础.德国数学家魏尔斯特拉斯将柯西关于极限的定性描述转化为定量形式，形成了至今通用的“ε-N”语言和“ε-δ”语言，使极限能够通过一系列不等式推导确定，而不再依赖于几何直观.极限理论的确立，为微积分学奠定了坚实的逻辑基础，使其在各个科学领域得到了广泛而深入的应用.

微积分学的诞生在欧洲开启了变量数学的新纪元.17 世纪末，在微积分学的推动下，英国等国家完成了工业革命，开始了对外扩张.1840 年，鸦片战争的爆发揭开了清政府在历史上屈辱的一页，残酷的现实促使我国知识分子认识到科学与教育的重要性，开始研究和传播西方近代数学知识.

李善兰是清末科学界最具代表性的人物之一.他精通数理，学贯中西，其学术成果收录于《则古昔斋算学》，共 13 种 24 卷，是我国近代数学的经典之作.李善兰曾目睹英国侵略者攻陷浙江海防重镇乍浦，英军的血腥罪行，激发了他对侵略者的痛恨和忧国忧民之情.他认识到“今欧罗巴各国日益强盛，为中国边患，推原其故，制器精也；推原制器之精，算学明也”.欧洲各国的强盛是因其科技先进，而科技先进是因为数学水平高.因此，他潜心研究数学，从事数学教育，希望“异日人人习算，制器日精，以威海外各国”.李善兰与伟烈亚力等人合译了一系列西方数学和科学典籍.在翻译过程中，他创造了大量数学名词，如代数、函数、指数、微分、积分等，这是西方近代数学成果第一次被引进我国，国内外数学史界都给予了高度评价.此外，李善兰长期在同文馆执教，为培养我国近代首批科学人才做出了巨大贡献，对我国数学的发展产生了深远影响.

历史是最好的教科书，它告诉我们，无论时代如何变迁，科技的力量始终是国家强盛的重要支撑.在西方列强的炮火下，清末数学的发展尽管显得步履蹒跚，但以李善兰为代表的科学家们所展现的求知精神和不懈探索，是中华民族自强不息、勇于创新的生动写照.今天的我们要以开放的心态学习世界先进科学技术，更要坚持自主创新，不断增强国家的科技实力和核心竞争力.只有这样，我们才能在世界舞台上占据一席之地，实现中华民族伟大复兴的中国梦.

第一节　极限与连续

数学理论场

一　极限的概念

(一) 自变量 $x\to x_0$ 时，函数 $f(x)$ 的极限

已知函数 $f(x)=x+1$，如图 1-1，可以观察到，随着自变量 x 从左右两侧不断向 0 趋近，函数值 $f(x)$ 向常数 1 无限趋近.

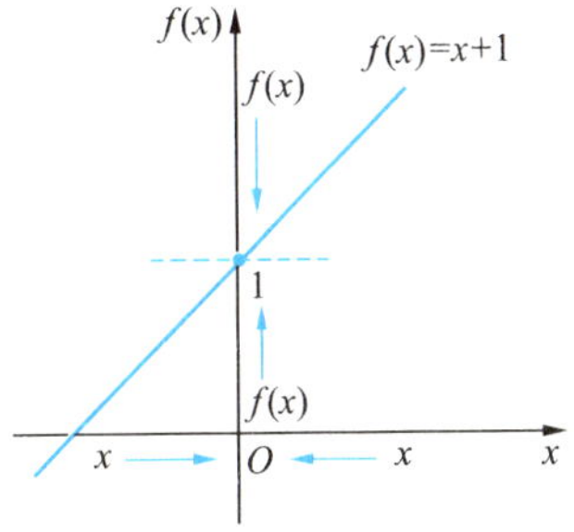

图 1-1

用数学语言描述为：当 $x\to 0$ 时，函数 $f(x)=x+1\to 1$.

读作"当 x 无限趋近于 0 时，函数 $f(x)=x+1$ 的极限为 1"，记作 $\lim\limits_{x\to 0}(x+1)=1$.

一般地，当自变量 x 无限趋近于常数 x_0，即 $x\to x_0$ 时，如果函数 $f(x)$ 无限趋近于一个确定的常数 A，那么称 A 为**函数 $f(x)$ 当 $x\to x_0$ 时的极限**，记作

$$\lim_{x\to x_0}f(x)=A.$$

其中，$x\to x_0$ 表示 x 既从 x_0 的右侧(大于 x_0)无限趋近于 x_0，又从 x_0 的左侧(小于 x_0)无限趋近于 x_0.

如果 x 仅从 x_0 的右侧无限趋近于 x_0 时，函数 $f(x)$ 无限趋近于一个确定的常数 A，那么称 A 为函数 $f(x)$ 当 $x\to x_0$ 时的**右极限**，记作

$$\lim_{x\to x_0^+}f(x)=A\text{ 或 }f(x_0+0)=A.$$

如果 x 仅从 x_0 的左侧无限趋近于 x_0 时，函数 $f(x)$ 无限趋近于一个确定的常数 A，那么称 A 为函数 $f(x)$ 当 $x\to x_0$ 时的**左极限**，记作

$$\lim_{x\to x_0^-}f(x)=A\text{ 或 }f(x_0-0)=A.$$

显然，函数 $f(x)$ 当 $x\to x_0$ 时的极限存在的充分必要条件是函数 $f(x)$ 当 $x\to x_0$ 时的左极限和右极限都存在且相等，即

$$\lim_{x\to x_0}f(x)=A\Leftrightarrow\lim_{x\to x_0^+}f(x)=\lim_{x\to x_0^-}f(x)=A.$$

例 1　观察函数 $y=\dfrac{x^2+x}{x}$ 的图象，讨论当 $x\to 0$ 时函数的极限.

解　如图 1-2，观察图象，得到

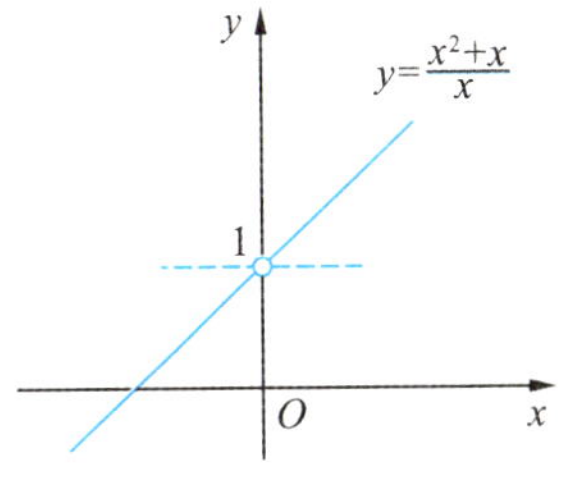

图 1-2

$$\lim_{x\to 0}\frac{x^2+x}{x}=1.$$

函数 $y=\frac{x^2+x}{x}$ 在 $x=0$ 处没有定义，$y=x+1$ 在 $x=0$ 处有定义，但是当 $x\to 0$ 时，函数 $y=\frac{x^2+x}{x}$ 和 $y=x+1$ 的函数值的变化趋势相同，都无限趋近于常数 1，即

$$\lim_{x\to 0}\frac{x^2+x}{x}=\lim_{x\to 0}(x+1)=1.$$

这说明，当 $x\to x_0$ 时，函数 $f(x)$ 是否存在极限与函数值 $f(x_0)$ 是否存在无关.

观察常数函数、幂函数、指数函数、对数函数、三角函数和反三角函数的图象可以发现，基本初等函数在其定义域内任一点 x_0 处的极限等于函数在 x_0 处的函数值.也就是有如下结论：

如果函数 $y=f(x)$ 是常数函数或基本初等函数，x_0 是其定义域内一点，那么

$$\lim_{x\to x_0}f(x)=f(x_0).$$

例如，对常数函数 $y=C$（C 为常数），有 $\lim\limits_{x\to x_0}C=\lim\limits_{x\to x_0^-}C=\lim\limits_{x\to x_0^+}C=C$.

对幂函数 $y=x$，有 $\lim\limits_{x\to x_0}x=\lim\limits_{x\to x_0^-}x=\lim\limits_{x\to x_0^+}x=x_0$.

对正弦函数 $y=\sin x$，有 $\lim\limits_{x\to x_0}\sin x=\lim\limits_{x\to x_0^-}\sin x=\lim\limits_{x\to x_0^+}\sin x=\sin x_0$.

举一反三

根据上述结论，尝试写出当 $x\to x_0$ 时其他基本初等函数的极限.

例 2 讨论符号函数 $\operatorname{sgn} x=\begin{cases}1, & x>0,\\ 0, & x=0,\\ -1, & x<0\end{cases}$ 当 $x\to 0$ 时的极限.

解 符号函数在分段点 $x=0$ 左右两侧的函数表达式不同，应分别讨论当 $x\to x_0$ 时，函数的左极限和右极限.因为

$$\lim_{x\to 0^+}\operatorname{sgn} x=\lim_{x\to 0^+}1=1,\ \lim_{x\to 0^-}\operatorname{sgn} x=\lim_{x\to 0^-}(-1)=-1,$$

即

$$\lim_{x\to 0^-}\operatorname{sgn} x\neq\lim_{x\to 0^+}\operatorname{sgn} x,$$

所以当 $x\to 0$ 时，符号函数 $\operatorname{sgn} x$ 的极限不存在.

例 3 讨论当 $x\to 0$ 时，绝对值函数 $y=\begin{cases}x, & x\geqslant 0,\\ -x, & x<0\end{cases}$ 的极限是否存在.

解 因为

$$\lim_{x\to 0^+}|x|=\lim_{x\to 0^+}x=0,\ \lim_{x\to 0^-}|x|=\lim_{x\to 0^-}(-x)=0,$$

即

$$\lim_{x\to 0^-}|x|=\lim_{x\to 0^+}|x|=0,$$

所以 $\lim\limits_{x\to 0}|x|=0$.

(二) 自变量 $x\to\infty$ 时，函数 $f(x)$ 的极限

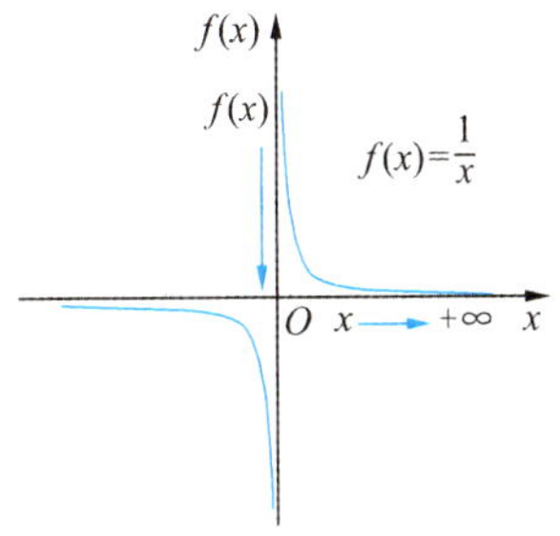

图 1-3

已知函数 $f(x)=\dfrac{1}{x}$，如图 1-3，可以观察到，随着自变量 x 无限趋近于 $+\infty$，函数值 y 无限趋近于常数 0. 用数学语言描述为：当 $x\to+\infty$ 时，函数 $f(x)=\dfrac{1}{x}\to 0$.

读作"当 x 趋近于 $+\infty$ 时，函数 $f(x)=\dfrac{1}{x}$ 的极限为 0"，记作 $\lim\limits_{x\to+\infty}\dfrac{1}{x}=0$.

一般地，当 $x\to+\infty$ 时，如果函数 $f(x)$ 无限趋近于一个确定的常数 A，那么称 A 为函数 $f(x)$ 当 $x\to+\infty$ 时的极限，记作 $\lim\limits_{x\to+\infty}f(x)=A$.

当 $x\to-\infty$ 时，如果函数 $f(x)$ 无限趋近于一个确定的常数 A，那么称 A 为函数 $f(x)$ 当 $x\to-\infty$ 时的极限，记作 $\lim\limits_{x\to-\infty}f(x)=A$.

并且有结论：$\lim\limits_{x\to\infty}f(x)=A\Leftrightarrow\lim\limits_{x\to-\infty}f(x)=\lim\limits_{x\to+\infty}f(x)=A$.

例 4 观察函数 $y=\arctan x$ 的图象，讨论当 $x\to\infty$ 时，函数的极限.

解 如图 1-4，根据图象，有

$$\lim_{x\to-\infty}\arctan x=-\frac{\pi}{2},\ \lim_{x\to+\infty}\arctan x=\frac{\pi}{2}.$$

所以当 $x\to\infty$ 时，函数 $y=\arctan x$ 的极限不存在.

类似地，观察函数 $y=\operatorname{arccot} x$ 的图象(图 1-5)，有

$$\lim_{x\to-\infty}\operatorname{arccot} x=\pi,\ \lim_{x\to+\infty}\operatorname{arccot} x=0,$$

所以当 $x\to\infty$ 时，函数 $y=\operatorname{arccot} x$ 的极限不存在.

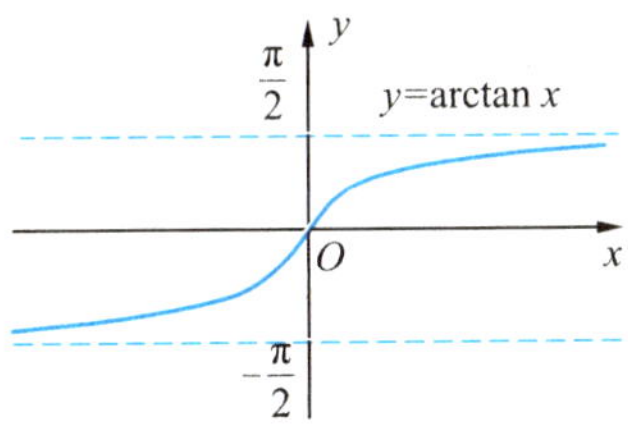

图 1-4

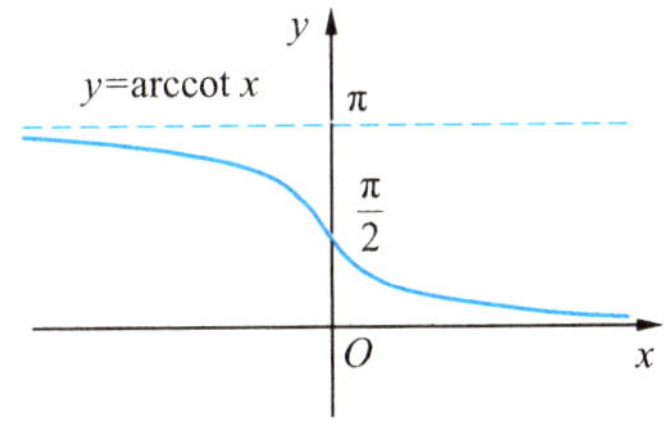

图 1-5

例 5 观察函数 $y=\sin x$ 的图象，讨论当 $x\to\infty$ 时，函数的极限.

解 如图 1-6，观察图象，当 $x\to\infty$ 时，函数 $y=\sin x$ 在 -1 和 1 之间上下振荡，没

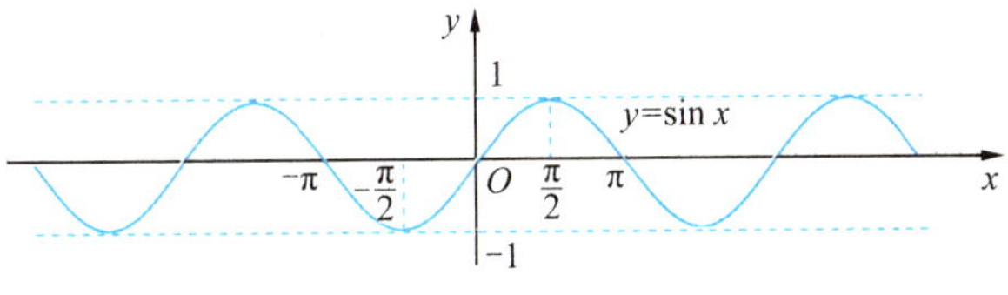

图 1-6

有无限趋近于任何一个确定的常数 A 的趋势，所以当 $x\to\infty$ 时，函数 $y=\sin x$ 的极限不存在.

观察余弦函数、正切函数、余切函数的图象可以得到类似结论：

当 $x\to\infty$ 时，函数 $y=\sin x$，$y=\cos x$，$y=\tan x$ 和 $y=\cot x$ 的极限都不存在.

举一反三

观察函数的图象，分别讨论当 $x\to\infty$，$x\to+\infty$，$x\to-\infty$ 时：

(1) 函数 $y=a^x$ 的极限是否存在.如果存在，写出它的极限.

(2) 函数 $y=\log_a x$ 的极限是否存在.如果存在，写出它的极限.

（三）数列极限

无穷数列 $\{x_n\}$ 可以看作特殊的函数，数列 $\{x_n\}$ 的每一项：$x_1,x_2,x_3,\cdots,x_n,\cdots$ 都与其项数 n 一一对应，因此，无穷数列也称为整标函数，其自变量为项数 n，因变量为第 n 项的值 x_n，定义域为 $\mathbf{Z}_+$，可以表示为函数形式：$f(n)=x_n(n\in\mathbf{Z}_+)$.

当无穷数列 $\{x_n\}$ 的项数 n 无限增大时，如果 x_n 无限趋近于一个确定的常数 A，那么称数列 $\{x_n\}$ 收敛于 A，或称 A 为数列 $\{x_n\}$ 的极限，记作 $\lim\limits_{n\to\infty}x_n=A$.

如果数列 $f(n)=x_n$ 的极限不存在，那么称**数列 $\{x_n\}$ 发散**.

函数极限的计算方法同样适用于无穷数列极限的计算.将无穷数列看作函数时，其自变量 n 表示无穷数列的项数，这一实际意义决定了 n 只能取正整数.因此，数列的自变量 n 的变化过程只有一种：$n\to+\infty$，通常简写为 $n\to\infty$.

例 6 观察下列数列当 $n\to\infty$ 时的变化趋势，如果极限存在，写出其极限：

(1) $u_n=\dfrac{1}{n}$；　(2) $u_n=\left(\dfrac{2}{3}\right)^n$；　(3) $u_n=(-1)^{n+1}$；　(4) $u_n=1$.

解 (1) 数列各项依次为 $1,\dfrac{1}{2},\dfrac{1}{3},\cdots,\dfrac{1}{n},\cdots$，观察 $n\to\infty$ 时数列的变化趋势可知，该数列收敛，且 $\lim\limits_{n\to\infty}\dfrac{1}{n}=0$.

(2) 数列各项依次为 $\dfrac{2}{3},\dfrac{4}{9},\dfrac{8}{27},\cdots,\left(\dfrac{2}{3}\right)^n,\cdots$，观察 $n\to\infty$ 时数列的变化趋势可知，该数列收敛，且 $\lim\limits_{n\to\infty}\left(\dfrac{2}{3}\right)^n=0$.

(3) 数列各项依次为 $1,-1,1,-1,\cdots,(-1)^{n+1},\cdots$，观察 $n\to\infty$ 时的变化趋势可知，该数列发散.

(4) 数列各项依次为 $1,1,1,\cdots,1,\cdots$，观察 $n\to\infty$ 时的变化趋势可知，该数列收敛，且 $\lim\limits_{n\to\infty}1=1$.

二　极限的四则运算法则

为方便起见，今后使用记号“lim”表示自变量的任意某个变化过程，如 $x\to x_0$，$x\to$

$x_0^+, x\to x_0^-, x\to\infty, x\to-\infty, x\to+\infty$等.

极限的四则运算法则

在自变量的同一变化过程中，$\lim f(x)=A, \lim g(x)=B$，则

(1) $\lim[f(x)\pm g(x)]=\lim f(x)\pm\lim g(x)=A\pm B$.

(2) $\lim[f(x)\cdot g(x)]=\lim f(x)\cdot\lim g(x)=A\cdot B$.

以上两个结论可以推广至有限个函数的和、差、积的情况.

推论 1 $\lim Cf(x)=C\lim f(x)=CA$.

推论 2 $\lim[f(x)]^n=[\lim f(x)]^n=A^n(n\in\mathbf{Z}_+)$.

(3) $\lim\dfrac{f(x)}{g(x)}=\dfrac{\lim f(x)}{\lim g(x)}=\dfrac{A}{B}(B\neq0)$.

例 7　求下列极限：

(1) $\lim\limits_{x\to3}(x^2-2x+1)$；　(2) $\lim\limits_{x\to\infty}\left(\dfrac{1}{x}+1\right)\left(\dfrac{1}{x}-2\right)$；　(3) $\lim\limits_{x\to1}\dfrac{2x-1}{2x^2+x+1}$.

解　(1) $\lim\limits_{x\to3}(x^2-2x+1)=(\lim\limits_{x\to3}x)^2-2\cdot\lim\limits_{x\to3}x+\lim\limits_{x\to3}1=4$.

(2) $$\lim_{x\to\infty}\left(\frac{1}{x}+1\right)\left(\frac{1}{x}-2\right)=\lim_{x\to\infty}\left(\frac{1}{x}+1\right)\cdot\lim_{x\to\infty}\left(\frac{1}{x}-2\right)$$
$$=\left(\lim_{x\to\infty}\frac{1}{x}+\lim_{x\to\infty}1\right)\cdot\left(\lim_{x\to\infty}\frac{1}{x}-\lim_{x\to\infty}2\right)$$
$$=-2.$$

(3) $$\lim_{x\to1}\frac{2x-1}{2x^2+x+1}=\frac{\lim\limits_{x\to1}(2x-1)}{\lim\limits_{x\to1}(2x^2+x+1)}=\frac{2\lim\limits_{x\to1}x-\lim\limits_{x\to1}1}{2(\lim\limits_{x\to1}x)^2+\lim\limits_{x\to1}x+\lim\limits_{x\to1}1}=\frac{1}{4}.$$

错误辨析

以下极限的求解过程是否正确？如果不正确，指出错误的原因.

$$\lim_{x\to\infty}\frac{1}{x}\sin x=\lim_{x\to\infty}\frac{1}{x}\cdot\lim_{x\to\infty}\sin x=0\cdot\lim_{x\to\infty}\sin x=0.$$

三　无穷小和无穷大

(一) 无穷小

1. 无穷小的概念

已知函数 $y=f(x)$，如果在自变量的某个变化过程中，有 $\lim f(x)=0$，那么称函数 $f(x)$是在这个变化过程中的**无穷小**.

例如，$\lim\limits_{x\to+\infty}\operatorname{arccot}x=0$，所以当 $x\to+\infty$时，$y=\operatorname{arccot}x$ 是无穷小；$\lim\limits_{x\to1}\ln x=0$，所以当 $x\to1$ 时，$y=\ln x$ 是无穷小.

概念深化

以下结论正确吗？

(1) 无穷小就是绝对值很小的数；

(2) 0 是无穷小.

例 8　判断下列函数在自变量怎样的变化过程中是无穷小：

(1) $y=1+x$；　(2) $y=\arcsin x$；　(3) $y=\frac{1}{x}$；　(4) $y=2^x$.

解　(1) $\lim\limits_{x\to -1}(1+x)=0$，所以 $y=1+x$ 当 $x\to -1$ 时是无穷小.

(2) $\lim\limits_{x\to 0}\arcsin x=0$，所以 $y=\arcsin x$ 当 $x\to 0$ 时是无穷小.

(3) $\lim\limits_{x\to\infty}\frac{1}{x}=0$，所以 $y=\frac{1}{x}$ 当 $x\to\infty$ 时是无穷小.

(4) $\lim\limits_{x\to -\infty}2^x=0$，所以 $y=2^x$ 当 $x\to -\infty$ 时是无穷小.

2. 无穷小的性质

性质 1　有限个无穷小的和是无穷小.

性质 2　有界函数与无穷小的乘积是无穷小.

推论 1　常数和无穷小的乘积是无穷小.

推论 2　有限个无穷小的乘积是无穷小.

例 9　求极限 $\lim\limits_{x\to\infty}\frac{1}{x}\sin x$.

解　因 $\lim\limits_{x\to\infty}\frac{1}{x}=0$，且 $|\sin x|\leqslant 1$，故 $\lim\limits_{x\to\infty}\frac{1}{x}\sin x=0$.

在自变量的同一变化过程中，无穷小的和、差、积都是无穷小，但是两个无穷小的商不一定是无穷小.

例 10　求下列极限：

(1) $\lim\limits_{x\to 1}\frac{x^2-2x+1}{x-1}$；　(2) $\lim\limits_{x\to 0}\frac{x}{\sqrt{1+x}-1}$.

解　(1) $\lim\limits_{x\to 1}\frac{x^2-2x+1}{x-1}=\lim\limits_{x\to 1}\frac{(x-1)^2}{x-1}=\lim\limits_{x\to 1}(x-1)=0$.

(2) $\lim\limits_{x\to 0}\frac{x}{\sqrt{1+x}-1}=\lim\limits_{x\to 0}\frac{x(\sqrt{1+x}+1)}{(\sqrt{1+x}-1)(\sqrt{1+x}+1)}=\lim\limits_{x\to 0}(\sqrt{1+x}+1)=2$.

两个无穷小的商的极限称为 $\frac{0}{0}$ **型未定式**，常用以下方法计算：

(1) 约去公因式：如果分子和分母存在极限值为 0 的公因式，将这些公因式约去，化简后再求极限.

(2) 有理化：如果分子或分母是无理式，先将分子或分母有理化再求极限.

3. 无穷小的比较

两个无穷小的商的极限值，反映了作为分子和分母的两个无穷小趋向于 0 的速度快慢.

在例 10 中，$\lim\limits_{x\to 1}\frac{x^2-2x+1}{x-1}=0$，说明当 $x\to 1$ 时，作为分子的无穷小 x^2-2x+1 比

作为分母的无穷小 $x-1$ 趋向于 0 的速度更快.

$\lim\limits_{x\to 0}\dfrac{x}{\sqrt{1+x}-1}=2$,说明当 $x\to 0$ 时,作为分子的无穷小 x 和作为分母的无穷小 $\sqrt{1+x}-1$ 趋向于 0 的速度差不多.

设 α,β 是同一自变量在某个变化过程中的无穷小,即 $\lim\alpha=0,\lim\beta=0$,且 $\beta\neq 0$,$\lim\dfrac{\alpha}{\beta}$ 也是在这个变化过程中的极限.

(1) 如果 $\lim\dfrac{\alpha}{\beta}=0$,那么称 α 是比 β **高阶的无穷小**,或 β 是比 α **低阶的无穷小**,记作 $\alpha=o(\beta)$.

(2) 如果 $\lim\dfrac{\alpha}{\beta}=A(A\neq 0,A$ 为常数),那么称 α 与 β 是**同阶无穷小**.

特别地,如果 $\lim\dfrac{\alpha}{\beta}=1$,那么称在此自变量变化过程中,$\alpha$ 与 β 是**等价无穷小**,记作 $\alpha\sim\beta$.

例如,$\lim\limits_{x\to 1}\dfrac{x^2-1}{x-1}=\lim\limits_{x\to 1}(x+1)=2$,说明当 $x\to 1$ 时,x^2-1 与 $x-1$ 是同阶无穷小.

4. 等价无穷小在求极限中的应用

设 α 是自变量在某个变化过程中的无穷小,即 $\lim\alpha=0$,有以下等价无穷小:

$\sin\alpha\sim\alpha$,$\tan\alpha\sim\alpha$,$\arcsin\alpha\sim\alpha$,$\arctan\alpha\sim\alpha$,$1-\cos\alpha\sim\dfrac{1}{2}\alpha^2$,$\ln(1+\alpha)\sim\alpha$,$e^{\alpha}-1\sim\alpha$,$(1+\alpha)^{\mu}-1\sim\mu\alpha(\mu\neq 0)$.

计算两个无穷小的商的极限时,分子和分母都可以用其等价无穷小替换.

设 $\alpha,\beta,\alpha',\beta'$ 是同一自变量在某个同一变化过程中的无穷小,$\lim\dfrac{\alpha'}{\beta'}$ 也是在这个变化过程中的极限,且 $\alpha\sim\beta,\alpha'\sim\beta'$,则当 $\lim\dfrac{\alpha'}{\beta'}$ 存在时,有 $\lim\dfrac{\alpha}{\beta}=\lim\dfrac{\alpha'}{\beta'}$.

应当注意,等价无穷小只能替换极限表达式中的因子,不能替换其中的项.

例 11 求下列极限:

(1) $\lim\limits_{x\to 0}\dfrac{\sin 3x}{\tan 5x}$;　　(2) $\lim\limits_{x\to\infty}x\left(1-\cos\dfrac{1}{x}\right)$;

(3) $\lim\limits_{x\to 0}\dfrac{\sqrt{1+x^2}-1}{\ln(1+x^2)^2}$;　　(4) $\lim\limits_{x\to 0}\dfrac{\tan x-\sin x}{x^3}$.

解 (1) 因为当 $x\to 0$ 时,$\sin 3x\sim 3x$,$\tan 5x\sim 5x$,所以

$$\lim_{x\to 0}\frac{\sin 3x}{\tan 5x}=\lim_{x\to 0}\frac{3x}{5x}=\frac{3}{5}.$$

(2) 因为当 $x\to\infty$ 时,$\dfrac{1}{x}\to 0$,$1-\cos\dfrac{1}{x}\sim\dfrac{1}{2x^2}$,所以

$$\lim_{x\to\infty}x\left(1-\cos\frac{1}{x}\right)=\lim_{x\to\infty}x\cdot\frac{1}{2x^2}=0.$$

(3) 因为当 $x\to 0$ 时，$x^2\to 0$，$\sqrt{1+x^2}-1\sim\frac{1}{2}x^2$，$\ln(1+x^2)\sim x^2$，所以

$$\lim_{x\to 0}\frac{\sqrt{1+x^2}-1}{\ln(1+x^2)^2}=\lim_{x\to 0}\frac{\sqrt{1+x^2}-1}{2\ln(1+x^2)}=\lim_{x\to 0}\frac{\frac{1}{2}x^2}{2x^2}=\frac{1}{4}.$$

(4) 因为当 $x\to 0$ 时，$1-\cos x\sim\frac{1}{2}x^2$，所以

$$\lim_{x\to 0}\frac{\tan x-\sin x}{x^3}=\lim_{x\to 0}\frac{\tan x(1-\cos x)}{x^3}=\lim_{x\to 0}\frac{x\cdot\frac{1}{2}x^2}{x^3}=\frac{1}{2}.$$

错误辨析

以下对例 11(4)中极限的求解过程错在哪里？

因为当 $x\to 0$ 时，$\sin x\sim x$，$\tan x\sim x$，所以

$$\lim_{x\to 0}\frac{\tan x-\sin x}{x^3}=\lim_{x\to 0}\frac{x-x}{x^3}=\lim_{x\to 0}0=0.$$

（二）无穷大

考察函数 $f(x)=\frac{1}{x}$，当自变量 $x\to 0$ 时，$|f(x)|$无限增大.

已知函数 $y=f(x)$，在自变量 x 的某个变化过程中，如果$|f(x)|$无限增大，那么称 $f(x)$是在自变量 x 的这一变化过程中的**无穷大**，记为 $\lim f(x)=\infty$.

例如，当 $x\to 0$ 时，$f(x)=\frac{1}{x}$是无穷大.

如果 $f(x)$(或$-f(x)$)无限增大，那么称 $f(x)$是在自变量 x 的这一变化过程中的**正无穷大**(或**负无穷大**)，记为 $\lim f(x)=+\infty$(或 $\lim f(x)=-\infty$).

无穷大是极限不存在的一种情形，只是采用了极限的符号表示.

例如，观察函数 $y=e^x$ 的图象(图 1-7)有 $\lim\limits_{x\to+\infty}e^x=+\infty$，所以当 $x\to+\infty$时，$y=e^x$ 是一个(正)无穷大.

再如，观察函数 $y=\cot x$ 的图象(图 1-8)，有 $\lim\limits_{x\to\pi^-}\cot x=-\infty$，所以当 $x\to\pi^-$ 时，$y=\cot x$ 是一个(负)无穷大.

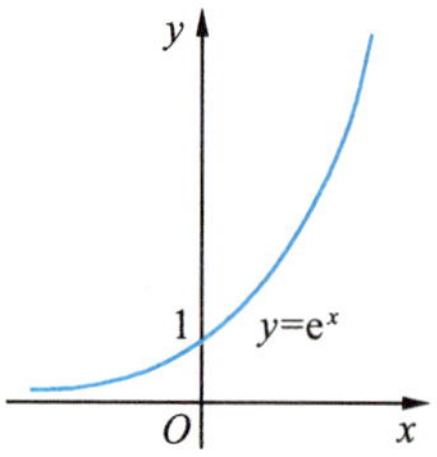

图 1-7

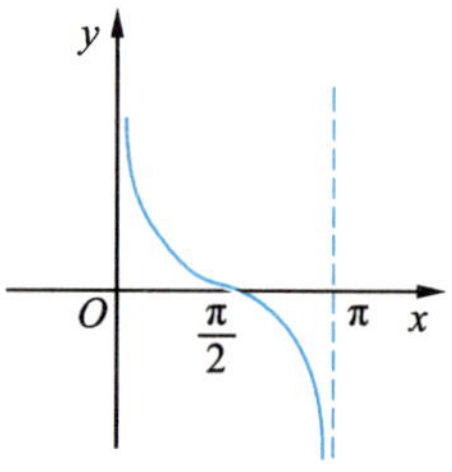

图 1-8

概念辨析

以下结论正确吗?

(1) 无穷大是绝对值很大的数;

(2) 函数 $y=e^x$ 是无穷大.

例 12　判断下列函数在自变量怎样的变化过程中是无穷大:

(1) $y=1+x$;　　(2) $y=\ln x$;

(3) $y=2^x$;　　(4) $y=\frac{1}{2^x}$.

解　(1) $\lim\limits_{x\to\infty}(1+x)=\infty$,所以当 $x\to\infty$时,$y=1+x$ 是无穷大.

(2) $\lim\limits_{x\to 0^+}\ln x=-\infty$, $\lim\limits_{x\to+\infty}\ln x=+\infty$,所以当 $x\to 0^+$ 时,$y=\ln x$ 是负无穷大;当 $x\to+\infty$时,$y=\ln x$ 是正无穷大.

(3) $\lim\limits_{x\to+\infty}2^x=+\infty$,所以当 $x\to+\infty$时,$y=2^x$ 是正无穷大.

(4) 因为 $\lim\limits_{x\to-\infty}\frac{1}{2^x}=\lim\limits_{x\to-\infty}\left(\frac{1}{2}\right)^x=+\infty$,所以当 $x\to-\infty$时,$y=\frac{1}{2^x}$是正无穷大.

两个无穷大的差不一定是无穷大,称为$\infty-\infty$**型未定式**.

例 13　求下列极限:

(1) $\lim\limits_{x\to 1}\left(\frac{1}{x-1}-\frac{3}{x^3-1}\right)$;　　(2) $\lim\limits_{x\to+\infty}(\sqrt{x+5}-\sqrt{x})$.

解　(1) $\lim\limits_{x\to 1}\left(\frac{1}{x-1}-\frac{3}{x^3-1}\right)=\lim\limits_{x\to 1}\frac{1+x+x^2-3}{(x-1)(1+x+x^2)}=\lim\limits_{x\to 1}\frac{x+2}{x^2+x+1}=1$.

(2) $$\lim_{x\to+\infty}(\sqrt{x+5}-\sqrt{x})=\lim_{x\to+\infty}\frac{(\sqrt{x+5}-\sqrt{x})(\sqrt{x+5}+\sqrt{x})}{1\times(\sqrt{x+5}+\sqrt{x})}$$

$$=5\lim_{x\to+\infty}\frac{1}{\sqrt{x+5}+\sqrt{x}}=0.$$

求$\infty-\infty$型未定式的极限,常见解法是先通分或者有理化,再求极限.

两个无穷大的商也不一定是无穷大,称为$\frac{\infty}{\infty}$**型未定式**.

例 14　求极限$\lim\limits_{x\to\infty}\frac{2x^2+x+4}{3x^2-2x+1}$.

解　$$\lim_{x\to\infty}\frac{2x^2+x+4}{3x^2-2x+1}=\lim_{x\to\infty}\frac{2+\frac{1}{x}+\frac{4}{x^2}}{3-\frac{2}{x}+\frac{1}{x^2}}=\frac{\lim\limits_{x\to\infty}2+\lim\limits_{x\to\infty}\frac{1}{x}+4\lim\limits_{x\to\infty}\frac{1}{x^2}}{\lim\limits_{x\to\infty}3-2\lim\limits_{x\to\infty}\frac{1}{x}+\lim\limits_{x\to\infty}\frac{1}{x^2}}=\frac{2}{3}.$$

如果$\frac{\infty}{\infty}$型未定式的分子和分母都是关于 x 的多项式函数,可以先将分子、分母同时除以 x 的最高次幂,再求极限.有如下结论:

$$\lim_{x\to\infty}\frac{a_0x^m+a_1x^{m-1}+\cdots+a_m}{b_0x^n+b_1x^{n-1}+\cdots+b_n}=\begin{cases}0, & m<n,\\ \dfrac{a_0}{b_0}, & m=n,\\ \infty, & m>n.\end{cases}$$

其中 $a_0\neq0$，$b_0\neq0$，m 和 n 是非负整数.

例 15 利用上述结论求极限：

(1) $\lim\limits_{x\to\infty}\dfrac{x-1}{x^2-2x+1}$；

(2) $\lim\limits_{x\to\infty}\dfrac{3x^4+x+1}{4x^3-4x^2+4x+1}$；

(3) $\lim\limits_{x\to\infty}\dfrac{\sqrt{4x^4+2x-2}}{x^2+x+1}$；

(4) $\lim\limits_{n\to+\infty}\dfrac{1+2+\cdots+n}{n^2}$.

解 (1) $\lim\limits_{x\to\infty}\dfrac{x-1}{x^2-2x+1}=0$.

(2) $\lim\limits_{x\to\infty}\dfrac{3x^4+x+1}{4x^3-4x^2+4x+1}=\infty$.

(3) $\lim\limits_{x\to\infty}\dfrac{\sqrt{4x^4+2x-2}}{x^2+x+1}=2$.

(4) $\lim\limits_{n\to+\infty}\dfrac{1+2+\cdots+n}{n^2}=\lim\limits_{n\to+\infty}\dfrac{\frac{n(n+1)}{2}}{n^2}=\dfrac{1}{2}$.

错误辨析

例 15 中(4)的以下解法错在哪里？

$$\begin{aligned}\lim_{n\to+\infty}\frac{1+2+\cdots+n}{n^2}&=\lim_{n\to+\infty}\left(\frac{1}{n^2}+\frac{2}{n^2}+\cdots+\frac{n}{n^2}\right)\\&=\lim_{n\to+\infty}\frac{1}{n^2}+\lim_{n\to+\infty}\frac{2}{n^2}+\cdots+\lim_{n\to+\infty}\frac{n}{n^2}=0.\end{aligned}$$

(三) 无穷大和无穷小的关系

如果 $\lim f(x)=\infty$，那么 $\lim\dfrac{1}{f(x)}=0$.反之，如果 $\lim f(x)=0$ 且 $f(x)\neq0$，那么 $\lim\dfrac{1}{f(x)}=\infty$.

例 16 求极限：

(1) $\lim\limits_{x\to1}\dfrac{1}{x^2-2x+1}$；

(2) $\lim\limits_{x\to\infty}(3x^4+x+1)$.

解 (1) 因为 $\lim\limits_{x\to1}(x^2-2x+1)=0$，所以 $\lim\limits_{x\to1}\dfrac{1}{x^2-2x+1}=\infty$.

(2) 因为 $\lim\limits_{x\to\infty}\dfrac{1}{3x^4+x+1}=\lim\limits_{x\to\infty}\dfrac{\frac{1}{x^4}}{3+\frac{1}{x^3}+\frac{1}{x^4}}=0$，所以 $\lim\limits_{x\to\infty}(3x^4+x+1)=\infty$.

四 两个重要极限

(一) 第一个重要极限

通过下表(表 1-1)观察函数 $f(x)=\dfrac{\sin x}{x}$ 的变化趋势:

表 1-1 函数 $f(x)=\dfrac{\sin x}{x}$ 的变化趋势

x	$\pm\dfrac{\pi}{4}$	$\pm\dfrac{\pi}{8}$	$\pm\dfrac{\pi}{16}$	$\pm\dfrac{\pi}{64}$	$\pm\dfrac{\pi}{100}$	$\pm\dfrac{\pi}{1\,000}$	…	$\to 0$
$\dfrac{\sin x}{x}$	0.900 316	0.974 495	0.993 587	0.999 598	0.999 836	0.999 998	…	$\to 1$

当 $x\to 0$ 时,函数 $f(x)=\dfrac{\sin x}{x}$ 无限趋近于 1,即

$$\lim_{x\to 0}\frac{\sin x}{x}=1.$$

这个极限称为**第一个重要极限**.

如果 $\lim\varphi(x)=0$,第一个重要极限可以推广为

$$\lim\frac{\sin\varphi(x)}{\varphi(x)}=1.$$

第一个重要极限适用于含有三角函数的 $\dfrac{0}{0}$ 型未定式.

例 17 求下列极限:

(1) $\lim\limits_{x\to 0}\dfrac{\tan x}{x}$; (2) $\lim\limits_{x\to 0}\dfrac{1-\cos x}{x^2}$.

解 (1) $\lim\limits_{x\to 0}\dfrac{\tan x}{x}=\lim\limits_{x\to 0}\dfrac{\dfrac{\sin x}{\cos x}}{x}=\lim\limits_{x\to 0}\left(\dfrac{\sin x}{x}\cdot\dfrac{1}{\cos x}\right)=\lim\limits_{x\to 0}\dfrac{\sin x}{x}\cdot\lim\limits_{x\to 0}\dfrac{1}{\cos x}=1.$

(2) $\lim\limits_{x\to 0}\dfrac{1-\cos x}{x^2}=\lim\limits_{x\to 0}\dfrac{2\sin^2\dfrac{x}{2}}{4\cdot\left(\dfrac{x}{2}\right)^2}=\dfrac{1}{2}\lim\limits_{x\to 0}\left(\dfrac{\sin\dfrac{x}{2}}{\dfrac{x}{2}}\right)^2=\dfrac{1}{2}\left(\lim\limits_{x\to 0}\dfrac{\sin\dfrac{x}{2}}{\dfrac{x}{2}}\right)^2=\dfrac{1}{2}.$

例 18 求 $\lim\limits_{x\to 0}\dfrac{\arctan x}{x}$.

解 设 $\arctan x=t$,则 $x=\tan t$.当 $x\to 0$ 时,$t\to 0$,于是

$$\lim_{x\to 0}\frac{\arctan x}{x}=\lim_{t\to 0}\frac{t}{\tan t}=\lim_{t\to 0}\frac{t}{\dfrac{\sin t}{\cos t}}=\lim_{t\to 0}\frac{t}{\sin t}\cdot\lim_{t\to 0}\cos t=\lim_{t\to 0}\frac{1}{\dfrac{\sin t}{t}}\cdot 1=1.$$

(二) 第二个重要极限

通过下表(表 1-2)观察函数 $f(x)=\left(1+\dfrac{1}{x}\right)^x$ 的变化趋势:

表 1-2 函数 $f(x)=\left(1+\frac{1}{x}\right)^x$ 的变化趋势

x	10	10^3	10^5	10^7	…	$\to+\infty$
$\left(1+\frac{1}{x}\right)^x$	2.593 742 46	2.716 923 93	2.718 268 24	2.718 281 69	…	$\to$e
x	-10	-10^3	-10^5	-10^7	…	$\to-\infty$
$\left(1+\frac{1}{x}\right)^x$	2.867 971 99	2.719 642 22	2.718 295 42	2.718 281 96	…	$\to$e

当 $x\to\infty$ 时，函数 $f(x)=\left(1+\frac{1}{x}\right)^x$ 无限趋近于无理数 e(e=2.718 281 828 459…)，即

$$\lim_{x\to\infty}\left(1+\frac{1}{x}\right)^x=\mathrm{e}.$$

这个极限称为**第二个重要极限**.

设 $x=\frac{1}{t}$，则当 $x\to\infty$ 时，$t\to 0$，得

$$\lim_{x\to\infty}\left(1+\frac{1}{x}\right)^x=\lim_{t\to 0}(1+t)^{\frac{1}{t}}=\mathrm{e}.$$

因此，第二个重要极限可以变形为

$$\lim_{x\to 0}(1+x)^{\frac{1}{x}}=\mathrm{e}.$$

第二个重要极限的推广形式为

$$\lim\left[1+\frac{1}{\varphi(x)}\right]^{\varphi(x)}=\mathrm{e},$$

其中 $\varphi(x)$ 是在同一自变量变化过程中的无穷大.

形如 $y=f(x)^{g(x)}$ 的函数称为幂指函数.第二个重要极限适用于计算表达式含幂指函数的 1^∞ 型未定式.

例 19 求下列极限：

(1) $\lim\limits_{x\to\infty}\left(1+\frac{1}{x}\right)^{2x}$； (2) $\lim\limits_{x\to 0}(1+x)^{\frac{1}{x}+2}$；

(3) $\lim\limits_{x\to\infty}\left(1-\frac{1}{2x}\right)^x$； (4) $\lim\limits_{x\to\infty}\left(\frac{x+2}{x+1}\right)^x$.

解 (1) $\lim\limits_{x\to\infty}\left(1+\frac{1}{x}\right)^{2x}=\lim\limits_{x\to\infty}\left[\left(1+\frac{1}{x}\right)^x\right]^2=\left[\lim\limits_{x\to\infty}\left(1+\frac{1}{x}\right)^x\right]^2=\mathrm{e}^2.$

(2) $\lim\limits_{x\to 0}(1+x)^{\frac{1}{x}+2}=\lim\limits_{x\to 0}\left[(1+x)^{\frac{1}{x}}\cdot(1+x)^2\right]=\lim\limits_{x\to 0}(1+x)^{\frac{1}{x}}\cdot\lim\limits_{x\to 0}(1+x)^2=\mathrm{e}.$

(3) $\lim\limits_{x\to\infty}\left(1-\frac{1}{2x}\right)^x=\lim\limits_{x\to\infty}\left(1-\frac{1}{2x}\right)^{-2x\cdot\left(-\frac{1}{2}\right)}=\left[\lim\limits_{x\to\infty}\left(1-\frac{1}{2x}\right)^{-2x}\right]^{-\frac{1}{2}}=\mathrm{e}^{-\frac{1}{2}}.$

(4) $\lim\limits_{x\to\infty}\left(\frac{x+2}{x+1}\right)^x=\lim\limits_{x\to\infty}\frac{\left(1+\frac{2}{x}\right)^x}{\left(1+\frac{1}{x}\right)^x}=\frac{\lim\limits_{x\to\infty}\left(1+\frac{2}{x}\right)^{\frac{x}{2}\cdot 2}}{\lim\limits_{x\to\infty}\left(1+\frac{1}{x}\right)^x}=\mathrm{e}.$

错误辨析

下面的解题过程错在哪里？

$$\lim_{x\to\infty}\left(1+\frac{1}{x}\right)^{x}=\lim_{x\to\infty}\left(1+\frac{1}{x}\right)^{\lim\limits_{x\to\infty}x}=1^{\infty}=1.$$

五　连续的概念

(一) 函数 $f(x)$ 在点 x_0 处的连续

如图 1-9，观察函数的图象，判断它们在点 x_0 处是否连续.

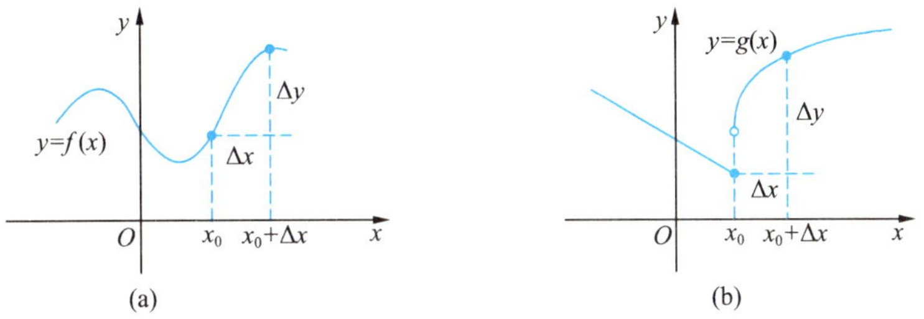

图 1-9

从几何直观上看，图 1-9(a)中函数 $f(x)$ 在点 x_0 处是连续的，图 1-9(b)中函数 $g(x)$ 在点 x_0 处不连续.

函数 $f(x)$ 的自变量从 x_0 变化为 $x_0+\Delta x$，称 Δx 为**自变量的增量**，而自变量的改变会引起函数值的改变，函数值的改变量称为**函数的增量**，记作 Δy. 观察图 1-9 会发现，在图 1-9(a)中，当 Δx 无限趋近于 0 时，相应的 Δy 也无限趋近于 0. 在图 1-9(b)中，当 Δx 无限趋近于 0 时，Δy 并非无限趋近于 0.

一般地，设函数 $y=f(x)$ 在点 x_0 的某邻域内有定义，当自变量 x 在点 x_0 的增量 Δx 趋于 0 时，如果函数的增量 Δy 也趋于 0，即 $\lim\limits_{\Delta x\to 0}\Delta y=0$，那么称函数 $y=f(x)$ 在点 x_0 处连续.

记 $x=x_0+\Delta x$，则 $\Delta x=x-x_0$，$\Delta y=f(x_0+\Delta x)-f(x_0)=f(x)-f(x_0)$. 于是 $\Delta x\to 0$ 即 $x\to x_0$，$\Delta y\to 0$ 即 $f(x)-f(x_0)\to 0$，则 $f(x)\to f(x_0)$. 因此，函数 $f(x)$ 在点 x_0 处连续也可表述为：如果 $\lim\limits_{x\to x_0}f(x)=f(x_0)$，那么称**函数 $y=f(x)$ 在点 x_0 处连续**.

特别地，如果 $\lim\limits_{x\to x_0^-}f(x)=f(x_0)$（或 $\lim\limits_{x\to x_0^+}f(x)=f(x_0)$），那么称函数 $y=f(x)$ 在点 x_0 处**左连续**（或**右连续**）.

函数 $y=f(x)$ 在点 x_0 处连续的充要条件是它在点 x_0 处左连续且右连续.

概念辨析

下列结论正确吗？为什么？

(1) 如果函数 $f(x)$ 在点 x_0 处连续，那么当 $x\to x_0$ 时，$f(x)$ 的极限存在.

(2) 如果函数 $f(x)$ 当 $x\to x_0$ 时的极限存在，那么 $f(x)$ 在点 x_0 处连续.

根据定义，函数 $f(x)$ 在点 x_0 处连续需要同时满足三个条件：

(1) 函数值 $f(x_0)$ 存在；(2) 极限值 $\lim\limits_{x\to x_0}f(x)$ 存在；(3) 函数值和极限值相等.

如果以上三个条件中的任意一条不满足，那么函数 $f(x)$ 在点 x_0 处不连续，称 x_0 是 $f(x)$ 的**间断点**.

设 x_0 是函数 $f(x)$ 的间断点，根据 $f(x)$ 在点 x_0 附近的不同变化趋势，将间断点分为以下类型：

(1) $f(x)$ 在点 x_0 处的左极限 $f(x_0-0)$ 和右极限 $f(x_0+0)$ 都存在，称 x_0 为 $f(x)$ 的**第一类间断点**.

特别地，如果 x_0 是 $f(x)$ 的第一类间断点，且 $f(x)$ 在点 x_0 处左极限和右极限相等，称 x_0 为 $f(x)$ 的**可去间断点**.

如果 x_0 是 $f(x)$ 的第一类间断点，且 $f(x)$ 在点 x_0 处左极限和右极限不相等，称 x_0 为 $f(x)$ 的**跳跃间断点**.

(2) $f(x)$ 在点 x_0 处的左极限 $f(x_0-0)$ 和右极限 $f(x_0+0)$ 至少有一个不存在，称 x_0 为 $f(x)$ 的**第二类间断点**.

例 20 讨论函数 $f(x)=\begin{cases}\dfrac{\sin x}{x}, & x\neq 0,\\ 0, & x=0\end{cases}$ 在点 $x=0$ 处的连续性.

解 因为 $f(0)=0$，且 $\lim\limits_{x\to 0}f(x)=\lim\limits_{x\to 0}\dfrac{\sin x}{x}=1$，即 $\lim\limits_{x\to 0}f(x)\neq f(0)$，所以 $x=0$ 是 $f(x)$ 的间断点，并且是可去间断点(图 1-10).

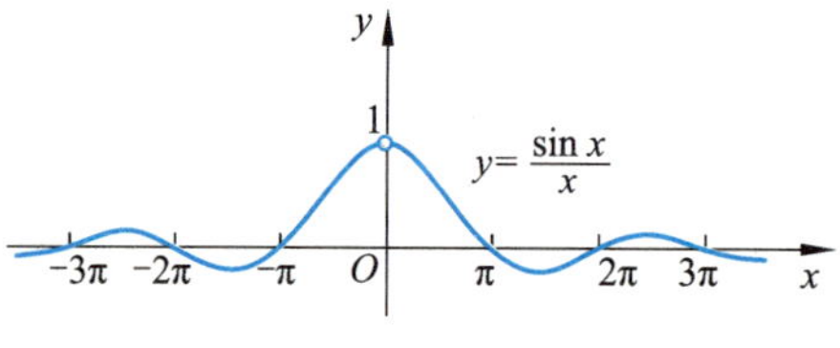

图 1-10

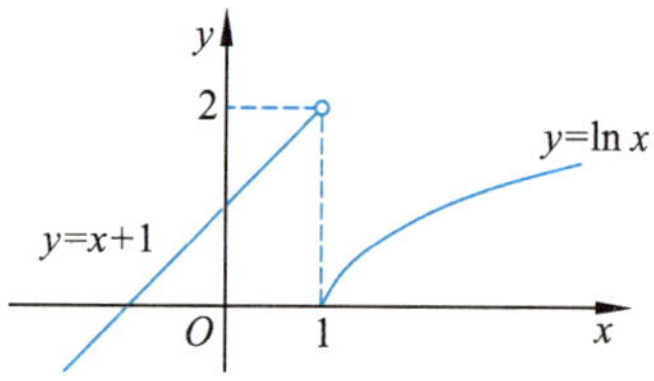

图 1-11

例 21 讨论函数 $f(x)=\begin{cases}\ln x, & x\geqslant 1,\\ x+1, & x<1\end{cases}$ 在点 $x=1$ 处的连续性.

解 因为 $f(1-0)=\lim\limits_{x\to 1^-}(x+1)=2$，$f(1+0)=\lim\limits_{x\to 1^+}\ln x=0$，所以点 $x=1$ 是函数 $f(x)$ 的第一类间断点，并且是跳跃间断点，如图 1-11 所示.

例 22 讨论函数 $f(x)=\begin{cases}\dfrac{1}{x}, & x\neq 0,\\ 1, & x=0\end{cases}$ 在点 $x=0$ 处的连续性.

解 因为 $\lim\limits_{x\to 0}f(x)=\lim\limits_{x\to 0}\dfrac{1}{x}=\infty$，所以 $x=0$ 是 $f(x)$ 的第二类间断点，并且是无穷间断点.

例 23 讨论函数 $f(x)=\sin\frac{1}{x}$ 在点 $x=0$ 处的连续性.

解 当 $x\to0$ 时,函数 $\sin\frac{1}{x}$ 的值在 -1 和 1 之间振荡,不存在向任何一个常数无限趋近的趋势,因此 $x=0$ 是函数 $f(x)=\sin\frac{1}{x}$ 的第二类间断点,并且是振荡间断点.

(二) 连续函数及其运算

如果函数 $f(x)$ 在开区间 (a,b) 内的每一点都连续,那么称**函数 $f(x)$ 在开区间 (a,b) 内连续**,称 (a,b) 为函数 $f(x)$ 的连续区间.

如果函数 $f(x)$ 在开区间 (a,b) 内连续,且在左端点 a 处右连续,在右端点 b 处左连续,那么称**函数 $f(x)$ 在闭区间 $[a,b]$ 上连续**,称 $[a,b]$ 为函数 $f(x)$ 的连续区间.

在定义域内每一点都连续的函数称为**连续函数**.

根据连续性的定义可以证明:**有限个连续函数的和、差、积、商(分母不为零)、复合仍然是连续函数.**

连续函数的图象是一条连续不间断的曲线.基本初等函数在其定义域内的图象都是一条连续不间断的曲线.可见:

基本初等函数在其定义域内连续,基本初等函数的连续区间就是其定义域.

初等函数在其定义区间内连续,初等函数的连续区间就是其定义区间.

例如,函数 $y=\ln x$ 的连续区间是 $(0,+\infty)$,函数 $y=\tan x$ 的连续区间是 $\left(k\pi-\frac{\pi}{2},k\pi+\frac{\pi}{2}\right)(k\in\mathbf{Z})$.

根据初等函数的连续性可以得到以下两个重要结论:

(1) 如果 $y=f(x)$ 是初等函数,且点 x_0 是 $f(x)$ 定义区间内的一点,则 $\lim\limits_{x\to x_0}f(x)=f(x_0)$.

(2) 如果 $\lim\varphi(x)=u_0$,函数 $y=f(u)$ 在点 u_0 处连续,则复合函数的极限运算和函数运算可以交换顺序,即 $\lim f[\varphi(x)]=f[\lim\varphi(x)]$.

例 24 证明当 $x\to0$ 时,下列函数与 x 是等价无穷小:

(1) $y=\ln(1+x)$; (2) $y=e^x-1$.

解 (1) 因为 $\lim\limits_{x\to0}\frac{\ln(1+x)}{x}=\lim\limits_{x\to0}\frac{1}{x}\ln(1+x)=\lim\limits_{x\to0}\ln(1+x)^{\frac{1}{x}}=\ln\lim\limits_{x\to0}(1+x)^{\frac{1}{x}}=\ln e=1$,所以当 $x\to0$ 时,函数 $y=\ln(1+x)$ 和 x 是等价无穷小.

(2) 设 $e^x-1=t$,则 $x=\ln(1+t)$.当 $x\to0$ 时,$t\to0$,于是

$$\lim_{x\to0}\frac{e^x-1}{x}=\lim_{t\to0}\frac{t}{\ln(1+t)}=\lim_{t\to0}\frac{t}{t}=1.$$

所以当 $x\to0$ 时,函数 $y=e^x-1$ 和 x 是等价无穷小.

编程实验室

计算函数的极限

(一) 符号表达式(Expr)

符号表达式是 SymPy 的一个类,类名为 Expr.符号表达式中包含变量、常量和运算符,可以用于表示代数、微积分和其他数学概念,进行符号计算,如化简、求导、求积分等.

Expr 对象的常用属性有

args:返回表达式的参数.

is_number:判断表达式是否为数值.

is_symbol:判断表达式是否为符号.

is_polynomial:判断表达式是否为多项式.

访问对象属性的格式为:对象.属性.

例如,返回某个表达式 Expr 的参数:expr.args.

Expr 的方法,如 expand(),用于展开表达式,调用格式为:expr.expand().

今后还将对 Expr 对象的其他方法作详细介绍.

1. 创建数学表达式

在 Python 中,数学表达式由符号变量、数值、运算符和数学函数构成.

sympy.symbols()函数用于创建符号变量,可以代表变量、未知数或参数,其格式为:sympy.symbols('name',assumptions).

其中 name 表示符号变量的名称,可以是字符串或者字符串列表(注意 name 前后需加单引号).如果有多个变量符号,用空格或逗号分隔.

assumptions 是可选参数,用于指定关于符号的额外假设.例如,real=True,表示创建的符号是实数.

例如,创建一个符号表达式 $f(x,y)=x^2+2xy+y^2$,其中 x 和 y 都是整数,代码如下:

```
import sympy as sp
x, y = sp.symbols('x y', integer=True)
expr = x ** 2 + 2 * x * y + y ** 2
print('函数f(x)=',expr)
```

运行结果如下:

```
函数 f(x) = x * * 2 + 2 * x * y + y * * 2
```

2. 计算数学函数的函数值

expr.subs()是 Expr 类的常用方法，用于替换表达式 expr 中的符号变量，将其替换为另一个值或表达式.

expr.subs()的语法格式为：expr.subs(old，new，count).其中 old 是要被替换的旧符号；new 是用于替换的新符号；count 是可选参数，指替换的次数，默认为全部替换.

如果需要替换表达式 expr 中的多个符号变量，那么 expr.subs()的语法格式为

expr.subs([(old1，new1)，(old2，new2)…]).

调用 Expr 对象的 expr.subs()方法可以计算数学函数的函数值.

例 25 设函数 $f(x)=\sqrt{5x+7}$，$g(x,y)=2x+3y$，求 $f(7)$，$g(1,4)$.

解 代码如下：

```
import sympy as sp
x, y = sp.symbols('x y')
expr1 = sp.sqrt(5 * x + 7)
expr2 = 2 * x + 3 * y
expr1_n = expr1.subs(x, 7)
expr2_n = expr2.subs([(x, 1), (y,4)])
print("f(7)=", expr1_n)
print("g(1,4)=", expr2_n)
```

运行结果如下：

```
f(7) = sqrt(42)
g(1,4) = 14
```

expr.subs()方法在将符号替换为数值后，通常返回数值.对于一些复杂的符号表达式，如果 expr.subs()方法返回的是新表达式而非数值，可以使用 expr.evalf()方法计算并返回浮点数值.expr.evalf()方法的语法格式为

expr.evalf(subs={var1:num1，var2:num2，…}).

其中参数 var 为变量，num 为数值.

（二）求函数的极限

sympy.limit 函数可以计算函数的极限，其语法格式为

sympy.limit(func，variable，point，dir)

其中参数依次为

func：符号表达式或代数式；

variable：符号表达式的某个符号变量或代数式中的某个未知量；

point：极限运算中自变量无限趋近的数值，可以是确定的数值，也可以是正无穷 ∞，或者负无穷 $-\infty$.SymPy 中用 oo 表示正无穷大，用 -oo 表示负无穷大.

dir：可选参数，表示自变量趋近的方向，默认值为“+”，表示从右侧趋近，或者“-”，表示从左侧趋近，“+-”表示同时从左右两侧趋近.

例 26 编写代码求下列极限：

(1) $\lim\limits_{x\to\frac{\pi}{2}^-}\tan x$； (2) $\lim\limits_{x\to 0}\dfrac{x}{\sqrt{1+x}-1}$； (3) $\lim\limits_{n\to\infty}\dfrac{3n^2+2n-2}{2n^2+n+1}$.

解 代码如下：

```
import sympy as sp
x, n = sp.symbols('x n')
func1 = sp.tan(x)
func2 = x / (sp.sqrt(1 + x) - 1)
func3 = (3 * (n ** 2) + 2 * n - 2) / (2 * (n ** 2) + n + 1)
lim_1 = sp.limit(func1, x, sp.pi/2, "-")
lim_2 = sp.limit(func2, x, 0, '+-')
lim_3 = sp.limit(func3, n, sp.oo)
print("(1)式的极限是", lim_1)
print("(2)式的极限是", lim_2)
print("(3)式的极限是", lim_3)
```

运行结果如下：

```
(1)式的极限是 ∞
(2)式的极限是 2
(3)式的极限是 3/2
```

习题 1.1

1. 观察函数图象，讨论下列极限：

(1) $\lim\limits_{x\to+\infty}2^x$； (2) $\lim\limits_{x\to+\infty}\left(\dfrac{1}{3}\right)^x$； (3) $\lim\limits_{x\to0^+}\ln x$；

(4) $\lim\limits_{x\to+\infty}\ln x$； (5) $\lim\limits_{x\to+\infty}\pi$； (6) $\lim\limits_{x\to-\infty}\left(\dfrac{1}{2}\right)^x$；

(7)* $\lim\limits_{x\to+\infty}e^{-x}$； (8)* $\lim\limits_{x\to0}\arctan\dfrac{1}{x}$； (9) $u_n=\dfrac{n}{n+1}$；

(10) $u_n=(-1)^{n+1}2n$； (11) $u_n=\dfrac{1}{2^n}$； (12) $u_1=3, u_n=5(n\geqslant2)$.

2. 已知 $f(x)=\begin{cases}\cos x, & x<0,\\ 0, & x=0,\\ x+1, & x>0,\end{cases}$ 当 $x\to0$ 时，$f(x)$ 的极限是否存在？

3. 已知 $f(x)=\begin{cases}\ln(1-x), & x<0,\\ \dfrac{1}{x}\sin x, & x\geqslant0,\end{cases}$ 当 $x\to0$ 时，$f(x)$ 的极限是否存在？

4. 判断下列函数在指定自变量的变化过程中是无穷小还是无穷大：

(1) $x\sin x(x\to 0)$；　(2) $2^{x-1}(x\to +\infty)$；　(3) $\ln|x|(x\to 0)$；

(4) $\dfrac{x^2+1}{x-1}(x\to 1)$；　(5)* $3^{\frac{1}{x}}(x\to 0^+)$；　(6)* $\dfrac{\sin n}{n+1}(n\to +\infty)$.

5. 计算下列极限：

(1) $\lim\limits_{x\to -1}\dfrac{x^2-x-1}{x-1}$；　(2) $\lim\limits_{x\to 2}\dfrac{x^2+x+6}{x-2}$；

(3) $\lim\limits_{x\to \sqrt{2}}\dfrac{x^2-2}{x-\sqrt{2}}$；　(4) $\lim\limits_{x\to \infty}\dfrac{2x^3-x+1}{3x^3-1}$；

(5) $\lim\limits_{x\to \infty}\dfrac{x^2+2x+1}{x^3-1}$；　(6) $\lim\limits_{n\to \infty}\dfrac{1+2+\cdots+n}{n^2}$；

(7) $\lim\limits_{x\to \infty}\dfrac{(x-1)^{10}(2x+1)^{15}}{(4x-3)^{25}}$；　(8) $\lim\limits_{x\to 1}\dfrac{\sqrt{3x-2}-\sqrt{x}}{x-1}$；

(9) $\lim\limits_{x\to 0}x\cos\dfrac{1}{x}$；　(10) $\lim\limits_{x\to \infty}x\sin\dfrac{1}{x}$；

(11) $\lim\limits_{x\to 2}\left(\dfrac{1}{x-2}-\dfrac{12}{x^3-8}\right)$；　(12) $\lim\limits_{x\to \frac{\pi}{2}}(\tan x\sin x-\sec x)$；

(13) $\lim\limits_{x\to 0}\dfrac{x}{\sin 2x}$；　(14) $\lim\limits_{x\to 2}\dfrac{\sin(x-2)}{2x-4}$；

(15) $\lim\limits_{x\to 0}\dfrac{\tan^2 x}{\sin x^2}$；　(16) $\lim\limits_{n\to \infty}\left(1+\dfrac{2}{n}\right)^{2n}$；

(17) $\lim\limits_{x\to \infty}\left(1-\dfrac{1}{x}\right)^{2x}$；　(18) $\lim\limits_{x\to \infty}\left(1+\dfrac{2}{x}\right)^{x}$；

(19) $\lim\limits_{x\to 0}(1-2x)^{\frac{1}{x}}$；　(20) $\lim\limits_{x\to \infty}\left(\dfrac{x}{x+2}\right)^{3x}$；

(21) $\lim\limits_{x\to \frac{\pi}{2}}(1+\cos x)^{\sec x+1}$；　(22) $\lim\limits_{t\to \infty}\left(1+\dfrac{1}{t-1}\right)^{t}$；

(23) $\lim\limits_{x\to 0}\dfrac{1-\cos^2 x}{x\arctan x}$；　(24) $\lim\limits_{x\to 1}\dfrac{\arcsin(x-1)}{e^{x-1}-1}$；

(25) $\lim\limits_{x\to 0}\dfrac{x(\sqrt{1+\tan x}-1)}{\ln(1+x^2)}$；　(26)* $\lim\limits_{n\to \infty}2^n\tan\dfrac{x}{2^n}(x\neq 0)$；

(27)* $\lim\limits_{x\to \infty}\left(\dfrac{3x-1}{3x+2}\right)^{x+1}$；　(28)* $\lim\limits_{x\to 0}\dfrac{\sin 2x+x^2}{\tan 3x}$；

(29)* $\lim\limits_{x\to a}\dfrac{e^x-e^a}{x-a}$；　(30)* $\lim\limits_{x\to \infty}\dfrac{x-\cos x}{x+\cos x}$.

6*. 已知 $f(x)=x^3$，求 $\lim\limits_{\Delta x\to 0}\dfrac{f(x+\Delta x)-f(x)}{\Delta x}$.

7. 编写代码求下列值：

(1) $\sin\dfrac{\pi}{3}$；　(2) $\ln e$；　(3) $\sqrt{8}$；

(4) $\arcsin\frac{1}{2}$；　　(5) $\arctan\frac{\sqrt{3}}{3}$；　　(6) 3^9.

8. 编写代码，创建函数 $f(x)=x^2-x\ln x+1$，并计算 $f(1)$，$f(e)$.

9. 编写代码，计算下列极限：

(1) $\lim\limits_{x\to+\infty}(\sqrt{x+\sqrt{x}}-\sqrt{x})$；　　(2) $\lim\limits_{x\to0}\frac{1-\cos 2x+\tan^2 x}{x\sin x}$.

思维训练营

一　题型精析

(一) 初等函数求极限方法总结

1. 利用初等函数的连续性求极限.

(1) 代入法：$\lim\limits_{x\to x_0}f(x)=f(x_0)$；(2) 极限运算可以和函数运算交换顺序.

2. 利用极限的四则运算法则求极限.

3. 利用第二个重要极限求 1^∞ 型未定式的极限.

4. 利用无穷小与有界函数的乘积仍是无穷小求极限.

5. 利用等价无穷小的替换求极限.

6. 利用恒等变形化简求极限：(1) 约分；(2) 通分；(3) 有理化.

7. 利用无穷小和无穷大的关系求极限.

8. 利用分子、分母同时除以 x 的最高次幂的方法求 $\frac{\infty}{\infty}$ 型未定式的极限，也可以直接使用以下结论：

$$\lim_{x\to\infty}\frac{a_0x^m+a_1x^{m-1}+\cdots+a_m}{b_0x^n+b_1x^{n-1}+\cdots+b_n}=\begin{cases}0, & m<n,\\ \frac{a_0}{b_0}, & m=n,\\ \infty, & m>n.\end{cases}$$

其中 $a_0\neq0$，$b_0\neq0$，m 和 n 是非负整数.

在求解极限的过程中，应当注意各种方法的使用条件，避免误用.

例 27　已知当 $x\to0$ 时，$x^2\ln(1+x^2)$ 是 $\sin^n x$ 的高阶无穷小，而 $\sin^n x$ 又是 $1-\cos x$ 的高阶无穷小，则正整数 $n=$　　(　　)

A. 1　　B. 2　　C. 3　　D. 4

解　比较两个无穷小，本质上就是求 $\frac{0}{0}$ 型未定式的极限.

已知当 $x\to0$ 时，$x^2\ln(1+x^2)$ 是 $\sin^n x$ 的高阶无穷小，且 $\ln(1+x^2)\sim x^2$，$\sin x\sim x$，则

$$\lim_{x\to0}\frac{x^2\ln(1+x^2)}{\sin^n x}=\lim_{x\to0}\frac{x^2\cdot x^2}{x^n}=\lim_{x\to0}x^{4-n}=0,$$

所以 $n<4$.又已知当 $x\to 0$ 时,$\sin^n x$ 是 $1-\cos x$ 的高阶无穷小,且 $1-\cos x\sim\frac{1}{2}x^2$,则

$$\lim_{x\to 0}\frac{\sin^n x}{1-\cos x}=\lim_{x\to 0}\frac{x^n}{\frac{1}{2}x^2}=2\lim_{x\to 0}x^{n-2}=0,$$

所以 $n>2$.综上可知,$n=3$.选 C.

例 28 设函数 $f(x)=x\sin\frac{1}{x}+\frac{1}{x}\sin 2x-\lim\limits_{x\to 0}f(x)$,则$\lim\limits_{x\to 0}f(x)=$________.

解 此题的解题关键是理解极限$\lim\limits_{x\to 0}f(x)$的结果是一个常数.设$\lim\limits_{x\to 0}f(x)=A$,则

$$f(x)=x\sin\frac{1}{x}+\frac{1}{x}\sin 2x-\lim_{x\to 0}f(x)=x\sin\frac{1}{x}+\frac{1}{x}\sin 2x-A.$$

于是

$$\lim_{x\to 0}f(x)=\lim_{x\to 0}\left(x\sin\frac{1}{x}+\frac{1}{x}\sin 2x-A\right)=\lim_{x\to 0}x\sin\frac{1}{x}+\lim_{x\to 0}\frac{1}{x}\sin 2x-\lim_{x\to 0}A=2-A,$$

即 $A=2-A$,所以$\lim\limits_{x\to 0}f(x)=A=1$.

例 29 设 $f(x)=\lim\limits_{n\to\infty}\left(1-\frac{x}{n}\right)^n$,则 $f(\ln 2)=$________.

解 此题重点考察第二个重要极限的用法,解题步骤如下:

$$f(x)=\lim_{n\to\infty}\left(1-\frac{x}{n}\right)^n$$ ① 确定极限式是 1^∞ 型未定式

$$=\left[\lim_{n\to\infty}\left(1-\frac{x}{n}\right)\right]^{-\frac{n}{x}\cdot(-x)}$$ ② 将指数写成括号内第二项的倒数再乘常数,凑成和原指数相等

$$=\left[\lim_{n\to\infty}\left(1-\frac{x}{n}\right)^{-\frac{n}{x}}\right]^{-x}$$ ③ 交换极限运算和函数运算的顺序

$$=e^{-x}.$$

所以 $f(\ln 2)=e^{-\ln 2}=\frac{1}{2}$.

在例 29 的解题过程中应注意区分极限运算的变量 n 和函数 $f(x)$的自变量 x,$\lim\limits_{n\to\infty}\left(1-\frac{x}{n}\right)^n$ 是变量 $n\to\infty$时的极限运算,此时将 x 看作常数.

例 30 求极限$\lim\limits_{x\to\infty}\frac{3x^2-x\sin x}{x^2+\cos x+1}$.

解 当 $x\to\infty$时,分子、分母均为无穷大,不能用商的极限运算法则.注意到分子、分母中 x 的最高次都是 2 次,因此分子、分母同时除以 x^2,得

$$\lim_{x\to\infty}\frac{3x^2-x\sin x}{x^2+\cos x+1}=\lim_{x\to\infty}\frac{3-\frac{\sin x}{x}}{1+\frac{\cos x}{x^2}+\frac{1}{x^2}}=\frac{\lim\limits_{x\to\infty}3-\lim\limits_{x\to\infty}\frac{\sin x}{x}}{\lim\limits_{x\to\infty}1+\lim\limits_{x\to\infty}\frac{\cos x}{x^2}+\lim\limits_{x\to\infty}\frac{1}{x^2}}=3.$$

其中$\lim\limits_{x\to\infty}\frac{\sin x}{x}$和$\lim\limits_{x\to\infty}\frac{\cos x}{x^2}$都是利用无穷小与有界函数的乘积仍是无穷小的性质得到的.

（二）判断函数间断点的类型

判断函数间断点及其类型的思路如图 1-12 所示.

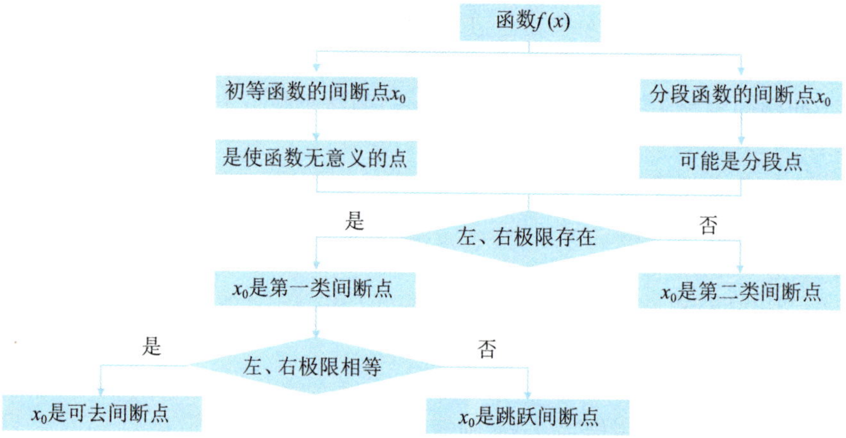

图 1-12

例 31 求函数 $f(x)=\frac{x}{\sin x}$的间断点并判断其类型.

解 当 $x=k\pi(k\in\mathbf{Z})$时，函数 $f(x)$无定义，所以 $x=k\pi(k\in\mathbf{Z})$是函数 $f(x)$的间断点，且当 $k=0$ 时，$x=0$，$\lim\limits_{x\to k\pi}\frac{x}{\sin x}=\lim\limits_{x\to 0}\frac{x}{\sin x}=1$；当 $k\neq 0$ 时，$\lim\limits_{x\to k\pi}\frac{x}{\sin x}=\infty$.

所以 $x=0$ 是 $f(x)$的第一类间断点，并且是可去间断点；$x=k\pi(k\neq 0,k\in\mathbf{Z})$是 $f(x)$的第二类间断点，并且是无穷间断点.

举一反三

函数 $f(x)=\frac{x}{|\sin x|}$的间断点有哪些？分别是什么类型？

（三）已知函数的连续性求待定常数

例 32 设 $f(x)=\frac{x-a}{x^2+x+b}$，$x=1$ 为可去间断点，则 a,b 的值分别为（　　）

A. $a=1,b=-2$　　　B. $a=-1,b=2$

C. $a=-1,b=-2$　　　D. $a=1,b=2$

解 因为 $x=1$ 为间断点，所以 $f(x)$在 $x=1$ 处无定义，即 $f(1)=\frac{1-a}{2+b}$无定义，所以 $b=-2$.又因为 $x=1$ 为可去间断点，所以 $f(x)$在 $x=1$ 处的极限存在，即

$$\lim_{x\to 1}\frac{x-a}{x^2+x+b}=\lim_{x\to 1}\frac{x-a}{x^2+x-2}$$

存在.又因为$\lim\limits_{x\to 1}(x^2+x-2)=0$,所以$\lim\limits_{x\to 1}(x-a)=0$,即 $1-a=0$,所以 $a=1$.选 A.

(四) 证明方程的根的存在性

证明方程的根的存在性,有时需要用到零点定理(根的存在定理):

如果函数 $f(x)$在闭区间$[a,b]$上连续,且 $f(a)\cdot f(b)<0$,那么至少存在一点$\xi\in(a,b)$,使得 $f(\xi)=0$.

例 33 证明方程 $x^4-3x^2+1=0$ 在区间(1,2)内至少有一个实根.

证 设 $f(x)=x^4-3x^2+1$,则 $f(x)$在$[1,2]$上连续,且 $f(1)=-1<0$,$f(2)=5>0$,即$f(1)\cdot f(2)<0$.根据零点定理,至少存在一点 $\xi\in(1,2)$,使 $f(\xi)=\xi^4-3\xi^2+1=0$,即方程 $x^4-3x^2+1=0$ 在区间(1,2)内至少有一个实根.

二 解题训练

1. 选择题:

(1) 下列各极限正确的是 ( )

A. $\lim\limits_{x\to\infty}\dfrac{\sin 2x}{x}=2$ B. $\lim\limits_{x\to\infty}\dfrac{\arctan x}{x}=1$ C. $\lim\limits_{x\to 2}\dfrac{x^2-4}{x-2}=\infty$ D. $\lim\limits_{x\to 0^+}x^x=1$

(2) 设 $\alpha(x)=\cos x-1$,$\beta(x)=\sqrt{1+x^2}-1$,$\gamma(x)=e^x-1$,则当 $x\to 0$ 时, ( )

A. $\alpha(x)$是$\beta(x)$的同阶无穷小,$\beta(x)$是$\gamma(x)$的高阶无穷小

B. $\alpha(x)$是$\beta(x)$的高阶无穷小,$\beta(x)$是$\gamma(x)$的同阶无穷小

C. $\alpha(x)$是$\beta(x)$的同阶无穷小,$\beta(x)$是$\gamma(x)$的同阶无穷小

D. $\alpha(x)$是$\beta(x)$的高阶无穷小,$\beta(x)$是$\gamma(x)$的高阶无穷小

(3) 已知函数 $f(x)=\dfrac{x^2-3x+2}{x^2-4}$,则 $x=2$ 是 $f(x)$的 ( )

A. 跳跃间断点 B. 可去间断点 C. 无穷间断点 D. 连续点

(4) $x=0$ 是函数 $f(x)=\begin{cases} e^x-1, & x<0,\\ 2, & x=0,\\ x\sin\dfrac{1}{x}, & x>0\end{cases}$ 的 ( )

A. 可去间断点 B. 跳跃间断点 C. 无穷间断点 D. 连续点

(5) 设函数 $f(x)=\dfrac{(x-2)\sin x}{|x|(x^2-4)}$,则函数 $f(x)$的第一类间断点的个数为 ( )

A. 0 B. 2 C. 3 D. 5

(6) 已知函数 $f(x)=\begin{cases} \dfrac{\sin ax}{x}, & x>0,\\ 2, & x=0,\\ \dfrac{1}{bx}\ln(1-3x), & x<0\end{cases}$ 为连续函数,则 a,b 满足 ( )

A. $a=2$,b 为任意实数 B. $a+b=\dfrac{1}{2}$

C. $a=2,b=-\frac{3}{2}$　　D. $a=b=1$

(7) 若函数 $f(x)=\frac{\sin 2x}{x}+2\lim\limits_{x\to 0}f(x)$,则$\lim\limits_{x\to 0}f(x)=$　( )

A. -4　B. -2　C. 2　D. 4

(8) $x=0$ 是函数 $f(x)=\begin{cases}\frac{e^{\frac{1}{x}}+1}{e^{\frac{1}{x}}-1}, & x\neq 0,\\ 1, & x=0\end{cases}$ 的　( )

A. 无穷间断点　B. 跳跃间断点　C. 可去间断点　D. 连续点

2. 填空题:

(1) 设 $f(x)=\left(\frac{2+x}{3+x}\right)^x$,则$\lim\limits_{x\to\infty}f(x)=$________.

(2) $\lim\limits_{x\to 0}\frac{e^x-e^{-x}-2x}{x-\sin x}=$________.

(3) 若 $\lim\limits_{x\to 0}\frac{f(2x)}{x}=2$,则$\lim\limits_{x\to\infty}xf\left(\frac{1}{2x}\right)=$________.

(4) 设 $\lim\limits_{x\to 0}\left(\frac{a+x}{a-x}\right)^{\frac{1}{x}}=e$,则常数 $a=$________.

(5) 如果 $\lim\limits_{x\to 0}(1+ax)^{\frac{1}{x}}=\lim\limits_{x\to\infty}x\sin\frac{2}{x}$,那么常数 $a=$________.

(6) 设函数 $f(x)=x\sin\frac{1}{x}-\lim\limits_{x\to 0}f(x)$,则 $\lim\limits_{x\to 0}f(x)=$________.

(7) 若 $x=1$ 是函数 $f(x)=\frac{x^2-ax}{x^2-x}$的第一类间断点,则 $\lim\limits_{x\to 0}f(x)=$________.

(8) 设函数 $f(x)=\frac{x^2-1}{|x|(x-1)}$,则其第一类间断点为________.

3. 计算题:

(1) 求极限 $\lim\limits_{x\to 1}\frac{\sqrt[3]{x}-1}{\sqrt{x}-1}$.

(2) 求极限 $\lim\limits_{x\to 0}\frac{(e^x-e^{-x})^2}{\ln(1+x^2)}$.

(3) 求函数 $f(x)=\frac{(x-1)\sin x}{|x|(x^2-1)}$的间断点,并说明其类型.

4. 证明题:

证明方程 $xe^x=2$ 在区间$(0,1)$内有且仅有一个实根.

第二节　导数与微分

数学理论场

一　导数的定义

（一）引例

1. 变速直线运动物体的瞬时速度

变速直线运动的核心在于速度的"变".一个做变速直线运动的物体,其位置随时间变化的规律可以用位置函数 $s=s(t)$ 描述.在以时刻 t_0 为起点的时间间隔 Δt 内,物体的平均速度 $\bar{v}=\frac{\Delta s}{\Delta t}$ 是"匀"的,是时刻 t_0 的瞬时速度 v 的近似值.Δt 越小,这个平均速度就越趋近于时刻 t_0 的瞬时速度.当 $\Delta t\to 0$ 时,如果平均速度 $\bar{v}$ 的极限存在,那么这个极限就是瞬时速度,即

$$v=\lim_{\Delta t\to 0}\frac{\Delta s}{\Delta t}=\lim_{\Delta t\to 0}\frac{s(t_0+\Delta t)-s(t_0)}{\Delta t}.$$

在实际应用中,经常采用这种"以匀代变"的方法,将动态问题转化为近似的静态问题分析,再通过取极限得到精确值.

2. 平面曲线切线的斜率

如图 1-13,设平面曲线 C 的方程为 $y=f(x)$,$P(x_0,y_0)$ 是 C 上的一个定点,为求曲线 C 在点 P 处的切线,先作曲线 C 的过 P 点的割线:在 C 上另取任意点 $Q(x_0+\Delta x,y_0+\Delta y)$,则割线 PQ 的斜率为

$$k_{PQ}=\tan\alpha=\frac{\Delta y}{\Delta x}=\frac{f(x_0+\Delta x)-f(x_0)}{\Delta x},$$

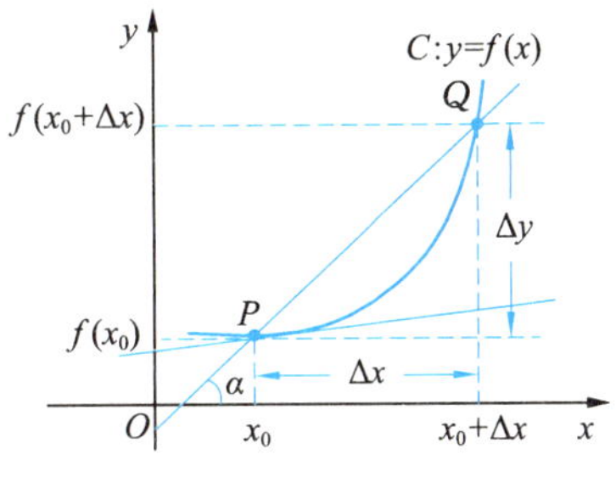

图 1-13

其中 α 是割线 PQ 的倾斜角.当 $\Delta x\to 0$ 时,点 Q 沿着曲线 C 无限趋近于点 P,割线 PQ 随之绕点 P 旋转.如果割线 PQ 的斜率存在极限,那么这个极限值就是曲线 C 在点 P 处的切线的斜率,即

$$k=\lim_{\Delta x\to 0}k_{PQ}=\lim_{\Delta x\to 0}\frac{f(x_0+\Delta x)-f(x_0)}{\Delta x}.$$

以 k 值为斜率的过点 P 的直线就是曲线 C 在点 P 处的切线.

（二）导数与导函数

函数 $y=f(x)$ 在点 x_0 的某邻域内有定义,当自变量 x 在点 x_0 处有增量 Δx 时,相应有函数增量 $\Delta y=f(x_0+\Delta x)-f(x_0)$.如果极限 $\lim\limits_{\Delta x\to 0}\frac{\Delta y}{\Delta x}=\lim\limits_{\Delta x\to 0}\frac{f(x_0+\Delta x)-f(x_0)}{\Delta x}$

存在，那么称函数$y=f(x)$在点 x_0 处可导，称此极限值为**函数 $f(x)$在点 x_0 处的导数**，记作$f'(x_0)$，$y'|_{x=x_0}$，$\left.\dfrac{dy}{dx}\right|_{x=x_0}$或$\left.\dfrac{df(x)}{dx}\right|_{x=x_0}$，即

$$f'(x_0)=\lim_{\Delta x\to 0}\frac{f(x_0+\Delta x)-f(x_0)}{\Delta x}.$$

如果上式中的极限不存在，那么称**函数 $f(x)$在点 x_0 处不可导.**

如果函数 $f(x)$在点 x_0 处不可导的原因是$\lim\limits_{\Delta x\to 0}\dfrac{\Delta y}{\Delta x}=\infty$，为方便起见，这时，通常称**$f(x)$在点 x_0 处的导数为无穷大.**

设 $\Delta x=x-x_0$，即 $x=x_0+\Delta x$.当 $\Delta x\to 0$ 时，$x\to x_0$，所以导数的定义式也可以写作

$$f'(x_0)=\lim_{x\to x_0}\frac{f(x)-f(x_0)}{x-x_0}.$$

如果函数 $y=f(x)$在开区间(a,b)内每一点处都可导，那么称**函数 $f(x)$在开区间(a,b)内可导**，或 **$f(x)$是开区间(a,b)内的可导函数**.这时，对于任一 $x\in(a,b)$，都有唯一确定的导数值 $f'(x)$与之相对应，从而构成了一个新的函数，称为 **$f(x)$在(a,b)内的导函数**，简称**导数**，记作 y'，$f'(x)$，$\dfrac{dy}{dx}$或$\dfrac{df(x)}{dx}$，即

$$f'(x)=\lim_{\Delta x\to 0}\frac{f(x+\Delta x)-f(x)}{\Delta x}.$$

例 1 用导数的定义求 $y=x^2$ 的导数.

解 $(x^2)'=\lim\limits_{\Delta x\to 0}\dfrac{(x+\Delta x)^2-x^2}{\Delta x}=\lim\limits_{\Delta x\to 0}\dfrac{2x\cdot\Delta x+(\Delta x)^2}{\Delta x}=\lim\limits_{\Delta x\to 0}(2x+\Delta x)=2x.$

（三）左导数和右导数

设函数 $y=f(x)$在点x_0 的某邻域内有定义.如果极限 $\lim\limits_{\Delta x\to 0^-}\dfrac{\Delta y}{\Delta x}$存在，那么称 $f(x)$在点 x_0 处左可导，称此极限值为函数 $f(x)$在点 x_0 处的**左导数**，记作 $f'_-(x_0)$，即

$$f'_-(x_0)=\lim_{\Delta x\to 0^-}\frac{f(x_0+\Delta x)-f(x_0)}{\Delta x}=\lim_{x\to x_0^-}\frac{f(x)-f(x_0)}{x-x_0};$$

如果极限 $\lim\limits_{\Delta x\to 0^+}\dfrac{\Delta y}{\Delta x}$存在，那么称 $f(x)$在点 x_0 处右可导，称此极限值为函数 $f(x)$在点 x_0 处的**右导数**，记作 $f'_+(x_0)$，即

$$f'_+(x_0)=\lim_{\Delta x\to 0^+}\frac{f(x_0+\Delta x)-f(x_0)}{\Delta x}=\lim_{x\to x_0^+}\frac{f(x)-f(x_0)}{x-x_0}.$$

根据导数的定义可知，导数是一个极限，而极限存在的充分必要条件是左极限、右极限都存在并且相等，因此有如下结论：

函数 $f(x)$在点 x_0 处可导的充分必要条件是 $f(x)$在点 x_0 处的左导数和右导数都存在且相等.

计算分段函数在分段点处的导数时，应当先讨论函数在该点处的左导数和右导数，

根据二者是否存在、是否相等得出结论.

例 2 函数 $f(x)=|x|$ 在点 $x=0$ 处是否可导?

解 因为

$$f'_-(0)=\lim_{x\to 0^-}\frac{f(x)-f(0)}{x-0}=\lim_{x\to 0^-}\frac{-x-0}{x-0}=-1,$$

$$f'_+(0)=\lim_{x\to 0^+}\frac{f(x)-f(0)}{x-0}=\lim_{x\to 0^+}\frac{x-0}{x-0}=1,$$

即 $f'_-(0)\neq f'_+(0)$,所以函数 $f(x)=|x|$ 在点 $x=0$ 处不可导.

举一反三

函数 $y=f(x)$ 在点 x_0 处可导、在点 x_0 处连续,以及当 $x\to x_0$ 时,函数极限存在,这三者之间有什么关系?

(四) 导数的几何意义

在几何学中,曲线 $y=f(x)$ 在点 x_0 处的导数 $f'(x_0)$ 表示曲线在点 $P(x_0,y_0)$ 处的切线的斜率 k.如图 1-14,记 β 是切线的倾斜角,则有 $k=f'(x)=\tan\beta$.

曲线 $y=f(x)$ 在点 $P(x_0,y_0)$ 处的切线方程为

$$y-f(x_0)=f'(x_0)(x-x_0).$$

法线方程为

$$y-f(x_0)=-\frac{1}{f'(x_0)}(x-x_0)\ (f'(x_0)\neq 0).$$

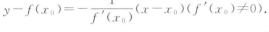

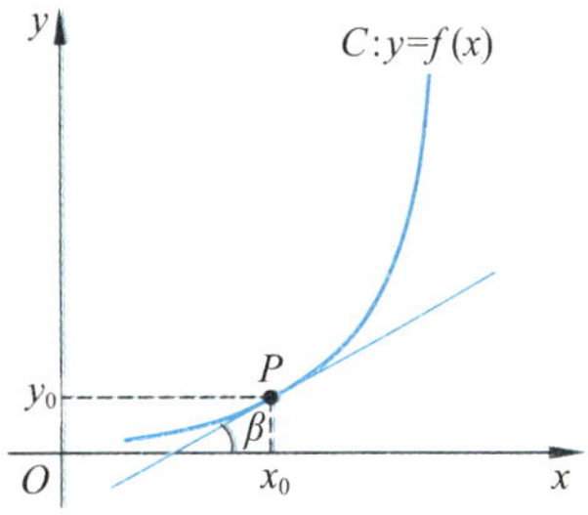

图 1-14

例 3 求曲线 $y=x^2$ 在点(1,1)处的切线和法线方程.

解 所求切线方程的斜率为 $k=f'(1)=(x^2)'|_{x=1}=2x|_{x=1}=2$,则所求切线方程为 $y-1=2(x-1)$,即 $2x-y-1=0$;法线方程为 $y-1=-\frac{1}{2}(x-1)$,即 $x+2y-3=0$.

举一反三

已知平面曲线 $y=f(x)$,如果 $f'(x_0)=0$,那么曲线在点 x_0 处有切线吗?如果 $f'(x_0)=\infty$ 呢?

二 导数的计算

(一) 基本求导公式

(1) $C'=0$(C 为常数);

(2) $(x^\mu)'=\mu x^{\mu-1}$;

(3) $(a^x)'=a^x\ln a$,特别地 $(e^x)'=e^x$;

(4) $(\log_a x)'=\frac{1}{x\ln a}$,$(\ln x)'=\frac{1}{x}$;

(5) $(\sin x)'=\cos x$;

(6) $(\cos x)'=-\sin x$;

(7) $(\tan x)'=\sec^2 x$;

(8) $(\cot x)'=-\csc^2 x$;

(9) $(\sec x)'=\sec x\tan x$;

(10) $(\csc x)'=-\csc x\cot x$;

(11) $(\arcsin x)'=\frac{1}{\sqrt{1-x^2}}$;　　(12) $(\arccos x)'=-\frac{1}{\sqrt{1-x^2}}$;

(13) $(\arctan x)'=\frac{1}{1+x^2}$;　　(14) $(\operatorname{arccot} x)'=-\frac{1}{1+x^2}$.

(二) 导数的四则运算法则

如果函数 $u(x)$,$v(x)$在点 x 处可导,那么

(1) $u(x)\pm v(x)$在点 x 处也可导,且

$$[u(x)\pm v(x)]'=u'(x)\pm v'(x).$$

(2) $u(x)v(x)$在点 x 处也可导,且

$$[u(x)v(x)]'=u'(x)v(x)+u(x)v'(x).$$

推论　如果 C 为常数,那么 $Cu(x)$在点 x 处也可导,且

$$[Cu(x)]'=Cu'(x).$$

(3) $\frac{u(x)}{v(x)}(v(x)\neq 0)$在点 x 处也可导,且

$$\left[\frac{u(x)}{v(x)}\right]'=\frac{u'(x)v(x)-u(x)v'(x)}{v^2(x)}.$$

推论　$\frac{1}{v(x)}$在点 x 处也可导,且

$$\left[\frac{1}{v(x)}\right]'=-\frac{v'(x)}{v^2(x)}.$$

例 4　求下列函数的导数:

(1) $y=\tan x$;　　(2) $y=\sec x$.

解　(1) $(\tan x)'=\left(\frac{\sin x}{\cos x}\right)'=\frac{(\sin x)'\cos x-\sin x(\cos x)'}{\cos^2 x}$

$$=\frac{\cos^2 x+\sin^2 x}{\cos^2 x}=\frac{1}{\cos^2 x}=\sec^2 x.$$

(2) $(\sec x)'=\left(\frac{1}{\cos x}\right)'=-\frac{(\cos x)'}{\cos^2 x}=-\frac{-\sin x}{\cos^2 x}=\frac{1}{\cos x}\cdot\frac{\sin x}{\cos x}=\sec x\tan x.$

举一反三

求 $y=\cot x$ 和 $y=\csc x$ 的导数.

(三) 复合函数的导数

如果函数 $u=\varphi(x)$在点 x 处可导,函数 $y=f(u)$在对应点 u 处可导,那么复合函数 $f[\varphi(x)]$在点 x 处可导,且

$$\frac{dy}{dx}=\frac{dy}{du}\cdot\frac{du}{dx},\text{或记作 } f'[\varphi(x)]=f'(u)\cdot u'(x).$$

复合函数求导法则通常称为复合函数的**链式求导法则**,此法则可以推广到有限个可导函数复合的情形.

例 5 求 $y=\sin x^2$ 的导数.

解 $y=\sin x^2$ 是由 $y=\sin u$ 和 $u=x^2$ 复合而成的，所以

$$y'=\frac{\mathrm{d}y}{\mathrm{d}x}=\frac{\mathrm{d}y}{\mathrm{d}u}\cdot\frac{\mathrm{d}u}{\mathrm{d}x}=\cos u\cdot 2x=2x\cos x^2.$$

熟练之后，可以省略写出中间变量的过程.以例 5 为例：

$$(\sin x^2)'=\cos x^2\cdot(x^2)'=2x\cos x^2.$$

例 6 求下列函数的导数：

(1) $y=\sin^2 x$；　(2) $y=\arctan 3x$；　(3) $y=\mathrm{e}^{\tan 2x}$.

解 (1) $y'=2\sin x\cdot(\sin x)'=2\sin x\cos x=\sin 2x$.

(2) $y'=(\arctan 3x)'=\dfrac{1}{1+(3x)^2}\cdot(3x)'=\dfrac{3}{1+9x^2}$.

(3) $y'=(\mathrm{e}^{\tan 2x})'=\mathrm{e}^{\tan 2x}\cdot(\tan 2x)'=\mathrm{e}^{\tan 2x}\cdot\sec^2(2x)\cdot(2x)'=2\mathrm{e}^{\tan 2x}\sec^2 2x$.

举一反三

已知 $f(x)$ 可导，求 $y=f(2x)$ 和 $y=\sin f(x)$ 的导数.

（四）隐函数与参数方程确定的函数的导数

1. 隐函数求导和对数求导法

形如 $y=f(x)$ 的函数称为**显函数**，显函数的因变量 y 可以用含自变量 x 的表达式 $f(x)$ 表示，其函数关系是明显的.

由方程 $F(x,y)=0$ 确定的函数关系称为**隐函数**，其函数关系隐含在方程中.

有的隐函数可以将 y 解出，从而转化为显函数 $y=f(x)$ 的形式，称为隐函数的显化.求能够显化的隐函数的导数，可以先显化，再求导.例如，对于由方程 $\sqrt{x}-y+1=0$ 所确定的隐函数，可先显化为 $y=\sqrt{x}+1$，然后求导.

有的隐函数的显化很困难，甚至不能显化.例如，方程 $\mathrm{e}^{xy}+x-y=0$ 所确定的隐函数 $y=f(x)$ 是无法显化的.那么如何求这些函数的导数呢？

设方程 $F(x,y)=0$ 确定隐函数 $y=f(x)$，求 $\dfrac{\mathrm{d}y}{\mathrm{d}x}$ 的步骤如下：

① 方程两边同时对 x 求导.

应当注意，y 是关于 x 的函数，y 对 x 求导是 $\dfrac{\mathrm{d}y}{\mathrm{d}x}$.关于 y 的函数 $\varphi(y)$ 是关于 x 的复合函数，使用链式法则求导，得 $\dfrac{\mathrm{d}\varphi}{\mathrm{d}x}=\dfrac{\mathrm{d}\varphi}{\mathrm{d}y}\cdot\dfrac{\mathrm{d}y}{\mathrm{d}x}$，即 $\dfrac{\mathrm{d}\varphi}{\mathrm{d}x}=\varphi'(y)\cdot y'$.

② 从方程两边求导后得到的新方程中解出 $\dfrac{\mathrm{d}y}{\mathrm{d}x}$.

例 7 求由方程 $\mathrm{e}^{xy}+x-y=0$ 所确定的隐函数 $y=f(x)$ 的导数.

解 方程两边对 x 求导，得 $\mathrm{e}^{xy}(y+xy')+1-y'=0$，即

$$(x\mathrm{e}^{xy}-1)\cdot y'=-1-y\mathrm{e}^{xy},$$

解得 $y'=\dfrac{y\mathrm{e}^{xy}+1}{1-x\mathrm{e}^{xy}}$.

隐函数的求导结果中会含有 y,这是因为隐函数中自变量 x 和因变量 y 的函数关系是隐含的,无法将 y 表示为关于 x 的表达式.

对于幂指函数 $y=f(x)^{g(x)}$,或者由几个含变量的式子的乘、除、乘方、开方构成的函数求导,通常先对函数两边取对数,再求导,这种求导方法称为**对数求导法**.

例 8 求函数 $y=x^x(x>0)$的导数.

解 两边取对数,得

$$\ln y=x\ln x.$$

两边同时对 x 求导,得

$$\frac{1}{y}\cdot y'=\ln x+1,$$

解得 $y'=x^x(\ln x+1)$.

例 9 求函数 $y=\sqrt[3]{\dfrac{x(x+1)}{(x-1)(2-x)}}$ 的导数.

解 两边取对数,得

$$\ln y=\frac{1}{3}[\ln x+\ln(x+1)-\ln(x-1)-\ln(2-x)].$$

两边同时对 x 求导,得

$$\frac{1}{y}\cdot y'=\frac{1}{3}\left(\frac{1}{x}+\frac{1}{x+1}-\frac{1}{x-1}+\frac{1}{2-x}\right),$$

解得

$$y'=\frac{1}{3}\sqrt[3]{\frac{x(x+1)}{(x-1)(2-x)}}\left(\frac{1}{x}+\frac{1}{x+1}-\frac{1}{x-1}+\frac{1}{2-x}\right).$$

2. 参数方程确定的函数的导数

由参数方程 $\begin{cases}x=\varphi(t),\\ y=\psi(t)\end{cases}$ $(t\in(\alpha,\beta))$所确定的函数 $y=f(x)$,若 $\varphi(t)$,$\psi(t)$可导,且 $\varphi'(t)\neq 0$,则 $y=f(x)$可导,且

$$y'=\frac{\mathrm{d}y}{\mathrm{d}x}=\frac{\psi'(t)}{\varphi'(t)}=\frac{\dfrac{\mathrm{d}y}{\mathrm{d}t}}{\dfrac{\mathrm{d}x}{\mathrm{d}t}}.$$

例 10 已知 $\begin{cases}x=a(t-\sin t),\\ y=a(1-\cos t),\end{cases}$ 其中 a 为常数,求 $\dfrac{\mathrm{d}y}{\mathrm{d}x}$.

解 $\dfrac{\mathrm{d}y}{\mathrm{d}x}=\dfrac{[a(1-\cos t)]'}{[a(t-\sin t)]'}=\dfrac{\sin t}{1-\cos t}$.

(五) 高阶导数

如果函数 $y=f(x)$的导数 $y'=f'(x)$仍然是可导函数,那么称 $f'(x)$的导数为

$f(x)$的**二阶导数**，记作

$$y'', f''(x), \frac{d^2y}{dx^2}\text{或}\frac{d^2f(x)}{dx^2}.$$

一般地，函数 $f(x)$ 的 $n-1$ 阶导数的导数，称为 $f(x)$ 的 n **阶导数**，记作 $y^{(n)}$，$f^{(n)}(x)$，$\frac{d^ny}{dx^n}$或$\frac{d^nf(x)}{dx^n}$.二阶以及二阶以上的导数统称为**高阶导数**.

例 11　设 $y=x^4+2x^3-x^2-4x+5$，求 y'''.

解　$y'=4x^3+6x^2-2x-4$，$y''=12x^2+12x-2$，$y'''=24x+12$.

例 12　设 $y=e^{3x}$，求 $y^{(n)}$.

解　依次求函数 y 的一阶、二阶、三阶导数，并总结规律.

$y'=(e^{3x})'=3e^{3x}$，

$y''=(3e^{3x})'=9e^{3x}=3^2\cdot e^{3x}$，

$y'''=(9e^{3x})'=27e^{3x}=3^3\cdot e^{3x}$.

归纳得 $y^{(n)}=3^n\cdot e^{3x}$.

三　函数的微分

（一）微分的概念

如图 1-15，在切点附近，切线被看作与曲线最为贴近的一条直线，越靠近切点，切线和曲线的接近程度就越高.因此，在切点 $P(x,y)$附近，可以用切线近似代替曲线，数学上称为“局部线性化”或“用直线逼近曲线”.具体来说，如果在点 x 处自变量有增量 Δx，那么函数 $f(x)$相应地有增量 $\Delta y=f(x+\Delta x)-f(x)$（$MN$ 段），切线也有相应的增量 $k\cdot\Delta x=\tan\alpha\cdot\Delta x$（$TN$ 段）.

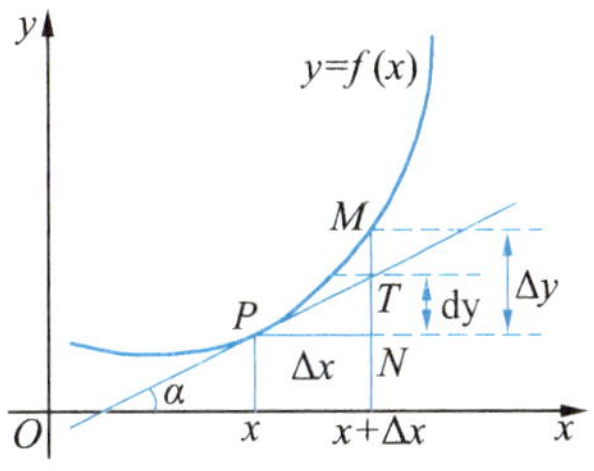

图 1-15

可以观察到，Δx 越小，$x+\Delta x$ 和 x 越接近，TN 就越来越近似于 MN，即

$$\Delta y\approx k\cdot\Delta x=f'(x)\Delta x.$$

因此，当 $\Delta x\to 0$ 时，如果 Δy 与 $f'(x)\Delta x$ 的差是比 Δx 高阶的无穷小，那么可以用切线上纵坐标的相应增量 $f'(x)\Delta x$ 近似代替曲线上纵坐标的相应增量 Δy，称 $f'(x)\Delta x$为 $f(x)$的**微分**，记为 dy，即 $dy=f'(x)\Delta x$.此时也称**函数 $f(x)$在点 x 处可微**.

设函数 $y=x$，则 $dy=dx=(x)'\Delta x=\Delta x$，即 $dx=\Delta x$.因此，函数的微分通常表示为

$$dy=f'(x)dx.$$

微分的定义式 $dy=f'(x)dx$ 也就是 $f'(x)=\frac{dy}{dx}$，因此，导数可以看作函数微分 dy 和自变量微分 dx 的商.函数的可导和可微是等价的.简单地说，**可导必可微，可微必可导**.

（二）微分的计算

微分的定义就是一种求微分的方法：**函数的微分等于函数的导数乘自变量的微分**.

例 13 已知 $y=x^2$，求：

（1）$\mathrm{d}y$；

（2）函数在 $x=1$ 处的微分 $\mathrm{d}y\big|_{x=1}$；

（3）函数在 $x=1$ 处，$\Delta x=0.02$ 时的函数增量 Δy 和微分 $\mathrm{d}y$.

解 （1）$\mathrm{d}y=(x^2)'\mathrm{d}x=2x\mathrm{d}x$.

（2）$\mathrm{d}y\big|_{x=1}=(2x)\big|_{x=1}\mathrm{d}x=2\mathrm{d}x$.

（3）$\Delta y=(1+0.02)^2-1^2=0.040\,4$，$\mathrm{d}y\big|_{\substack{x=1\\ \Delta x=0.02}}=(x^2)'\big|_{x=1}\cdot 0.02=0.04$.

利用基本求导公式可以得到基本初等函数的微分公式：

（1）$\mathrm{d}(C)=0$（C 是常数）；

（2）$\mathrm{d}(x^\mu)=\mu x^{\mu-1}\mathrm{d}x$；

（3）$\mathrm{d}(a^x)=a^x\ln a\,\mathrm{d}x$，特别地 $\mathrm{d}(\mathrm{e}^x)=\mathrm{e}^x\mathrm{d}x$；

（4）$\mathrm{d}(\log_a x)=\dfrac{1}{x\ln a}\mathrm{d}x$，特别地 $\mathrm{d}(\ln x)=\dfrac{1}{x}\mathrm{d}x$；

（5）$\mathrm{d}(\sin x)=\cos x\,\mathrm{d}x$，$\mathrm{d}(\cos x)=-\sin x\,\mathrm{d}x$，

$\mathrm{d}(\tan x)=\sec^2 x\,\mathrm{d}x$，$\mathrm{d}(\cot x)=-\csc^2 x\,\mathrm{d}x$，

$\mathrm{d}(\sec x)=\sec x\tan x\,\mathrm{d}x$，$\mathrm{d}(\csc x)=-\csc x\cot x\,\mathrm{d}x$；

（6）$\mathrm{d}(\arcsin x)=\dfrac{1}{\sqrt{1-x^2}}\mathrm{d}x$，$\mathrm{d}(\arccos x)=-\dfrac{1}{\sqrt{1-x^2}}\mathrm{d}x$，

$\mathrm{d}(\arctan x)=\dfrac{1}{1+x^2}\mathrm{d}x$，$\mathrm{d}(\mathrm{arccot}\,x)=-\dfrac{1}{1+x^2}\mathrm{d}x$.

四 导数的应用

（一）微分中值定理

罗尔定理 如果函数 $y=f(x)$ 在闭区间 $[a,b]$ 上连续，在开区间 (a,b) 内可导，且满足 $f(a)=f(b)$，那么在 (a,b) 内至少存在一点 ξ，使 $f'(\xi)=0$.

罗尔定理常用于证明根的存在性.

例 14 证明方程 $x^5-5x+1=0$ 有且仅有一个小于 1 的正根.

证 设 $f(x)=x^5-5x+1$，则 $f(x)$ 在 $[0,1]$ 上连续，且 $f(0)\cdot f(1)=-3<0$.由零点定理，至少存在一点 $x_0\in(0,1)$，使 $f(x_0)=0$，即方程至少存在一个小于 1 的正根 x_0.

假设方程还有另一个小于 1 的正根 $x_1\neq x_0$（不妨设 $x_0<x_1$），即 $f(x_1)=0$，则函数 $f(x)$ 在 $[x_0,x_1]$ 上满足罗尔定理，所以至少存在一点 $\xi\in(x_0,x_1)\subseteq(0,1)$，使 $f'(\xi)=0$.但 $f'(x)=5(x^4-1)<0$（$x\in(0,1)$），矛盾.

综上所述，方程 $x^5-5x+1=0$ 有且仅有一个小于 1 的正根.

拉格朗日中值定理 如果函数 $y=f(x)$ 在闭区间 $[a,b]$ 上连续，在开区间 (a,b) 内可导，那么在 (a,b) 内至少存在一点 ξ，使 $f'(\xi)=\dfrac{f(b)-f(a)}{b-a}$.

拉格朗日中值定理的结论也可写作：$f(b)-f(a)=f'(\xi)(b-a)$.

在拉格朗日中值定理中，如果函数 $f(x)$ 满足 $f(a)=f(b)$，那么 $f'(\xi)=\dfrac{f(b)-f(a)}{b-a}=0$，这是罗尔定理的结论.因此，罗尔定理是拉格朗日中值定理当 $f(a)=f(b)$ 时的特殊情况，拉格朗日中值定理则是罗尔定理更一般的推广.

推论 1 如果函数 $f(x)$ 在闭区间 $[a,b]$ 上连续，在开区间 (a,b) 内有 $f'(x)\equiv 0$，那么 $f(x)\equiv C$（C 为常数）.

推论 2 如果函数 $f(x)$ 和 $g(x)$ 在区间 (a,b) 内可导，且 $f'(x)\equiv g'(x)$，$f(x)=g(x)+C$（C 为常数）.

例 15 证明 $\arcsin x+\arccos x=\dfrac{\pi}{2}(-1\leqslant x\leqslant 1)$.

证 设 $f(x)=\arcsin x+\arccos x$，则 $f(x)$ 在 $[-1,1]$ 上连续，在 $(-1,1)$ 内可导，且

$$f'(x)=(\arcsin x+\arccos x)'=\frac{1}{\sqrt{1-x^2}}+\left(-\frac{1}{\sqrt{1-x^2}}\right)=0.$$

根据推论 1，有 $f'(x)=C$（C 为常数）.

令 $x=0$，得 $\arcsin 0+\arccos 0=0+\dfrac{\pi}{2}=\dfrac{\pi}{2}$，所以 $C=\dfrac{\pi}{2}$，即 $\arcsin x+\arccos x=\dfrac{\pi}{2}$.

（二）函数的性态

1. 函数的单调性和极值

观察图 1-16(a)，从几何直观来看，若函数 $f(x)$ 在区间 I 上单调增加，则它的图形是一条沿 x 轴正向上升的曲线，曲线 $f(x)$ 上任意一点处的切线与 x 轴正半轴的夹角都是锐角.因此，曲线上任意一点处的切线的斜率都是正的，即 $f'(x)>0$.类似地，如图 1-16(b)，若函数 $y=f(x)$ 在区间 I 上单调减少，则曲线上任意一点处的切线的斜率都是负的，即 $f'(x)<0$.

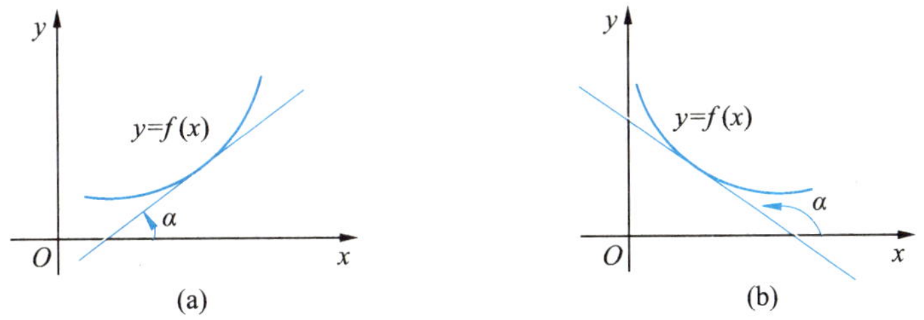

图 1-16

由此得到判别函数单调性的充分条件.

设函数 $y=f(x)$ 在 $[a,b]$ 上连续，在 (a,b) 内可导.

(1) 如果在 $[a,b]$ 上有 $f'(x)>0$，那么函数 $y=f(x)$ 在 $[a,b]$ 上单调增加；

(2) 如果在 $[a,b]$ 上有 $f'(x)<0$，那么函数 $y=f(x)$ 在 $[a,b]$ 上单调减少.

例如，函数 $f(x)=x^2$（图 1-17），$f'(x)=2x$.当 $x\in(0,+\infty)$ 时，$f'(x)>0$；当

$x\in(-\infty,0)$时，$f'(x)<0$.因此，函数 $f(x)$在区间$(0,+\infty)$内单调增加，在区间$(-\infty,0)$内单调减少.$x=0$ 是函数 $f(x)$单调增区间和单调减区间的分界点，有 $f'(0)=0$.

使函数 $f(x)$的导数 $f'(x)$为零的点称为 $f(x)$的**驻点**.

一般来说，函数单调增区间和单调减区间的分界点，要么是驻点，要么是函数的不可导点.

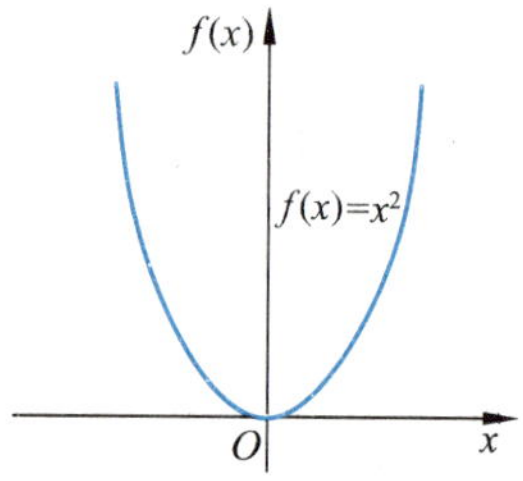

图 1-17

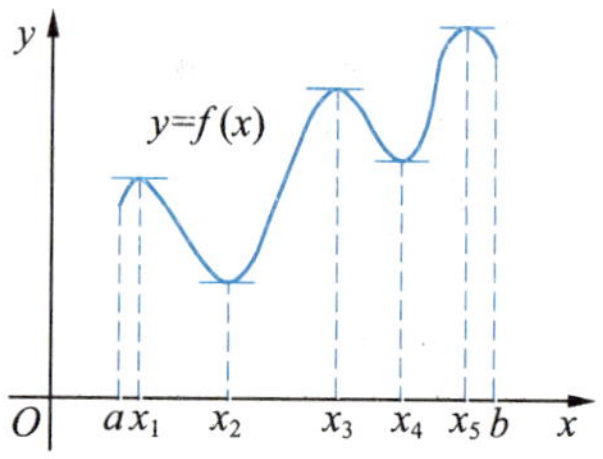

图 1-18

观察图 1-18，在 x_1 左侧，函数 $f(x)$单调增加，在 x_1 右侧，$f(x)$单调减少，因此，在点 x_1 附近，x_1 的函数值 $f(x_1)$最大.在 x_2 左侧，$f(x)$单调减少，在 x_2 右侧，$f(x)$单调增加，因此，在 x_2 附近，x_2 的函数值 $f(x_2)$最小.

对于点 x_0 的某邻域内任一点 $x(x\neq x_0)$，如果总有 $f(x)<f(x_0)$(或 $f(x)>f(x_0)$)，那么称 $f(x_0)$为函数 $f(x)$的**极大值**(或**极小值**)，称 x_0 为 $f(x)$的**极大值点**(或**极小值点**).

函数的极大值和极小值统称为函数的**极值**，函数的极大值点和极小值点统称为函数的**极值点**.

例如，在图 1-18 中，x_1，x_3，x_5 为函数 $f(x)$的极大值点，$f(x_1)$，$f(x_3)$，$f(x_5)$是 $f(x)$的极大值.x_2，x_4 是 $f(x)$的极小值点，$f(x_2)$，$f(x_4)$是 $f(x)$的极小值.

概念深化

函数的极值点、驻点和不可导点，这三者之间是什么关系？

观察图 1-17 和图 1-18 还可以发现：

(1) 函数在极值点处的切线是水平的，即函数在极值点处的导数值为 0.由此得到**极值的必要条件**：

如果函数 $f(x)$在点 x_0 处可导，且在点 x_0 处取得极值，那么 $f'(x_0)=0$.

(2) 函数在极值点的左右两侧单调性不同.函数在极大值点的左侧单调增加，在极大值点的右侧单调减少；在极小值点的左侧单调减少，在极小值点的右侧单调增加.这样就得到了**极值的第一充分条件**：

设函数 $f(x)$在点 x_0 处连续，在点 x_0 的某去心邻域内可导，对 x_0 的邻域内任意一点 x，如果

① 当 $x<x_0$ 时，$f'(x)>0$，当 $x>x_0$ 时，$f'(x)<0$，那么 $f(x)$在点 x_0 处取得极大值；

② 当 $x<x_0$ 时，$f'(x)<0$，当 $x>x_0$ 时，$f'(x)>0$，那么 $f(x)$ 在点 x_0 处取得极小值.

利用极值的第一充分条件判别极值，需要讨论函数 $f(x)$ 在点 x_0 左右两侧的单调性.为了简化计算过程，如果函数 $f(x)$ 在点 x_0 处二阶可导，那么可以应用以下极值的第二充分条件进行判别.

极值的第二充分条件　设函数 $f(x)$ 在点 x_0 处二阶可导，且 $f'(x_0)=0$，$f''(x_0)\neq 0$.

① 如果 $f''(x_0)<0$，那么函数 $f(x)$ 在点 x_0 处取得极大值；

② 如果 $f''(x_0)>0$，那么函数 $f(x)$ 在点 x_0 处取得极小值.

确定函数 $f(x)$ 的极值的步骤为：

(1) 确定 $f(x)$ 的考察范围(如无特别指出，一般是函数的定义域).

(2) 求出函数 $f(x)$ 在考察范围内所有的驻点和不可导点(对于初等函数，不可导点为无定义的点).

(3) 如果存在不可导点，用驻点和不可导点将考察范围分成若干个子区间，列表判断 $f'(x)$ 在每个子区间上的正负，根据极值的第一充分条件判断 $f(x)$ 的极值；如果不存在不可导点，那么计算 $f''(x)$，根据极值的第二充分条件判断 $f(x)$ 的极值.

例 16　求函数 $f(x)=2x^3-9x^2+12x-3$ 的极值.

解　方法 1：① $f(x)$ 的定义域为 $(-\infty,+\infty)$.

② $f'(x)=6x^2-18x+12=6(x-1)(x-2)$，无不可导点.令 $f'(x)=0$，解得驻点为 $x_1=1$，$x_2=2$.

③ 列表如下：

x	$(-\infty,1)$	1	$(1,2)$	2	$(2,+\infty)$
$f'(x)$	+	0	−	0	+
$f(x)$	↗	极大值 2	↘	极小值 1	↗

(注：“↗”表示函数单调增加，“↘”表示函数单调减少，下同)

所以函数 $f(x)$ 在点 $x=1$ 处取得极大值，$f(1)=2$，在点 $x=2$ 处取得极小值，$f(2)=1$.

方法 2：$f(x)$ 的定义域为 $(-\infty,+\infty)$，$f'(x)=6(x-1)(x-2)$，且 $f(x)$ 无不可导点.

令 $f'(x)=0$，解得驻点为 $x_1=1$，$x_2=2$.又 $f''(x)=12x-18$，且 $f''(1)=-6<0$，$f''(2)=6>0$，所以 $f(x)$ 在点 $x=1$ 处取得极大值 2，在 $x=2$ 处取得极小值 1.

例 17　求函数 $f(x)=(x-1)^{\frac{2}{3}}$ 的单调区间和极值.

解　① $f(x)$ 的定义域为 $(-\infty,+\infty)$.

② $f'(x)=\dfrac{2}{3}(x-1)^{-\frac{1}{3}}$，不可导点为 $x=1$.令 $f'(x)=0$，无解，所以 $f(x)$ 无驻点.

③ 列表如下：

x	$(-\infty,1)$	1	$(1,+\infty)$
$f'(x)$	$-$	不存在	$+$
$f(x)$	↘	极小值 0	↗

所以 $f(x)$的单调减少区间为$(-\infty,1)$，单调增加区间为$(1,+\infty)$，极小值 $f(1)=0$.

举一反三

比较极值的第一充分条件和第二充分条件，讨论它们分别适用于什么情况.

2. 函数的最值

函数在整个考察范围(如定义域或者某区间)内的最大值和最小值统称为**最值**.最值与极值不同，最值是整体性概念，极值是局部性概念.函数的极大值(或极小值)可以有若干个，但最大值(或最小值)是唯一的.

求连续函数 $f(x)$在闭区间$[a,b]$上的最值的步骤为：

(1) 求出 $f(x)$在(a,b)内的所有驻点和不可导点 $x_i(i=1,2,\cdots,m)$；

(2) 求出所有 $f(x_i)(i=1,2,\cdots,m)$，$f(a)$和 $f(b)$，比较得出最大的即为 $f(x)$在闭区间$[a,b]$上的最大值，最小的即为 $f(x)$在闭区间$[a,b]$上的最小值.

例 18 求函数 $f(x)=\dfrac{1}{3}x^3+x^2-3x+1$ 在区间$[0,2]$上的最值.

解 $f'(x)=x^2+2x-3$，无不可导点.令 $f'(x)=0$，解得驻点 $x_1=-3$(舍去)，$x_2=1$.因 $f(0)=1$，$f(1)=-\dfrac{2}{3}$，$f(2)=\dfrac{5}{3}$，故函数在区间$[0,2]$上的最大值为 $f(2)=\dfrac{5}{3}$，最小值为 $f(1)=-\dfrac{2}{3}$.

在实际问题中，如果确定可导函数一定在区间内部取得最值，且函数只有一个驻点，那么可以直接判断这个驻点即为函数的最值点，不需要再讨论这个驻点是否为极值点.

例 19 如图 1-19，有一块宽为 8 m 的长方形金属片，将它的两边向上折起，做成一个开口水槽，其横截面是一个高为 x m 的矩形.当 x 取何值时，水槽的截面积最大?

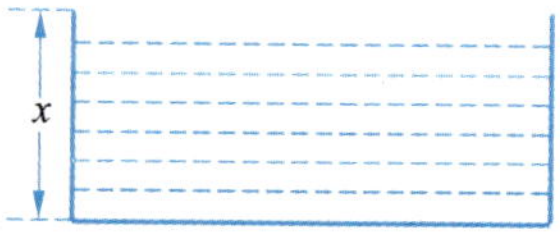

图 1-19

解 设水槽的截面积为 $S(x)$，则

$$S(x)=x(8-2x),0<x<4.$$

所以 $S'(x)=8-4x$.令 $S'(x)=0$，解得唯一驻点 $x=2$.

又因为 $S''(x)=-4<0$，所以 $S(x)$在点 $x=2$ 取得极大值，即所求最大值为 $S(2)=8$.

当 $x=2$ 时，水槽的截面积最大，为 8 m^2.

3. 函数的凹凸性和拐点

观察图 1-20(a)，曲线 $f(x)$上任意一点的切线总位于曲线弧的下方.观察图 1-20(b)，曲线 $f(x)$上任意一点处的切线总位于曲线弧的上方.

图 1-20(a)中,函数 $f(x)$所对应的图形是凹曲线;图 1-20(b)中,函数 $f(x)$所对应的图形是凸曲线.

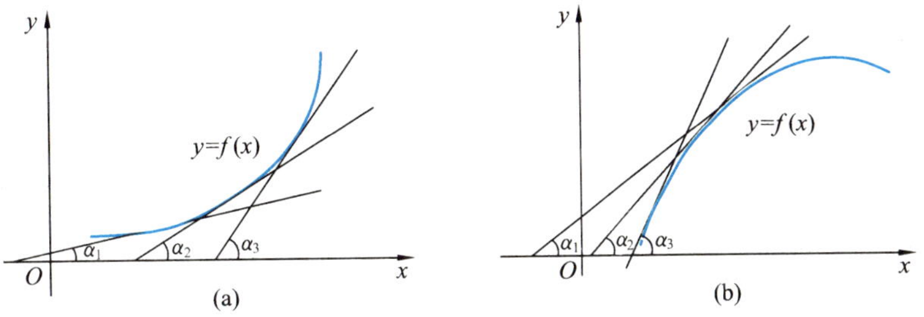

图 1-20

观察图 1-20 发现,凹曲线的切线的斜率单调增加,凸曲线的切线的斜率单调减少.因此有以下结论:

如果在(a,b)内有 $f''(x)>0$,那么曲线 $f(x)$在$[a,b]$上是**凹的**,称$[a,b]$为 $f(x)$的**凹区间**;如果在(a,b)内有 $f''(x)<0$,那么曲线 $f(x)$在$[a,b]$上是**凸的**,称$[a,b]$为 $f(x)$的**凸区间**.

凹区间和凸区间的分界点称为曲线的**拐点**.二阶导数为零的点和二阶不可导点都可能是曲线的拐点.

确定曲线凹凸区间和拐点的步骤为:

(1) 确定 $f(x)$的考察范围(如无特别指出,考察范围一般为函数的定义域);

(2) 求出函数 $f(x)$在考察范围内所有的二阶导数为 0 的点和二阶不可导点;

(3) 用上述这些点将考察范围分成若干个区间,列表判断 $f''(x)$在每个区间上的正负,从而判断 $f(x)$的凹凸性;

(4) 确定 $f(x)$的凹凸区间,凹凸区间的分界点即为 $f(x)$的拐点.

例 20 讨论曲线 $f(x)=1-(x+1)^{\frac{1}{3}}$的凹凸区间和拐点.

解 ① 函数的定义域为$(-\infty,+\infty)$.

② $f'(x)=-\dfrac{1}{3}(x+1)^{-\frac{2}{3}}$,$f''(x)=\dfrac{2}{9}(x+1)^{-\frac{5}{3}}=\dfrac{2}{9\sqrt[3]{(x+1)^5}}$,没有使 $f''(x)$为 0 的点,当 $x=-1$ 时,$f''(x)$不存在.

③ 列表如下:

x	$(-\infty,-1)$	-1	$(-1,+\infty)$
$f''(x)$	$-$	不存在	$+$
$f(x)$	凸	拐点	凹

④ 曲线 $f(x)$的凹区间是$(-1,+\infty)$,凸区间是$(-\infty,-1)$,拐点是$(-1,1)$.

(三) 洛必达法则

设函数 $f(x)$,$g(x)$满足:

(1) $f(x)$，$g(x)$在x_0的某去心邻域内都可导，且$g'(x)\neq 0$；

(2) $\lim\limits_{x\to x_0} f(x)=0$，$\lim\limits_{x\to x_0} g(x)=0$；

(3) $\lim\limits_{x\to x_0}\dfrac{f'(x)}{g'(x)}=A$(或$\infty$).

那么

$$\lim_{x\to x_0}\frac{f(x)}{g(x)}=\lim_{x\to x_0}\frac{f'(x)}{g'(x)}.$$

关于洛必达法则的几点说明：

(1) 将洛必达法则中条件(2)换为$\lim\limits_{x\to x_0} f(x)=\infty$，$\lim\limits_{x\to x_0} g(x)=\infty$，结论仍然成立，即洛必达法则对$\dfrac{0}{0}$型和$\dfrac{\infty}{\infty}$型极限计算都是适用的.

(2) 自变量的变化过程可以换为$x\to x_0^-$，$x\to x_0^+$，$x\to\infty$，$x\to+\infty$，$x\to-\infty$，结论仍然成立.

(3) 在满足条件的前提下，洛必达法则可反复使用有限次.

例 21 求$\lim\limits_{x\to 0}\dfrac{x-\sin x}{x^3}$.

解 这是$\dfrac{0}{0}$型未定式，应用洛必达法则，得

$$\lim_{x\to 0}\frac{x-\sin x}{x^3}=\lim_{x\to 0}\frac{1-\cos x}{3x^2}=\lim_{x\to 0}\frac{\sin x}{6x}=\frac{1}{6}.$$

例 22 求极限$\lim\limits_{x\to 1}\dfrac{x^3-3x+2}{x^3-x^2-x+1}$

解 $\lim\limits_{x\to 1}\dfrac{x^3-3x+2}{x^3-x^2-x+1}=\lim\limits_{x\to 1}\dfrac{3x^2-3}{3x^2-2x-1}=\lim\limits_{x\to 1}\dfrac{6x}{6x-2}=\dfrac{3}{2}$.

错误辨析

以下解题过程错在哪里？

$$\lim_{x\to 1}\frac{x^3-3x+2}{x^3-x^2-x+1}=\lim_{x\to 1}\frac{3x^2-3}{3x^2-2x-1}=\lim_{x\to 1}\frac{6x}{6x-2}=\lim_{x\to 1}\frac{6}{6}=1.$$

例 23 求极限$\lim\limits_{x\to 0}\dfrac{\tan x-x}{x^2(e^x-1)}$.

解 $\lim\limits_{x\to 0}\dfrac{\tan x-x}{x^2(e^x-1)}=\lim\limits_{x\to 0}\dfrac{\tan x-x}{x^3}=\lim\limits_{x\to 0}\dfrac{\sec^2 x-1}{3x^2}=\dfrac{1}{3}\lim\limits_{x\to 0}\dfrac{\tan^2 x}{x^2}=\dfrac{1}{3}\lim\limits_{x\to 0}\dfrac{x^2}{x^2}=\dfrac{1}{3}$.

注意：洛必达法则可以和等价无穷小替换等求极限方法结合使用. 例如，在例 23 中，$\lim\limits_{x\to 0}\dfrac{\tan x-x}{x^2(e^x-1)}$是一个$\dfrac{0}{0}$型未定式，如果直接使用洛必达法则，分母的求导计算比较复杂. 注意到当$x\to 0$时，$e^x-1\sim x$，将分母用等价无穷小替换后，再使用洛必达法则，计算过程明显简化.

例 24　求极限 $\lim\limits_{x\to+\infty}\dfrac{x^2}{e^{2x}}$.

解　这是$\dfrac{\infty}{\infty}$型未定式，应用洛必达法则，得

$$\lim_{x\to+\infty}\frac{x^2}{e^{2x}}=\lim_{x\to+\infty}\frac{2x}{2e^{2x}}=\lim_{x\to+\infty}\frac{2}{4e^{2x}}=0.$$

例 25　求极限 $\lim\limits_{x\to0^+}x\ln x$.

解　这是 $0\cdot\infty$型未定式，将 $x\ln x$ 改写成$\dfrac{\ln x}{\frac{1}{x}}$，原式即转化为$\dfrac{\infty}{\infty}$型未定式.

$$\lim_{x\to0^+}x\ln x=\lim_{x\to0^+}\frac{\ln x}{\frac{1}{x}}=\lim_{x\to0^+}\frac{\frac{1}{x}}{-\frac{1}{x^2}}=\lim_{x\to0^+}(-x)=0.$$

例 26　求极限$\lim\limits_{x\to0}\left(\dfrac{1}{x}-\dfrac{1}{\sin x}\right)$.

解　这是$\infty-\infty$型未定式，通分后，原式即转化为$\dfrac{0}{0}$型未定式.

$$\lim_{x\to0}\left(\frac{1}{x}-\frac{1}{\sin x}\right)=\lim_{x\to0}\frac{\sin x-x}{x\sin x}=\lim_{x\to0}\frac{\sin x-x}{x^2}=\lim_{x\to0}\frac{\cos x-1}{2x}=\lim_{x\to0}\frac{-\frac{1}{2}x^2}{2x}=0.$$

编程实验室

求函数的导数

（一）显函数求导

sympy.diff()函数是 Python SymPy 库中的一个函数，用于求符号表达式的导数.格式为：sympy.diff(expr, * symbols, ** options).其中 expr 表示要求导的表达式，可以是一个 SymPy 表达式对象.参数 * symbols 是可选参数，表示要对哪些变量求导，可以传递一个或多个变量符号. ** options 是可选关键字参数，用于指定额外的假设条件，如导数的阶数等.

例 27　求函数 $y=\sin 4x$ 的导数.

解　代码如下：

```
import sympy as sp
x = sp.symbols('x')
f = sp.sin(4 * x)
f_dif = sp.diff(f, x)
f_s = sp.simplify(f_dif)
print("f(x)=sin4x的导数是", f_s)
```

运行结果如下：

```
函数 f(x) = sin4x 的导数是 4 * cos(4 * x)
```

以上代码使用了 sympy.simplify( ) 函数将求导数的结果进一步化简，sympy.simplify() 函数用于简化数学表达式，它接受一个表达式作为参数.

如果要计算函数的 n 阶导数，可以从第二个参数起，重复传递变量符号 n 次，或者在变量符号后直接指定求导的阶数 n.

例 28 求函数 $y=\sin 4x$ 的三阶导数.

解 代码如下：

```
import sympy as sp
x = sp.symbols('x')
f = sp.sin(4 * x)
f_dif=sp.diff(f, x, 3)
print("f(x)=sin4x的三阶导数是", f_dif)
```

运行结果如下：

```
f(x) = sin4x 的三阶导数是 - 64 * cos(4 * x)
```

（二）隐函数求导

sympy.idiff(expr,func, * symbols, ** options)主要用于隐函数求导的情形.

例 29 设方程 $y=\sin(x+y)$ 确定一个隐函数 $y=f(x)$，求 $\frac{dy}{dx}$，$\frac{d^2y}{dx^2}$.

解 代码如下：

```
import sympy as sp
x, y = sp.symbols('x y')
F = y - sp.sin(x + y)
dy_dx = sp.idiff(F, y, x)
d2y_dx2 = sp.simplify(sp.idiff(F, y, x, 2))
print("隐函数y=f(x)的导数是", dy_dx)
print("隐函数y=f(x)的二阶导数是", d2y_dx2)
```

运行结果如下：

```
隐函数 y = f(x)的导数是 - cos(x + y)/(cos(x + y) - 1)
隐函数 y = f(x)的二阶导数是 sin(x + y)/(cos(x + y) - 1) ** 3
```

（三）参数方程所确定的函数求导

例 30 求参数方程 $\begin{cases}x=t^2-2t,\\ y=2t^3-6t-1\end{cases}$ 所确定的函数的导数 $\frac{dy}{dx}$，$\frac{d^2y}{dx^2}$.

解 代码如下：

```
import sympy as sp
x, y, t=sp.symbols('x y t')
fx = t ** 2 - 2 * t
fy = 2 * t ** 3 - 6 * t - 1
dfx_dt = sp.diff(fx, t)
dfy_dt = sp.diff(fy, t)
dy_dx = sp.simplify((dfy_dt) / (dfx_dt))
d2y_dx2 = sp.simplify((sp.diff(dy_dx, t,) / (dfx_dt)))
print("参数方程确定的函数的导数是", dy_dx)
print("参数方程确定的函数的二阶导数是", d2y_dx2)
```

运行结果如下：

```
参数方程确定的函数的导数是 3*t+3
参数方程确定的函数的二阶导数是 3/(2*(t-1))
```

习题 1.2

1. 求下列函数的导数：

(1) $y=x^4-3x+\frac{1}{x}+e^3$；　(2) $y=2^x\cdot 3^x+\frac{2^x}{3^x}$；

(3) $y=x^2(1+\ln x)$；　(4) $y=\frac{t^5-3t+\sqrt{t}-3}{t^2}$.

2. 求下列函数在指定点的导数：

(1) $y=\frac{1-x^2}{1+x^2}$，求 $y'|_{x=1}$；

(2) $f(t)=\ln t^3+\ln\sqrt{t}$，求 $f'(2)$.

3. 求下列函数的导数：

(1) $y=(2x+1)^4$；　(2) $y=\frac{\ln 2x}{x}$；

(3) $y=\arcsin\sqrt{x}$；　(4) $y=\ln(1-2x)$；

(5) $y=\sin(\sin x)$；　(6) $y=e^{x^2}$；

(7) $y=\frac{1}{\sqrt{1-x^2}}$；　(8) $y=\left(\sin\frac{1}{x}+\cos\frac{1}{x}\right)^2$；

(9) $y=2^{\sin 4x}$；　(10) $y=\sqrt{x+\sqrt{x}}$；

(11) $y=\tan e^{2x}$；　(12) $y=\frac{\sqrt{1+x}-\sqrt{1-x}}{\sqrt{1+x}+\sqrt{1-x}}$；

(13) $y=\arctan\frac{1-x}{1+x}$；　(14) $y=\ln(1+\sqrt{1+x^2})$.

4. 设 $f(x)$ 可导,求下列函数的导数:

(1) $y=\sqrt[3]{f(x)}+f(\sqrt{x})$;　　(2) $y=[f(\sin x)+2\sin x]^3$;

(3) $y=\dfrac{\ln[f(x)]}{x}$;　　(4) $y=e^{f(x)}f(\arcsin x)$.

5. 求下列方程所确定的函数 $y=f(x)$ 的导数 $\dfrac{dy}{dx}$:

(1) $y^2-6xy+2=0$;　　(2) $y=x-\arctan y$.

6. 求下列函数的导数:

(1) $y=x^{\sin x}(x>0)$;　　(2) $y=\sqrt[3]{\dfrac{x-2}{x\sqrt[3]{x^2+1}}}$.

7. 求下列参数方程所确定的函数的导数 $\dfrac{dy}{dx}$:

(1) $\begin{cases}x=3t+1,\\ y=2t^2-t;\end{cases}$　　(2) $\begin{cases}x=\ln(t^2-1),\\ y=\dfrac{1}{2}t^3+1;\end{cases}$

(3) $\begin{cases}x=\arctan t+t,\\ y=\dfrac{1}{t}-t;\end{cases}$　　(4) $\begin{cases}x=e^{-t},\\ y=1+t^2.\end{cases}$

8. 求双曲线 $\begin{cases}x=2\sec t,\\ y=3\tan t\end{cases}$ 对应于 $t=\dfrac{\pi}{4}$ 的点处的切线方程.

9. 设 $y=f(x)$ 是由方程 $y^3-2y^2+x^2=1$ 所确定的隐函数,求 $\left.\dfrac{dy}{dx}\right|_{x=1}$.

10. 求下列函数的二阶导数:

(1) $y=x^4+2x^2-\dfrac{1}{x}$;　　(2) $y=xe^{2x}$;

(3) $y=\dfrac{1}{1+x}$;　　(4) $y=e^x\cos 2x$.

11*. 已知 $y=\dfrac{1}{x(1+x)}$,求 y'''.

12*. 求参数方程 $\begin{cases}x=3\cos\theta,\\ y=2\sin\theta\end{cases}$ 所确定的函数 $y=f(x)$ 的二阶导数 $\dfrac{d^2y}{dx^2}$.

13*. 求方程 $y=1-xe^y$ 所确定的函数 $y=f(x)$ 的二阶导数 $\dfrac{d^2y}{dx^2}$.

14. 用适当的函数填空使等式成立:

(1) d(　　)$=x^4dx$;　　(2) d(　　)$=\sqrt[3]{x}\,dx$;

(3) d(　　)$=\dfrac{1}{x+1}dx$;　　(4) d(　　)$=\dfrac{1}{x^2+1}dx$;

(5) d(　　)$=e^{2x}dx$;　　(6) d(　　)$=\sec^2 2x\,dx$;

(7) d(　　)$=\cos 3x\,dx$;　　(8) d(　　)$=\tan x\sec x\,dx$;

(9) d(　　)=$(\sin x+\cos x)\mathrm{d}x$；　　(10) d(　　)=$(2x+3)\mathrm{d}x$.

15*. 用拉格朗日中值定理证明下列不等式：

(1) $e^x>ex(x>1)$；　　(2) $\dfrac{x}{1+x^2}<\arctan x<x(x>0)$.

16. 求下列函数的凹凸区间和拐点：

(1) $y=x^4-2x^3+12x^2+5x-8$；　　(2) $y=\arctan x$.

17.* 求下列曲线的垂直渐近线和水平渐近线：

(1) $y=\ln x$；　　(2) $y=\arctan x$.

18. 求下列函数的极值：

(1) $y=2x^3-9x^2-24x-5$；　　(2) $y=x^2e^{-x}$.

19. 求下列函数在给定区间上的最大值和最小值：

(1) $y=x^4-2x^2+1,[-2,2]$；　　(2) $y=2x^3+3x^2-12x+6,[-3,4]$.

20. 用洛必达法则求下列极限：

(1) $\lim\limits_{x\to1}\dfrac{x^3-2x+1}{x-1}$；　　(2) $\lim\limits_{x\to2}\dfrac{\sin x-\sin 2}{x-2}$；

(3) $\lim\limits_{x\to+\infty}\dfrac{\ln\left(1+\dfrac{1}{x}\right)}{\operatorname{arccot} x}$；　　(4) $\lim\limits_{x\to+\infty}\dfrac{x^n}{e^x}(n>0)$；

(5) $\lim\limits_{x\to0}\left(\dfrac{1}{x}-\cot x\right)$；　　(6) $\lim\limits_{x\to\infty}x\ln\dfrac{x+1}{x-1}$；

(7) $\lim\limits_{x\to0^+}x^n\ln x(n>0)$；　　(8) $\lim\limits_{x\to0}x^{\sin x}$.

21. 已知 $y=\ln\sqrt{x^2+3x-3}$，编写代码求 y' 和 $y'|_{x=2}$.

22. 已知函数 $y=f(x)$ 由方程 $y=\tan(x+y)$ 确定，编写代码求 $\dfrac{\mathrm{d}^2y}{\mathrm{d}x^2}$.

23. 已知 $\begin{cases}x=2t^3+2,\\ y=e^{2t},\end{cases}$ 编写代码求 $\dfrac{\mathrm{d}^2y}{\mathrm{d}x^2}$.

24. 已知 $y=\ln(1+x)$，编写代码求 $y^{(10)}$.

思维训练营

一　题型精析

(一) 关于导数的定义式

函数 $y=f(x)$ 的导数的常用定义式有以下两个：

(1) $f'(x_0)=\lim\limits_{x\to x_0}\dfrac{f(x)-f(x_0)}{x-x_0}$，主要用于已知 x_0 时求 $f(x)$ 在点 x_0 处的导数值.

(2) $f'(x)=\lim\limits_{\Delta x\to 0}\dfrac{f(x+\Delta x)-f(x)}{\Delta x}$，主要用于求 $f(x)$的导函数.

此外，当题目中出现导数定义的各种变式时，可以直接应用以下公式：

$$\lim_{x\to 0}\frac{f(x_0-mx)-f(x_0+nx)}{x}=(-m-n)f'(x_0).$$

例 31 设函数 $f(x)$在点 $x=0$ 处可导，则 ( )

A. $\lim\limits_{x\to 0}\dfrac{f(x)-f(-x)}{x}=f'(0)$ B. $\lim\limits_{x\to 0}\dfrac{f(2x)-f(3x)}{x}=f'(0)$

C. $\lim\limits_{x\to 0}\dfrac{f(-x)-f(0)}{x}=f'(0)$ D. $\lim\limits_{x\to 0}\dfrac{f(2x)-f(x)}{x}=f'(0)$

解 根据导数的定义式，有

A. $$\lim_{x\to 0}\frac{f(x)-f(-x)}{x}=\lim_{x\to 0}\frac{f(x)-f(0)+f(0)-f(-x)}{x-0}$$
$$=\lim_{x\to 0}\frac{f(x)-f(0)}{x-0}-\lim_{x\to 0}\frac{f(-x)-f(0)}{x-0}$$
$$=\lim_{x\to 0}\frac{f(x)-f(0)}{x-0}+\lim_{x\to 0}\frac{f(-x)-f(0)}{-x-0}=2f'(0).$$

B. $$\lim_{x\to 0}\frac{f(2x)-f(3x)}{x}=\lim_{x\to 0}\frac{f(2x)-f(0)+f(0)-f(3x)}{x-0}$$
$$=2\lim_{x\to 0}\frac{f(2x)-f(0)}{2x-0}-3\lim_{x\to 0}\frac{f(3x)-f(0)}{3x-0}=-f'(0).$$

C. $$\lim_{x\to 0}\frac{f(-x)-f(0)}{x}=-\lim_{x\to 0}\frac{f(-x)-f(0)}{-x-0}=-f'(0).$$

D. $$\lim_{x\to 0}\frac{f(2x)-f(x)}{x}=\lim_{x\to 0}\frac{f(2x)-f(0)+f(0)-f(x)}{x-0}$$
$$=2\lim_{x\to 0}\frac{f(2x)-f(0)}{2x-0}-\lim_{x\to 0}\frac{f(x)-f(0)}{x-0}=f'(0).$$

故选 D.

（二）分段函数在分段点的导数

计算分段函数在分段点处的导数的思路如下（图 1-21）：

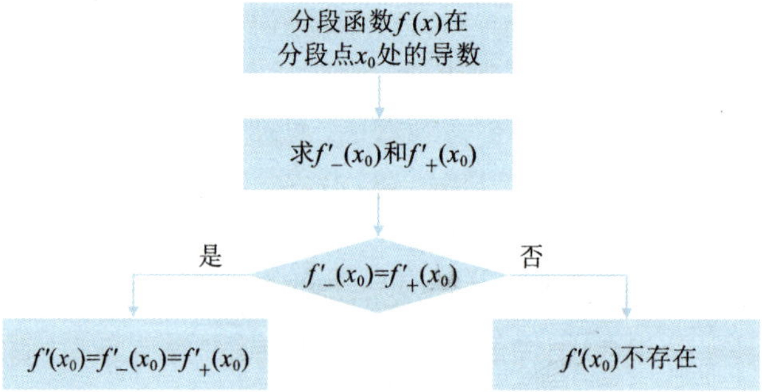

图 1-21

例 32 设 $f(x)=\begin{cases}(1+x)^{\frac{1}{x}}, & x\neq 0,\\ k, & x=0,\end{cases}$ 且 $f(x)$ 在点 $x=0$ 处连续，求：(1) k 的值；(2) $f'(x)$.

解 (1) 因为 $f(x)$ 在点 $x=0$ 处连续，所以 $\lim\limits_{x\to 0}f(x)=f(0)$，即 $k=f(0)=\lim\limits_{x\to 0}(1+x)^{\frac{1}{x}}=\mathrm{e}$.

(2) 当 $x\neq 0$ 时，$f(x)=(1+x)^{\frac{1}{x}}$ 是幂指函数，用对数求导法.等式两边同时取对数，得

$$\ln f(x)=\frac{1}{x}\ln(1+x).$$

两边同时对 x 求导，得

$$\frac{1}{f(x)}\cdot f'(x)=-\frac{1}{x^2}\ln(1+x)+\frac{1}{x}\cdot\frac{1}{1+x},$$

解得

$$f'(x)=(1+x)^{\frac{1}{x}}\left[-\frac{\ln(1+x)}{x^2}+\frac{1}{x(1+x)}\right].$$

在点 $x=0$ 处，

$$\begin{aligned}f'(0)&=\lim_{x\to 0}\frac{f(x)-f(0)}{x-0}=\lim_{x\to 0}\frac{(1+x)^{\frac{1}{x}}-\mathrm{e}}{x}=\lim_{x\to 0}\left[(1+x)^{\frac{1}{x}}\right]'\\&=\lim_{x\to 0}(1+x)^{\frac{1}{x}}\cdot\lim_{x\to 0}\left[-\frac{\ln(1+x)}{x^2}+\frac{1}{x(1+x)}\right]\\&=\mathrm{e}\cdot\lim_{x\to 0}\frac{-(1+x)\ln(1+x)+x}{x^2(1+x)}=\mathrm{e}\cdot\lim_{x\to 0}\frac{-\ln(1+x)}{2x+3x^2}\\&=-\mathrm{e}\cdot\lim_{x\to 0}\frac{1}{(2+6x)(1+x)}=-\frac{\mathrm{e}}{2}.\end{aligned}$$

综上，$f'(x)=\begin{cases}(1+x)^{\frac{1}{x}}\left[-\dfrac{\ln(1+x)}{x^2}+\dfrac{1}{x(1+x)}\right], & x\neq 0,\\ -\dfrac{\mathrm{e}}{2}, & x=0.\end{cases}$

(三) n 阶导数

求初等函数的 n 阶导数，通常需要依次求出一阶导数、二阶导数、三阶导数……直到观察出规律，用归纳法得出 n 阶导数.

熟记常用函数的 n 阶导数(图 1-22)，在解题时可以直接应用.

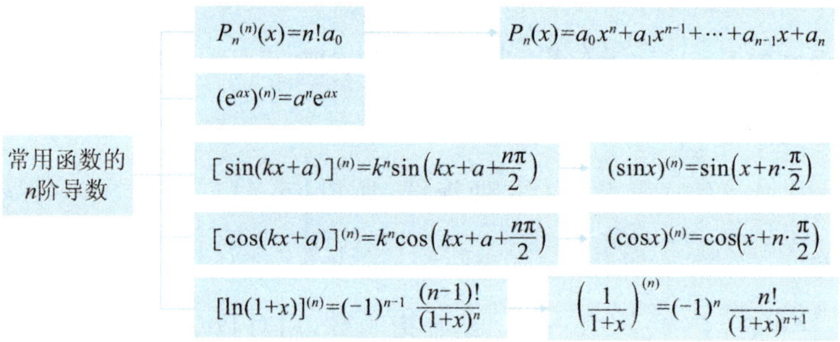

常用函数的n阶导数
$P_n^{(n)}(x)=n!a_0$
$P_n(x)=a_0x^n+a_1x^{n-1}+\cdots+a_{n-1}x+a_n$
$(e^{ax})^{(n)}=a^ne^{ax}$
$[\sin(kx+a)]^{(n)}=k^n\sin\left(kx+a+\frac{n\pi}{2}\right)$
$(\sin x)^{(n)}=\sin\left(x+n\cdot\frac{\pi}{2}\right)$
$[\cos(kx+a)]^{(n)}=k^n\cos\left(kx+a+\frac{n\pi}{2}\right)$
$(\cos x)^{(n)}=\cos\left(x+n\cdot\frac{\pi}{2}\right)$
$[\ln(1+x)]^{(n)}=(-1)^{n-1}\frac{(n-1)!}{(1+x)^n}$
$\left(\frac{1}{1+x}\right)^{(n)}=(-1)^n\frac{n!}{(1+x)^{n+1}}$

图 1-22

例 33 设函数 $y=f(x)$ 的微分为 $dy=\frac{1}{x+1}dx$，则 $f^{(2\,023)}(0)=$ （　　）

A. $-2\,022!$　　B. $2\,022!$　　C. $-2\,023!$　　D. $2\,023!$

解 由 $dy=\frac{1}{x+1}dx$，有 $y'=\frac{dy}{dx}=\frac{1}{1+x}$. 根据 $\left(\frac{1}{1+x}\right)^{(n)}=(-1)^n\frac{n!}{(1+x)^{n+1}}$，有 $f^{(2\,023)}(0)=\left(\frac{1}{1+x}\right)^{(2\,022)}\Bigg|_{x=0}=(-1)^{2\,022}\frac{2\,022!}{1^{2\,023}}=2\,022!$，选 B.

例 34 设函数 $y=y(x)$ 由方程 $y+e^{x+y}=2x$ 所确定，求 $\frac{dy}{dx},\frac{d^2y}{dx^2}$.

解 (1) 方程两边同时对 x 求导，得

$$y'+e^{x+y}(1+y')=2, \qquad (*)$$

解得

$$y'=\frac{2-e^{x+y}}{1+e^{x+y}}.$$

(*)式两边同时对 x 求导，得

$$y''+e^{x+y}(1+y')^2+e^{x+y}\cdot y''=0,$$

解得 $y''=-\frac{e^{x+y}(1+y')^2}{1+e^{x+y}}$. 将 $y'=\frac{2-e^{x+y}}{1+e^{x+y}}$ 代入，整理得

$$y''=-\frac{9e^{x+y}}{(1+e^{x+y})^3}.$$

例 35 若函数 $y=y(x)$ 是由参数方程 $\begin{cases}x=t^2+1,\\ y=t^3-1\end{cases}$ 所确定的，则 $\frac{d^2y}{dx^2}\Big|_{t=1}=$ ________.

解 $\frac{dy}{dx}=\frac{(t^3-1)'}{(t^2+1)'}=\frac{3t^2}{2t}=\frac{3t}{2}$，因此

$$\frac{d^2y}{dx^2}\Big|_{t=1}=\frac{d}{dx}\left(\frac{dy}{dx}\right)\Big|_{t=1}=\frac{\frac{d}{dt}\left(\frac{dy}{dx}\right)}{\frac{dx}{dt}}\Bigg|_{t=1}=\frac{\left(\frac{3t}{2}\right)'}{(t^2+1)'}\Bigg|_{t=1}=\frac{3}{4}.$$

求由参数方程确定的函数的二阶导数，应注意 $\frac{dy}{dx}$ 仍然是 t 的函数. 例如，在例 35

中，参数方程$\begin{cases}x=t^2+1,\\y=t^3-1\end{cases}$所确定的函数的一阶导数为$\dfrac{\mathrm{d}y}{\mathrm{d}x}=\dfrac{3t}{2}$，它与$x=t^2+1$构成新的参数方程$\begin{cases}x=t^2+1,\\\dfrac{\mathrm{d}y}{\mathrm{d}x}=\dfrac{3t}{2}.\end{cases}$根据参数方程求导法则继续求导，就得到了原参数方程所确定的函数的二阶导数.

（四）讨论函数的性态

（1）函数的单调性、极值、凹凸性与拐点.

判断函数的单调性、极值、凹凸性与拐点的思路如图 1-23 所示.

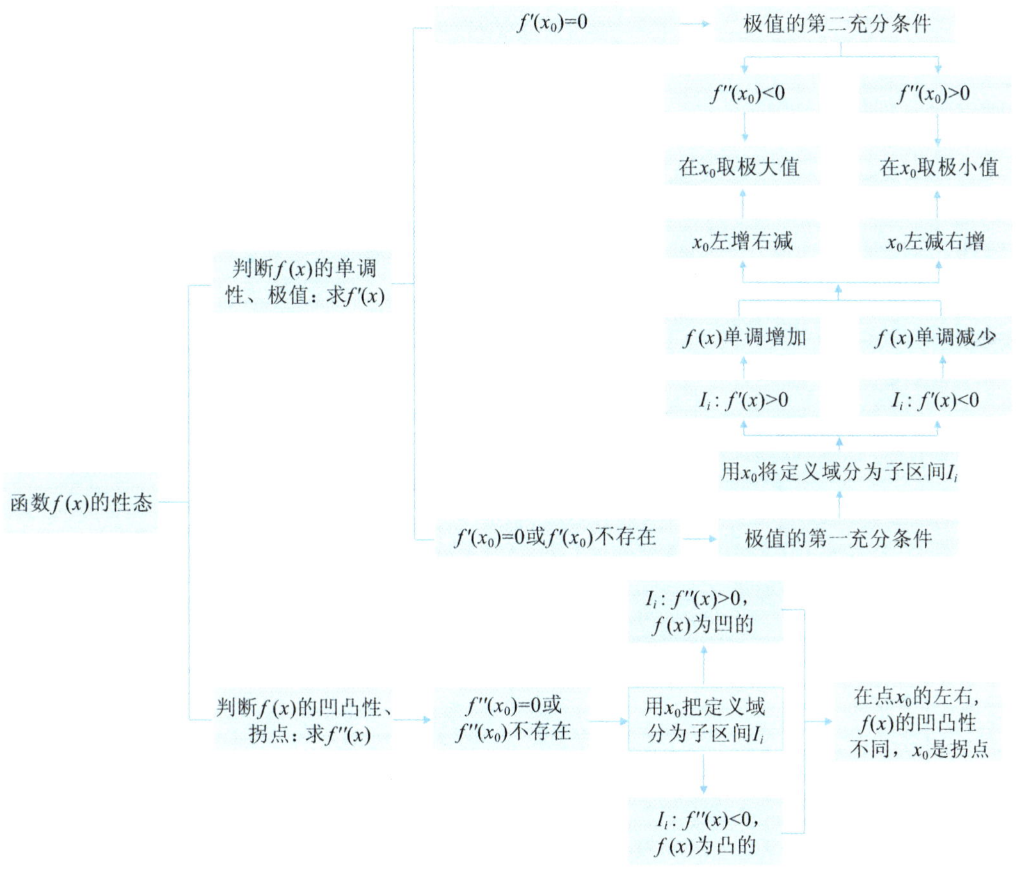

图 1-23

（2）函数的渐近线.

① 直线$x=x_0$是曲线$y=f(x)$的垂直渐近线的充分必要条件是

$$\lim_{x\to x_0^+}f(x)=\infty\text{或}\lim_{x\to x_0^-}f(x)=\infty.$$

② 直线$y=y_0$是曲线$y=f(x)$的水平渐近线的充分必要条件是

$$\lim_{x\to-\infty}f(x)=y_0\text{ 或 }\lim_{x\to+\infty}f(x)=y_0.$$

例如，已知曲线 $y=\frac{1}{x-2}$，因为$\lim\limits_{x\to 2}\frac{1}{x-2}=\infty$，所以 $x=2$ 是曲线 $y=\frac{1}{x-2}$的垂直渐近线.

又如，已知曲线 $y=\operatorname{arccot} x$，因为 $\lim\limits_{x\to+\infty}\operatorname{arccot} x=0$，$\lim\limits_{x\to-\infty}\operatorname{arccot} x=\pi$，所以 $y=0$ 和 $y=\pi$ 是曲线 $y=\operatorname{arccot} x$ 的水平渐近线.

例 36 设函数 $f(x)=\frac{ax+b}{(x+1)^2}$在点 $x=1$ 处取得极值$-\frac{1}{4}$，试求：

(1) 常数 a,b 的值；

(2) 曲线 $y=f(x)$的凹凸区间与拐点；

(3) 曲线 $y=f(x)$的渐近线.

解 (1) $f'(x)=\frac{a(x+1)^2-2(x+1)(ax+b)}{(x+1)^4}$，因为 $f(x)$在 $x=1$ 处取得极值，所以

$$f'(1)=\frac{a(1+1)^2-2(1+1)(a+b)}{(1+1)^4}=0,$$

解得 $b=0$.又 $f(1)=-\frac{1}{4}$，即 $f(1)=\frac{a+b}{(1+1)^2}=-\frac{1}{4}$，解得 $a=-1$.

(2) 由(1)可知，函数 $f(x)=-\frac{x}{(x+1)^2}$，其定义域为$(-\infty,-1)\cup(-1,+\infty)$，且

$$f'(x)=\frac{-(x+1)^2+2x(x+1)}{(x+1)^4}=\frac{x-1}{(x+1)^3},$$

$$f''(x)=\frac{(x+1)^3-3(x+1)^2(x-1)}{(x+1)^6}=\frac{-2x+4}{(x+1)^4}.$$

令 $f''(x)=0$，得 $x=2$.当 $x=-1$ 时，$f''(x)$不存在.列表(因为 $x=-1$ 不在 $f(x)$的定义域内，所以在表中不需要列出)如下：

x	$(-\infty,-1)$	$(-1,2)$	2	$(2,+\infty)$
$f''(x)$	$+$	$+$	0	$-$
$f(x)$	凹	凹	拐点$\left(2,-\frac{2}{9}\right)$	凸

所以函数 $f(x)$在区间$(-\infty,-1)$和$(-1,2)$内是凹的，在区间$(2,+\infty)$内是凸的.

(3) $\lim\limits_{x\to-1}f(x)=\lim\limits_{x\to-1}\frac{-x}{(x+1)^2}=\infty$，故 $x=-1$ 是 $f(x)$的垂直渐近线.

$\lim\limits_{x\to\infty}f(x)=\lim\limits_{x\to\infty}\frac{-x}{(x+1)^2}=0$，故 $y=0$ 是 $f(x)$的水平渐近线.

(五) 洛必达法则求极限

应用洛必达法则求极限的未定式的类型如下(图 1-24)：

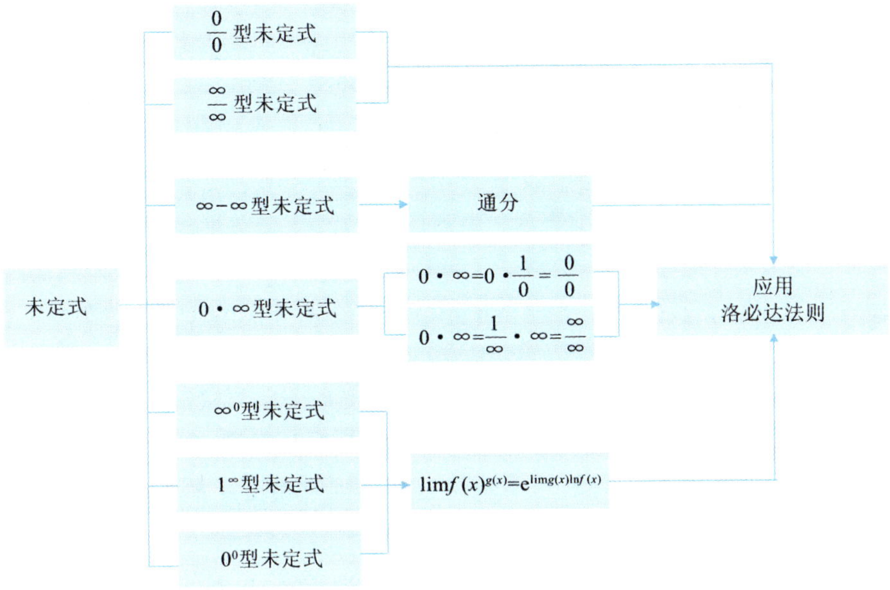

图 1-24

例 37 求极限：

(1) $\lim\limits_{x\to\infty}x^2\left(\arctan x^2-\frac{\pi}{2}\right)$；　(2) $\lim\limits_{x\to0}\frac{e^{\sin x}-\sin x-1}{x\sin x}$；　(3) $\lim\limits_{x\to0^+}x^x$.

解 (1) $\lim\limits_{x\to\infty}x^2\left(\arctan x^2-\frac{\pi}{2}\right)=\lim\limits_{x\to\infty}\frac{\arctan x^2-\frac{\pi}{2}}{x^{-2}}=\lim\limits_{x\to\infty}\frac{\frac{2x}{1+(x^2)^2}}{-2x^{-3}}$

$$=-\lim_{x\to\infty}\frac{x^4}{1+x^4}=-1.$$

(2) $\lim\limits_{x\to0}\frac{e^{\sin x}-\sin x-1}{x\sin x}=\lim\limits_{x\to0}\frac{e^{\sin x}-\sin x-1}{x^2}=\lim\limits_{x\to0}\frac{e^{\sin x}\cos x-\cos x}{2x}$

$$=\lim_{x\to0}\frac{e^{\sin x}-1}{2x}\cdot\lim_{x\to0}\cos x=\lim_{x\to0}\frac{\sin x}{2x}=\frac{1}{2}.$$

(3) 这是 0^0 型未定式，将 x^x 变形为 $e^{x\ln x}$，原式即 $\lim\limits_{x\to0^+}e^{x\ln x}=e^{\lim\limits_{x\to0}x\ln x}$，且

$$\lim_{x\to0^+}x\ln x=\lim_{x\to0^+}\frac{\ln x}{x^{-1}}=\lim_{x\to0^+}\frac{\frac{1}{x}}{-\frac{1}{x^2}}=\lim_{x\to0^+}(-x)=0,$$

所以 $\lim\limits_{x\to0^+}x^x=e^0=1$.

幂指函数 $f(x)^{g(x)}$ 的极限通常都是 $0^0,\infty^0,1^\infty$ 型未定式，先利用指数换底公式 $f(x)^{g(x)}=e^{g(x)\ln f(x)}$ 将极限式变形为

$$\lim f(x)^{g(x)}=\lim e^{g(x)\ln f(x)}=e^{\lim g(x)\ln f(x)},$$

再用洛必达法则进行计算.

（六）证明不等式

证明不等式最常见的方法是利用函数的单调性.

例 38 证明：当 $x>0$ 时，$\ln x\leqslant\frac{2\sqrt{x}}{\mathrm{e}}$.

证 设 $f(x)=\ln x-\frac{2\sqrt{x}}{\mathrm{e}}$，则

$$f'(x)=\frac{1}{x}-\frac{1}{\mathrm{e}\sqrt{x}}=\frac{\mathrm{e}-\sqrt{x}}{x\mathrm{e}},f''(x)=-\frac{1}{x^2}+\frac{1}{2\mathrm{e}x\sqrt{x}}.$$

令 $f'(x)=0$，解得唯一驻点 $x=\mathrm{e}^2$.又 $f''(\mathrm{e}^2)=-\frac{1}{2\mathrm{e}^4}<0$，所以函数 $f(x)$ 在 $x=\mathrm{e}^2$ 处取得极大值，即最大值 $f(\mathrm{e}^2)=0$，所以对任意 $x>0$，都有 $f(x)\leqslant f(\mathrm{e}^2)=0$，即 $\ln x\leqslant\frac{2\sqrt{x}}{\mathrm{e}}$.

二 解题训练

1. 选择题：

(1) 设函数 $f(x)$ 可导，下列式子正确的是 （ ）

A. $\lim\limits_{x\to0}\frac{f(0)-f(x)}{x}=-f'(0)$

B. $\lim\limits_{x\to0}\frac{f(x_0+2x)-f(x)}{x}=f(x_0)$

C. $\lim\limits_{x\to0}\frac{f(x_0+\Delta x)-f(x_0-\Delta x)}{\Delta x}=f'(x_0)$

D. $\lim\limits_{\Delta x\to0}\frac{f(x_0-\Delta x)-f(x_0+\Delta x)}{\Delta x}=2f'(x_0)$

(2) 已知函数 $f(x)$ 在点 $x=1$ 处连续，且 $\lim\limits_{x\to1}\frac{f(x)}{x^2-1}=\frac{1}{2}$，则 $y=f(x)$ 在点 $(1,f(1))$ 处的切线方程为 （ ）

A. $y=x-1$ B. $y=2x-2$ C. $y=3x-3$ D. $y=4x-4$

(3) 已知函数 $f(x)=\varphi\left(\frac{1-x}{1+x}\right)$，$\varphi(x)$ 为可导函数，$\varphi'(1)=3$，则 $f'(0)=$ （ ）

A. -6 B. 6 C. -3 D. 3

(4) 如果 $f(x)=f(-x)$，且在 $[0,+\infty)$ 内，$f'(x)<0$，$f''(x)>0$，则在 $(-\infty,0)$ 内必有 （ ）

A. $f'(x)<0,f''(x)<0$ B. $f'(x)<0,f''(x)>0$

C. $f'(x)>0,f''(x)<0$ D. $f'(x)>0,f''(x)>0$

(5) 若 $f(x)=\ln(2x+1)$，则 $f^{(n)}(x)=$ （ ）

A. $\frac{(-1)^{n-1}\cdot2(n-1)!}{(2x+1)^n}$ B. $\frac{(-1)^{n-1}\cdot2^{n-1}(n-1)!}{(2x+1)^n}$

C. $\dfrac{(-1)^{n-1}\cdot 2^n(n-1)!}{(2x+1)^n}$　　D. $\dfrac{(-1)^n\cdot 2^n(n-1)!}{(2x+1)^n}$

(6) 若点(1,−2)是曲线 $y=ax^3-bx^2$ 的拐点,则　　(　　)

A. $a=1,b=3$　B. $a=-3,b=-1$　C. $a=-1,b=-3$　D. $a=4,b=6$

2. 填空题:

(1) 设函数 $y=\arctan\sqrt{x}$,则 $\mathrm{d}y\big|_{x=1}=$________

(2) 设函数 $y=x(x^2+2x+1)^2+\mathrm{e}^{2x}$,则 $y^{(7)}(0)=$________.

(3) 若函数 $y=y(x)$ 由参数方程 $\begin{cases}x=(t+1)\mathrm{e}^{2t},\\ \mathrm{e}^y+ty=\mathrm{e}\end{cases}$ 所确定,则 $\dfrac{\mathrm{d}y}{\mathrm{d}x}\bigg|_{t=0}=$________.

(4) 设函数 $f(x)=\dfrac{x^{2\,021}-1}{x}$,则 $f^{(2\,021)}(1)=$________.

(5) 设 $f(x)$是可导的奇函数,且 $\lim\limits_{n\to\infty}f\left(\dfrac{2}{n}\right)=1$,则 $f'(0)=$________.

(6) 若 $y=x^{\sqrt{x}}(x>0)$,则 $y'=$________.

3. 计算题:

(1) 求极限 $\lim\limits_{x\to\infty}x^2\left(\arctan x^2-\dfrac{\pi}{2}\right)$;

(2) 设 $f(x)=\begin{cases}\dfrac{x-\sin x}{x^2}, & x\neq 0,\\ 0, & x=0,\end{cases}$ 求 $f'(x)$;

(3) 设函数 $y=y(x)$由方程 $y-x\mathrm{e}^y=1$ 所确定,求$\dfrac{\mathrm{d}^2y}{\mathrm{d}x^2}\bigg|_{x=0}$的值;

(4) 设函数 $y=y(x)$由方程$\begin{cases}x=\cos t,\\ y=\sin t-t\cos t\end{cases}$所确定,求$\dfrac{\mathrm{d}y}{\mathrm{d}x}$,$\dfrac{\mathrm{d}^2y}{\mathrm{d}x^2}$.

4. 解答题:

已知函数 $f(x)=ax^4+bx^3$ 在点 $x=3$ 处取得极值−27,试求:

(1) 常数 a,b 的值;

(2) 曲线 $y=f(x)$的凹凸区间与拐点;

(3) 曲线 $y=\dfrac{1}{f(x)}$的渐近线.

5. 证明题:

(1) 当 $x>0$ 时,$2-\dfrac{\mathrm{e}}{x}\leqslant\ln x\leqslant\dfrac{x}{\mathrm{e}}$.

(2) 设函数 $f(x)$在闭区间[0,1]上连续,在开区间(0,1)内可导,且 $f(0)=1$, $f(1)=0$,证明:

① 在开区间(0,1)内至少存在一点 η,使得 $f(\eta)=\eta$;

② 在开区间(0,1)内至少存在一点 ξ,使得 $\xi f'(\xi)+f(\xi)=2\xi$.

(3) 证明:方程 $x\ln x=3$ 在区间(2,3)内有且仅有一个实根.

第三节 不定积分与定积分

数学理论场

一 定积分的概念与性质

（一）引例

如图 1-25，$y=f(x)$在区间$[a,b]$上连续，且 $f(x)\geqslant 0$，求由曲线 $y=f(x)$，直线 $x=a$，$x=b$ 及 x 轴所围成的曲边梯形的面积 A.

问题分析　曲边梯形的形状和矩形相似，它们的区别在于矩形的四条边都是直线，而曲边梯形有一条“曲边”.因此，考虑利用极限思想实现“以直代曲”：先“化整为零”，将曲边梯形竖直分割成若干个小的曲边梯形，用小矩形的面积近似代替小曲边梯形的面积；再“积零为整”，将所有小矩形的面积累加，所得的和就是曲边梯形面积的近似值.显然，分割越细，这个近似值越接近精确值.当分割无限细的时候，小矩形面积的和的极限就是曲边梯形面积的精确值.

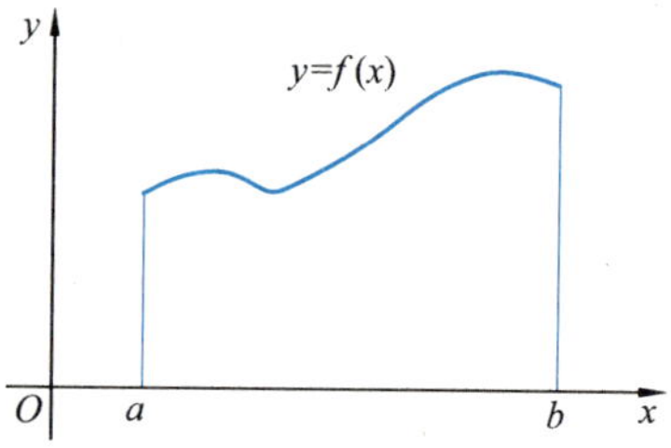

图 1-25

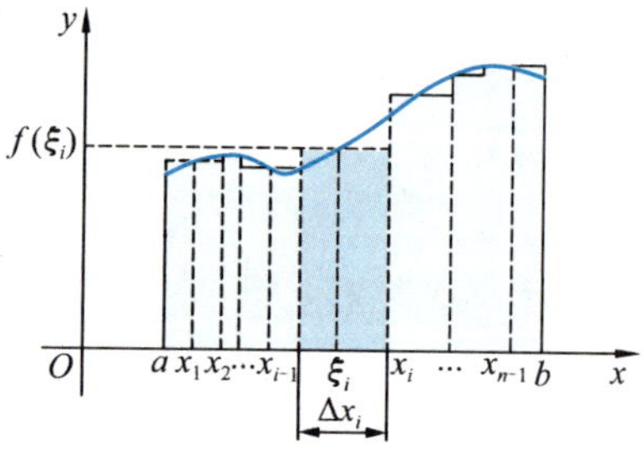

图 1-26

问题解决　(1) 分割.如图 1-26，在 x 轴上任取区间$[a,b]$的一组分点：$a=x_0<x_1<\cdots<x_{n-1}<x_n=b$.这些分点将$[a,b]$分成 n 个小区间$[x_0,x_1]$，$[x_1,x_2]$，…，$[x_{n-1},x_n]$，记 $\Delta x_i=x_i-x_{i-1}$.相应地，曲边梯形也被分成 n 个小曲边梯形，其中第 i 个小曲边梯形以$[x_{i-1},x_i]$为底，以 $x=x_{i-1}$，$x=x_i$ 为两条垂直于 x 轴的直线边，其面积记作 ΔA_i.

(2) 取近似.在每个小曲边梯形的底$[x_{i-1},x_i]$上任取一点 ξ_i，则以区间$[x_{i-1},x_i]$为底，以 $f(\xi_i)$为高的小矩形的面积就是同底的小曲边梯形面积的近似值，即

$$\Delta A_i\approx f(\xi_i)\Delta x_i\ (i=1,2,\cdots,n).$$

(3) 求和.将 n 个小矩形的面积相加，就得到整个曲边梯形面积 A 的近似值，即

$$A\approx\sum_{i=1}^{n}f(\xi_i)\Delta x_i.$$

(4) 取极限.记 $\lambda=\max\{\Delta x_1,\Delta x_2,\cdots,\Delta x_n\}$，当 $\lambda\to 0$ 时，n 个小矩形的面积和 $\sum_{i}^{n} f(\xi_i)\Delta x_i$ 的极限就是曲边梯形的面积 A，即

$$A=\lim_{\lambda\to 0}\sum_{i=1}^{n} f(\xi_i)\Delta x_i.$$

计算曲边梯形面积的过程中建立的数学模型是一个特定结构的和式的极限.这个数学模型可以用于解决物理学、几何学、经济学等各个学科中的同类问题.例如，求变速直线运动的路程、曲线的长度、产品的最大利润等.抛开这些问题的实际背景，抽象出它们的共性和数学特征，就得到了定积分的定义.

(二) 定积分的定义

设函数 $y=f(x)$ 在$[a,b]$上有定义，任取区间$[a,b]$的一组分点

$$a=x_0<x_1<\cdots<x_{n-1}<x_n=b,$$

将$[a,b]$分成 n 个小区间

$[x_0,x_1],[x_1,x_2],\cdots,[x_{n-1},x_n]$，区间长度 $\Delta x_i=x_i-x_{i-1}(i=1,2,\cdots,n)$.

在每个小区间$[x_{i-1},x_i]$上任取一点 $\xi_i(i=1,2,\cdots,n)$，作和：$\sum_{i=1}^{n} f(\xi_i)\Delta x_i$.记 $\lambda=\max\{\Delta x_1,\Delta x_2,\cdots,\Delta x_n\}$.如果不论区间$[a,b]$ 如何分割，点 ξ_i 如何选取，当 $\lambda\to 0$ 时，$\lim_{\lambda\to 0}\sum_{i=1}^{n} f(\xi_i)\Delta x_i$ 都存在，那么称函数 $f(x)$ 在区间$[a,b]$ 上可积，称此极限为 $f(x)$ 在$[a,b]$ 上的**定积分**，记作$\int_a^b f(x)\mathrm{d}x$，即

$$\int_a^b f(x)\mathrm{d}x=\lim_{\lambda\to 0}\sum_{i=1}^{n} f(\xi_i)\Delta x_i.$$

其中记号“$\int$”称为**积分号**，$f(x)$称为**被积函数**，$f(x)\mathrm{d}x$ 称为**被积表达式**，x 称为**积分变量**，a 称为**积分下限**，b 称为**积分上限**，$[a,b]$称为**积分区间**.

$\int_a^b f(x)\mathrm{d}x$ 的本质是一个和式的极限值，其结果是一个实数，大小与被积函数和积分区间有关，与积分变量的表示符号无关.例如，

$$\int_a^b f(x)\mathrm{d}x=\int_a^b f(u)\mathrm{d}u=\int_a^b f(t)\mathrm{d}t.$$

规定：

(1) $\int_b^a f(x)\mathrm{d}x=-\int_a^b f(x)\mathrm{d}x$；

(2) $\int_a^a f(x)\mathrm{d}x=0$.

如果函数 $f(x)$在闭区间$[a,b]$上连续或仅有有限个第一类间断点，那么 $f(x)$在$[a,b]$上的定积分一定存在.

(三) 定积分的几何意义

在几何上，定积分代表某个曲边梯形的面积，这就是定积分的几何意义.

设 $f(x)$ 在区间 $[a,b]$ 上连续，由曲线 $y=f(x)$ 及直线 $x=a,x=b,y=0$ 所围成的曲边梯形的面积记为 A，在区间 $[a,b]$ 上，

(1) 如果 $f(x)\geqslant 0$，那么 $\int_a^b f(x)\mathrm{d}x=A$；

(2) 如果 $f(x)\leqslant 0$，那么 $\int_a^b f(x)\mathrm{d}x=-A$；

(3) 如果 $f(x)$ 的函数值有正有负，那么 $\int_a^b f(x)\mathrm{d}x$ 表示曲线边 $y=f(x)$ 在 x 轴上方图形的面积与 x 轴下方图形面积的代数和.如图 1-27，有

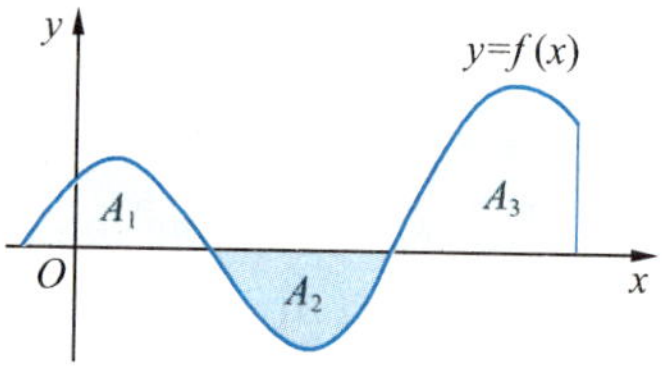

图 1-27

$$\int_a^b f(x)\mathrm{d}x=A_1-A_2+A_3.$$

例 1 利用定积分的几何意义求定积分 $\int_0^1 x\,\mathrm{d}x$.

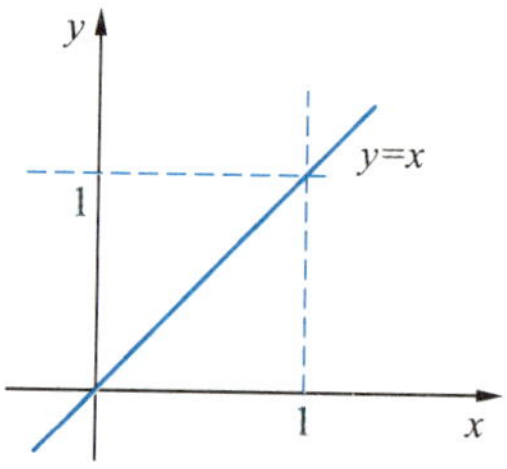

图 1-28

解 如图 1-28，$\int_0^1 x\,\mathrm{d}x$ 表示由 $y=x,x=0,x=1$ 和 x 轴所围成的直角三角形的面积.直角三角形的面积 $A=\frac{1}{2}\times 1\times 1=\frac{1}{2}$，所以 $\int_0^1 x\,\mathrm{d}x=\frac{1}{2}$.

举一反三

$\int_a^b A\,\mathrm{d}x$ (A 为常数) $=$ ________.

(四) 定积分的性质

性质 1(积分区间可加性) 设 c 是任意实数，则

$$\int_a^b f(x)\mathrm{d}x=\int_a^c f(x)\mathrm{d}x+\int_c^b f(x)\mathrm{d}x.$$

举一反三

在积分区间可加性中，如果 $a<b<c$ 或者 $c<a<b$，结论仍然成立吗？为什么？

性质 2(积分保序性) 如果在区间 $[a,b]$ 上有 $f(x)\geqslant g(x)$，那么

$$\int_a^b f(x)\mathrm{d}x\geqslant\int_a^b g(x)\mathrm{d}x.$$

性质 3(积分估值定理) 如果函数 $y=f(x)$ 在区间 $[a,b]$ 上有最大值 M 和最小值 m，那么

$$m(b-a)\leqslant\int_a^b f(x)\mathrm{d}x\leqslant M(b-a).$$

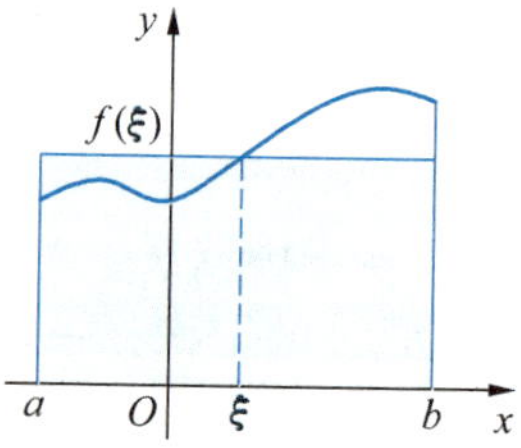

图 1-29

性质 4(积分中值定理) 如果函数 $y=f(x)$ 在区间 $[a,b]$ 上连续，那么至少存在一点 $\xi\in[a,b]$，使得 $\int_a^b f(x)\mathrm{d}x=$

$f(\xi)(b-a)$.

积分中值定理的几何意义十分明显：如图 1-29，以区间$[a,b]$为底，以 $y=f(x)$，$x=a$，$x=b$ 为边的曲边梯形，至少能找到一个以 $f(\xi)$为高的同底矩形和它面积相等.

性质 5(对称区间上奇、偶函数的定积分)　设 $f(x)$在区间$[-a,a]$上连续.

(1) 如果 $f(x)$是奇函数，那么 $\int_{-a}^{a} f(x)\mathrm{d}x=0$.

(2) 如果 $f(x)$是偶函数，那么 $\int_{-a}^{a} f(x)\mathrm{d}x=2\int_{0}^{a} f(x)\mathrm{d}x$.

例如，$\int_{-\frac{\pi}{3}}^{\frac{\pi}{3}} \sin x\,\mathrm{d}x=0$，$\int_{-1}^{1} x^2\mathrm{d}x=2\int_{0}^{1} x^2\mathrm{d}x$.

二　积分上限函数与原函数

(一) 积分上限函数

设函数 $y=f(t)$在$[a,b]$上连续，x 为区间$[a,b]$上任意一点，则 $f(t)$在$[a,x]$上也连续，因此定积分$\int_{a}^{x} f(t)\mathrm{d}t$ 存在，且 x 在区间$[a,b]$上变化，$\int_{a}^{x} f(t)\mathrm{d}t$ 也随之变化.对于每个确定的 x 值，都有唯一确定的定积分$\int_{a}^{x} f(t)\mathrm{d}t$ 与之相对应.因此，积分$\int_{a}^{x} f(t)\mathrm{d}t$ 是上限 x 的函数，称为**积分上限函数**，或称**变上限积分**，记作 $\Phi(x)$，即

$$\Phi(x)=\int_{a}^{x} f(t)\mathrm{d}t.$$

例如，设 $f(t)=t+1$，根据定积分的几何意义，$\Phi(x)=\int_{0}^{x}(t+1)\mathrm{d}t$ 表示由 $y=t+1$，$t=0$，$t=x$ 和 x 轴所围图形的面积.这是一个梯形(图 1-30)，其面积为

$$A=\frac{1}{2}\cdot[1+(x+1)]\cdot x=\frac{1}{2}(x^2+2x).$$

所以积分上限函数

$$\Phi(x)=\int_{0}^{x}(t+1)\mathrm{d}t=\frac{1}{2}(x^2+2x).$$

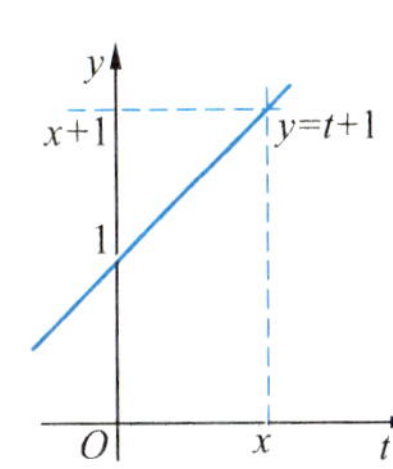

图 1-30

同时注意到

$$\Phi'(x)=\left[\int_{0}^{x}(t+1)\mathrm{d}t\right]'=\left[\frac{1}{2}(x^2+2x)\right]'=x+1=f(x).$$

一般地，如果函数 $f(x)$在区间$[a,b]$上连续，那么积分上限函数 $\Phi(x)=\int_{a}^{x} f(t)\mathrm{d}t$ 在$[a,b]$上可导，且其导数是 $f(x)$，即

$$\Phi'(x)=\left[\int_{a}^{x} f(t)\mathrm{d}t\right]'=f(x).$$

例如，对于积分上限函数 $\Phi(x)=\int_{a}^{x}\sin\sqrt{t}\,\mathrm{d}t$，有 $\Phi'(x)=\left(\int_{a}^{x}\sin\sqrt{t}\,\mathrm{d}t\right)'=\sin\sqrt{x}$.

与积分上限函数类似，称$\int_{x}^{b} f(t)\mathrm{d}t$ 为积分下限函数，积分上限函数和积分下限函

数统称为**变限积分函数**.

例 2　求下列变限积分函数的导数：

(1) $\int_x^b \ln(t+1)\mathrm{d}t$；　(2) $\int_a^{x^2} \ln(t+1)\mathrm{d}t$；　(3) $\int_x^{x^2} \ln(t+1)\mathrm{d}t$.

解　(1) $\left[\int_x^b \ln(t+1)\mathrm{d}t\right]' = -\left[\int_b^x \ln(t+1)\mathrm{d}t\right]' = -\ln(x+1)$.

(2) 将$\int_a^{x^2} \ln(t+1)\mathrm{d}t$ 看作由$\int_a^u \ln(t+1)\mathrm{d}t$ 和 $u=x^2$ 复合而成的复合函数，则

$$\left[\int_a^{x^2} \ln(t+1)\mathrm{d}t\right]' = \left[\int_a^u \ln(t+1)\mathrm{d}t\right]' \cdot (x^2)' = \ln(u+1)\cdot 2x = 2x\ln(x^2+1).$$

(3) 根据积分区间可加性，将区间$[x,x^2]$拆分为$[x,0]$与$[0,x^2]$，得

$$\begin{aligned}\int_x^{x^2} \ln(t+1)\mathrm{d}t &= \int_x^0 \ln(t+1)\mathrm{d}t + \int_0^{x^2} \ln(t+1)\mathrm{d}t \\ &= \int_0^{x^2} \ln(t+1)\mathrm{d}t - \int_0^x \ln(t+1)\mathrm{d}t,\end{aligned}$$

所以

$$\begin{aligned}\left[\int_x^{x^2} \ln(t+1)\mathrm{d}t\right]' &= \left[\int_0^{x^2} \ln(t+1)\mathrm{d}t\right]' - \left[\int_0^x \ln(t+1)\mathrm{d}t\right]' \\ &= 2x\ln(x^2+1) - \ln(x+1).\end{aligned}$$

举一反三

在例 2(3)中，如果将区间$[x,x^2]$拆分为$[x,1]$与$[1,x^2]$，计算结果一样吗？

(二) 原函数

如果区间 I 内的可导函数 $F(x)$的导函数为 $f(x)$，即 $F'(x)=f(x)$或 $\mathrm{d}F(x)=f(x)\mathrm{d}x$，那么称 $F(x)$为 $f(x)$在区间 I 上的**原函数**.

如果函数 $f(x)$ 在区间$[a,b]$上连续，那么有 $\Phi'(x)=\left[\int_a^x f(t)\mathrm{d}t\right]'=f(x)$，所以积分上限函数 $\Phi(x)=\int_a^x f(t)\mathrm{d}t$ 是 $f(x)$ 的一个原函数. 因此，**连续函数一定存在原函数**.

如果 $F(x)$是函数 $f(x)$的原函数，那么 $F(x)+C$(C 为任意常数)也是 $f(x)$的原函数.

这是因为 $F(x)$是函数 $f(x)$的原函数，于是

$$[F(x)+C]'=F'(x)=f(x),$$

所以 $F(x)+C$ 是函数 $f(x)$的原函数.

此外，若 $F(x)$是函数 $f(x)$的原函数，假设 $G(x)$是 $f(x)$的任意一个原函数，则 $G'(x)=f(x)=F'(x)$，即 $G(x)$和 $F(x)$的导数相等，说明它们之间的差是一个常数 C，即 $G(x)=F(x)+C$. 换言之，如果 $F(x)$是函数 $f(x)$的原函数，那么 $f(x)$的所有原函数可以表示为 $F(x)+C$(C 为任意常数).

这样就得到了关于原函数的一个重要结论：

如果函数 $F(x)$ 是 $f(x)$ 的原函数，那么 $F(x)+C$（C 为任意常数）是 $f(x)$ 的全体原函数.

（三）牛顿-莱布尼兹公式

如果 $f(x)$ 在 $[a,b]$ 上连续，那么积分上限函数 $\Phi(x)=\int_a^x f(t)\mathrm{d}t$ 是 $f(x)$ 的原函数.假设 $F(x)$ 也是 $f(x)$ 的一个原函数，则 $F(x)$ 和 $\Phi(x)$ 之间的差是一个常数 C，即

$$\Phi(x)=\int_a^x f(t)\mathrm{d}t=F(x)+C.$$

取 $x=a$，得

$$\Phi(a)=\int_a^a f(t)\mathrm{d}t=0=F(a)+C,$$

即 $C=-F(a)$.再取 $x=b$，得

$$\Phi(b)=\int_a^b f(t)\mathrm{d}t=F(b)+C=F(b)-F(a),$$

即

$$\int_a^b f(t)\mathrm{d}t=F(b)-F(a).$$

上式被称为**牛顿-莱布尼兹公式**，通常写作

$$\int_a^b f(x)\mathrm{d}x=F(x)\big|_a^b=F(b)-F(a).$$

牛顿-莱布尼兹公式提供了计算定积分的方法：找到被积函数的一个原函数，求它在积分区间 $[a,b]$ 上的增量.

例 3　计算下列定积分：

(1) $\int_a^b k\mathrm{d}x$（k 为常数）；　　(2) $\int_0^1 x^2\mathrm{d}x$；　　(3) $\int_{-1}^1 \frac{1}{1+x^2}\mathrm{d}x$.

解　(1) 因为 $(kx)'=k$，所以 $\int_a^b k\mathrm{d}x=kx\big|_a^b=k(b-a)$.

(2) 因为 $\left(\frac{1}{3}x^3\right)'=x^2$，所以 $\int_0^1 x^2\mathrm{d}x=\frac{1}{3}x^3\Big|_0^1=\frac{1}{3}(1^3-0^3)=\frac{1}{3}$.

(3) 因为 $(\arctan x)'=\frac{1}{1+x^2}$，所以 $\int_{-1}^1 \frac{1}{1+x^2}\mathrm{d}x=\arctan x\big|_{-1}^1=\frac{\pi}{2}$.

三　不定积分和定积分的积分法

（一）不定积分和基本积分公式

为了便于求出原函数以计算定积分的值，我们引入不定积分的定义，专门讨论原函数的求解方法.

在区间 I 内，函数 $f(x)$ 的全体原函数称为在 I 内的不定积分，记作 $\int f(x)\mathrm{d}x$，即

$$\int f(x)\mathrm{d}x=F(x)+C,$$

其中 C 称为积分常数.

求不定积分和求导数互为逆运算，因此有以下结论：

(1) $\left[\int f(x)\mathrm{d}x\right]'=f(x)$，$\mathrm{d}\int f(x)\mathrm{d}x=f(x)\mathrm{d}x$.

(2) $\int f'(x)\mathrm{d}x=f(x)+C$，$\int \mathrm{d}f(x)=f(x)+C$.

例如，$\left[\int \sin\sqrt{x}\,\mathrm{d}x\right]'=\sin\sqrt{x}$，　　$\mathrm{d}\left(\int \sin\sqrt{x}\,\mathrm{d}x\right)=\sin\sqrt{x}\,\mathrm{d}x$，

$\int(\sin\sqrt{x})'\mathrm{d}x=\sin\sqrt{x}+C$，　　$\int \mathrm{d}(\sin\sqrt{x})=\sin\sqrt{x}+C$.

举一反三

对同一个函数，先求导再求不定积分，与先求不定积分再求导，结果有什么不同？为什么会有这种不同？

例 4　求下列不定积分：

(1) $\int \frac{1}{1+x^2}\mathrm{d}x$；　　(2) $\int \frac{1}{x}\mathrm{d}x$.

解　(1) 因为 $(\arctan x)'=\frac{1}{1+x^2}$，所以 $\int \frac{1}{1+x^2}\mathrm{d}x=\arctan x+C$.

(2) 当 $x>0$ 时，因为 $(\ln x)'=\frac{1}{x}$，所以 $\int \frac{1}{x}\mathrm{d}x=\ln x+C$；

当 $x<0$ 时，因为 $[\ln(-x)]'=\frac{1}{-x}\cdot(-1)=\frac{1}{x}$，所以 $\int \frac{1}{x}\mathrm{d}x=\ln(-x)+C$.

综上，因为 $(\ln|x|)'=\frac{1}{x}$，所以 $\int \frac{1}{x}\mathrm{d}x=\ln|x|+C$.

类似地，根据基本初等函数的求导公式，可以得到对应的不定积分基本公式：

(1) $\int k\,\mathrm{d}x=kx+C$（k 为常数）；　　(2) $\int x^{\alpha}\mathrm{d}x=\frac{x^{\alpha+1}}{\alpha+1}+C(\alpha\neq-1)$；

(3) $\int \frac{1}{x}\mathrm{d}x=\ln|x|+C$；　　(4) $\int a^x\mathrm{d}x=\frac{a^x}{\ln a}+C$，$\int \mathrm{e}^x\mathrm{d}x=\mathrm{e}^x+C$；

(5) $\int \sin x\,\mathrm{d}x=-\cos x+C$；　　(6) $\int \cos x\,\mathrm{d}x=\sin x+C$；

(7) $\int \sec^2 x\,\mathrm{d}x=\tan x+C$；　　(8) $\int \csc^2 x\,\mathrm{d}x=-\cot x+C$；

(9) $\int \sec x\tan x\,\mathrm{d}x=\sec x+C$；　　(10) $\int \csc x\cot x\,\mathrm{d}x=-\csc x+C$；

(11) $\int \frac{1}{\sqrt{1-x^2}}\mathrm{d}x=\arcsin x+C=-\arccos x+C$；

(12) $\int \frac{1}{1+x^2}\mathrm{d}x=\arctan x+C=-\mathrm{arccot}\,x+C$；

(13) $\int \tan x\,\mathrm{d}x=-\ln|\cos x|+C$；

(14) $\int \cot x \, dx = \ln|\sin x| + C$;

(15) $\int \sec x \, dx = \ln|\sec x + \tan x| + C$;

(16) $\int \csc x \, dx = \ln|\csc x - \cot x| + C$.

(二) 直接积分法

不定积分具有下列性质:

性质 1 $\int kf(x)\,dx = k\int f(x)\,dx \ (k \neq 0)$.

性质 2 $\int [f(x) \pm g(x)]\,dx = \int f(x)\,dx \pm \int g(x)\,dx$.

利用不定积分的性质,结合函数式的恒等变形,如拆项、裂项、添项、减项等代数变形,以及三角恒等变换公式,可以将被积函数转化为不定积分基本公式表中的形式,求出不定积分.进一步,求出原函数在积分区间的增量,即定积分的值,这种计算积分的方法称为**直接积分法**.

例 5 求下列积分:

(1) $\int \frac{(x-1)^2}{x^2}dx$; (2) $\int \frac{1}{x^2(1+x^2)}dx$;

(3) $\int_0^{\frac{\pi}{4}} \tan^2 x \, dx$; (4) $\int_{-1}^{2} |x^2-1|\,dx$.

解 (1) $\int \frac{(x-1)^2}{x^2}dx = \int\left(1-\frac{2}{x}+\frac{1}{x^2}\right)dx = \int dx - 2\int \frac{1}{x}dx + \int \frac{1}{x^2}dx$

$$= x - 2\ln|x| - \frac{1}{x} + C.$$

(2) $\int \frac{1}{x^2(1+x^2)}dx = \int \frac{(1+x^2)-x^2}{x^2(1+x^2)}dx = \int\left(\frac{1}{x^2}-\frac{1}{1+x^2}\right)dx$

$$= -\frac{1}{x} - \arctan x + C.$$

(3) $\int_0^{\frac{\pi}{4}} \tan^2 x\,dx = \int_0^{\frac{\pi}{4}}(\sec^2 x - 1)\,dx = (\tan x - x)\Big|_0^{\frac{\pi}{4}} = 1 - \frac{\pi}{4}$.

(4) $\int_{-1}^{2} |x^2-1|\,dx = \int_{-1}^{1}(1-x^2)\,dx + \int_1^2 (x^2-1)\,dx$

$$= \left(x - \frac{1}{3}x^3\right)\Big|_{-1}^{1} + \left(\frac{1}{3}x^3 - x\right)\Big|_1^2 = \frac{8}{3}.$$

例 5(4)中的被积函数是一个分段函数,且分段点 $x=1$ 在积分区间内,所以用分段点将积分区间$[-1,2]$分为$[-1,1]$和$[1,2]$,利用积分区间可加性即可解决.

举一反三

已知 $f(x)=\begin{cases} x, & 0 \leqslant x < 1, \\ 3-x, & 1 \leqslant x \leqslant 2, \end{cases}$ 求定积分$\int_0^2 f(x)\,dx$.

（三）第一类换元积分法（凑微分法）

在不定积分基本公式表中，将被积函数的自变量和积分变量 x 同时更换为另一变量符号，公式仍然成立.例如，

$$\int e^x dx = e^x + C \longrightarrow \int e^u du = e^u + C,$$

$$\int \frac{1}{x} dx = \ln|x| + C \longrightarrow \int \frac{1}{u} du = \ln|u| + C.$$

或者，将自变量和积分变量 x 同时更换为任一可导函数 $\varphi(x)$，公式仍然成立.例如，

$$\int e^x dx = e^x + C \longrightarrow \int e^{\sin x} d(\sin x) = e^{\sin x} + C,$$

$$\int \frac{1}{x} dx = \ln|x| + C \longrightarrow \int \frac{1}{2x} d(2x) = \ln|2x| + C.$$

这就为求不定积分提供了新的思路.例如，求不定积分 $\int \sin 2x dx$，由于被积函数 $\sin 2x$ 是一个复合函数，无法直接应用不定积分基本公式 $\int \sin x dx = -\cos x + C$，所以考虑应用该公式的等价形式 $\int \sin 2x d(2x) = -\cos 2x + C$.这就需要将 dx 凑成 $d(2x)$ 的形式，称为**凑微分**.根据微分计算公式，已知 $d(2x) = 2dx$，所以有

$$dx = \frac{1}{2} d(2x),$$

于是

$$\int \sin 2x dx = \int \sin 2x \cdot \frac{1}{2} d(2x) = \frac{1}{2} \int \sin 2x d(2x) = -\frac{1}{2} \cos 2x + C.$$

这种求不定积分的方法称为**凑微分法**.为了使解题思路更加清晰，可以用换元来表示凑微分的过程.例如，在上例中将复合函数 $\sin 2x$ 的内层函数 $2x$ 设为一个新的变量 u：设 $u = 2x$，则 $x = \frac{1}{2} u$，$dx = \frac{1}{2} du$，于是

$$\int \sin 2x dx = \int \sin u \cdot \frac{1}{2} du = \frac{1}{2} \int \sin u du = -\frac{1}{2} \cos u + C = -\frac{1}{2} \cos 2x + C.$$

因此，凑微分法也被称为**第一类换元积分法**.

如果不定积分的被积函数是复合函数，可以尝试使用凑微分法求解，以复合函数的内层函数作为凑微分的目标.与此同时，也必须考虑被积表达式是否满足凑微分的条件.这就需要熟记如下公式：

（1）$dx = \frac{1}{a} d(ax)$ 或 $dx = \frac{1}{a} d(ax + b)$；

（2）$x^{\alpha} dx = \frac{1}{\alpha + 1} d(x^{\alpha + 1})$；

（3）$\frac{1}{x} dx = d(\ln x)$；

(4) $e^{\alpha x}dx=\frac{1}{\alpha}d(e^{\alpha x})$;

(5) $\sin x dx=-d(\cos x)$, $\cos x dx=d(\sin x)$,

$\sec^2 x dx=d(\tan x)$, $\csc^2 x dx=-d(\cot x)$,

$\sec x\tan x dx=d(\sec x)$, $\csc x\cot x dx=-d(\csc x)$.

例 6　求不定积分：

(1) $\int\frac{1}{3x+1}dx$;　　(2) $\int\frac{1}{a^2+x^2}dx$.

解　(1) 利用公式 $\int\frac{1}{x}dx=\ln|x|+C$ 的等价形式

$$\int\frac{1}{3x+1}d(3x+1)=\ln|3x+1|+C,$$

由 $d(3x+1)=3dx$ 得到 $dx=\frac{1}{3}d(3x+1)$，于是

$$\int\frac{1}{3x+1}dx=\int\frac{1}{3x+1}\cdot\frac{1}{3}d(3x+1)=\frac{1}{3}\int\frac{1}{3x+1}d(3x+1)=\frac{1}{3}\ln|3x+1|+C.$$

(2) 利用公式 $\int\frac{1}{1+x^2}dx=\arctan x+C$ 的等价形式

$$\int\frac{1}{1+\left(\frac{x}{a}\right)^2}d\left(\frac{x}{a}\right)=\arctan\frac{x}{a}+C,$$

由 $d\left(\frac{x}{a}\right)=\frac{1}{a}dx$ 得到 $dx=a\cdot d\left(\frac{x}{a}\right)$，于是

$$\int\frac{1}{a^2+x^2}dx=\frac{1}{a^2}\int\frac{1}{1+\left(\frac{x}{a}\right)^2}dx=\frac{1}{a^2}\cdot a\int\frac{1}{1+\left(\frac{x}{a}\right)^2}d\left(\frac{x}{a}\right)=\frac{1}{a}\arctan\frac{x}{a}+C.$$

类似地，可以求得

$$\int\frac{1}{\sqrt{a^2-x^2}}dx=\arcsin\frac{x}{a}+C.$$

凑微分法同样可以用于求定积分.

例 7　求定积分 $\int_0^1(1-2x)^{10}dx$.

解　利用公式 $\int x^{10}dx=\frac{1}{11}x^{11}+C$ 的等价形式

$$\int(1-2x)^{10}d(1-2x)=\frac{1}{11}(1-2x)^{11}+C,$$

由 $d(1-2x)=-2dx$ 得到 $dx=-\frac{1}{2}d(1-2x)$，于是

$$\int_0^1(1-2x)^{10}dx=\int_0^1(1-2x)^{10}\cdot\left(-\frac{1}{2}\right)d(1-2x)=-\frac{1}{2}\cdot\frac{1}{11}(1-2x)^{11}\Big|_0^1=\frac{1}{11}.$$

举一反三

以下例 7 的解题过程错在哪里？

设 $u=1-2x$，则 $x=\frac{1}{2}(1-u)$，$dx=-\frac{1}{2}du$，则

$$\int_0^1(1-2x)^{10}dx=-\frac{1}{2}\int_0^1 u^{10}du=-\frac{1}{22}u^{11}\Big|_0^1=-\frac{1}{22}.$$

例 8 求下列积分：

(1) $\int_0^1 x\sqrt{1+x^2}\,dx$；　　(2) $\int\frac{\cos\sqrt{x}}{\sqrt{x}}dx$.

解 (1) $\int_0^1 x\sqrt{1+x^2}\,dx=\int_0^1\sqrt{1+x^2}\cdot x\,dx=\int_0^1\sqrt{1+x^2}\cdot\frac{1}{2}d(1+x^2)$

$$=\frac{1}{2}\int(1+x^2)^{\frac{1}{2}}d(1+x^2)$$

$$=\frac{1}{3}(1+x^2)^{\frac{3}{2}}\Big|_0^1=\frac{2\sqrt{2}-1}{3}.$$

(2) $\int\frac{\cos\sqrt{x}}{\sqrt{x}}dx=\int\cos\sqrt{x}\cdot\frac{1}{\sqrt{x}}dx=2\int\cos\sqrt{x}\,d(\sqrt{x})=2\sin\sqrt{x}+C.$

例 9 求下列积分：

(1) $\int_1^e\frac{1+\ln x}{x}dx$；　　(2) $\int\frac{1}{x\ln x}dx$.

解 (1) $\int_1^e\frac{1+\ln x}{x}dx=\int_1^e(1+\ln x)\cdot\frac{1}{x}dx=\int_1^e(1+\ln x)d(1+\ln x)$

$$=\frac{1}{2}(1+\ln x)^2\Big|_1^e=\frac{3}{2}.$$

(2) $\int\frac{1}{x\ln x}dx=\int\frac{1}{\ln x}\cdot\frac{1}{x}dx=\int\frac{1}{\ln x}d(\ln x)=\ln|\ln x|+C.$

例 10 求下列积分：

(1) $\int_0^1\frac{e^x}{1+e^x}dx$；　　(2) $\int\frac{e^x}{1+e^{2x}}dx$.

解 (1) $\int_0^1\frac{e^x}{1+e^x}dx=\int_0^1\frac{1}{1+e^x}\cdot e^x dx=\int_0^1\frac{1}{1+e^x}d(1+e^x)$

$$=\ln(1+e^x)\Big|_0^1=\ln\frac{1+e}{2}.$$

(2) $\int\frac{e^x}{1+e^{2x}}dx=\int\frac{1}{1+(e^x)^2}\cdot e^x dx=\int\frac{1}{1+(e^x)^2}\cdot d(e^x)=\arctan e^x+C.$

例 11 求下列积分：

(1) $\int_0^{\frac{\pi}{2}}\sin x\cos^2 x\,dx$；　　(2) $\int\tan x\sec^3 x\,dx$；

(3) $\int_{-\frac{\pi}{2}}^{\frac{\pi}{2}} \frac{\sin x+\cos x}{1+\sin^2 x}\mathrm{d}x$.

解 (1) $\int_0^{\frac{\pi}{2}} \sin x\cos^2 x\,\mathrm{d}x=\int_0^{\frac{\pi}{2}}\cos^2 x\sin x\,\mathrm{d}x=-\int_0^{\frac{\pi}{2}}\cos^2 x\,\mathrm{d}(\cos x)$

$$=-\frac{1}{3}\cos^3 x\Big|_0^{\frac{\pi}{2}}=\frac{1}{3}.$$

(2) $\int\tan x\sec^3 x\,\mathrm{d}x=\int\sec^2 x\cdot\tan x\sec x\,\mathrm{d}x=\int\sec^2 x\,\mathrm{d}(\sec x)=\frac{1}{3}\sec^3 x+C$.

(3) $\int_{-\frac{\pi}{2}}^{\frac{\pi}{2}}\frac{\sin x+\cos x}{1+\sin^2 x}\mathrm{d}x=\int_{-\frac{\pi}{2}}^{\frac{\pi}{2}}\frac{\sin x}{1+\sin^2 x}\mathrm{d}x+\int_{-\frac{\pi}{2}}^{\frac{\pi}{2}}\frac{\cos x}{1+\sin^2 x}\mathrm{d}x$

$$=0+2\int_0^{\frac{\pi}{2}}\frac{\cos x}{1+\sin^2 x}\mathrm{d}x=2\int_0^{\frac{\pi}{2}}\frac{1}{1+\sin^2 x}\mathrm{d}(\sin x)$$

$$=2\arctan(\sin x)\Big|_0^{\frac{\pi}{2}}=\frac{\pi}{2}.$$

(四) 第二类换元积分法

根式代换和三角代换是第二类换元积分法中最常见的两种换元形式.

(1) **根式代换**:被积函数中含有根式$\sqrt[n]{ax+b}$,令 $t=\sqrt[n]{ax+b}$.

(2) **三角代换**:

被积函数中含有$\sqrt{a^2-x^2}$,令 $x=a\sin t$,其中 $t\in\left[-\frac{\pi}{2},\frac{\pi}{2}\right]$;

被积函数中含有$\sqrt{a^2+x^2}$,令 $x=a\tan t$,其中 $t\in\left(-\frac{\pi}{2},\frac{\pi}{2}\right)$;

被积函数中含有$\sqrt{x^2-a^2}$,令 $x=a\sec t$,其中 $t\in\left(0,\frac{\pi}{2}\right)$.

例 12 求下列不定积分:

(1) $\int\frac{\mathrm{d}x}{1+\sqrt{x}}$; (2) $\int\sqrt{a^2-x^2}\,\mathrm{d}x\ (a>0)$.

解 (1) 令 $t=\sqrt{x}$,则 $x=t^2$,$\mathrm{d}x=2t\,\mathrm{d}t$,所以

$$\int\frac{1}{1+\sqrt{x}}\mathrm{d}x=\int\frac{1}{1+t}\cdot 2t\,\mathrm{d}t=2\int\frac{t}{1+t}\mathrm{d}t=2\int\frac{1+t-1}{1+t}\mathrm{d}t=2\int\left(1-\frac{1}{1+t}\right)\mathrm{d}t$$

$$=2(t-\ln|1+t|)+C=2[\sqrt{x}-\ln(1+\sqrt{x})]+C.$$

(2) 令 $x=a\sin t$,$t\in\left(-\frac{\pi}{2},\frac{\pi}{2}\right)$,则 $t=\arcsin\frac{x}{a}$,$\mathrm{d}x=a\cos t\,\mathrm{d}t$,所以

$$\int\sqrt{a^2-x^2}\,\mathrm{d}x=\int\sqrt{a^2-a^2\sin^2 t}\cdot a\cos t\,\mathrm{d}t=a^2\int\cos^2 t\,\mathrm{d}t$$

$$=a^2\int\frac{1+\cos 2t}{2}\mathrm{d}t=\frac{a^2}{2}\left[\int\mathrm{d}t+\frac{1}{2}\int\cos 2t\,\mathrm{d}(2t)\right]$$

$$=\frac{a^2}{2}t+\frac{a^2}{4}\sin 2t+C=\frac{a^2}{2}t+\frac{a^2}{2}\sin t\cos t+C.$$

又因为 $x=a\sin t$，即 $\sin t=\dfrac{x}{a}$，作辅助三角形(图 1-31)，可知 $\cos t=\dfrac{\sqrt{a^2-x^2}}{a}$，则

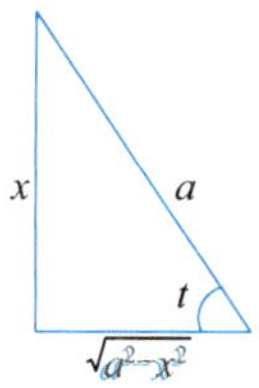

图 1-31

$$\int\sqrt{a^2-x^2}\,\mathrm{d}x=\frac{a^2}{2}\arcsin\frac{x}{a}+\frac{x\sqrt{a^2-x^2}}{2}+C.$$

用第二换元法求定积分时，注意换元必须变限.

例 13 求下列定积分：

(1) $\displaystyle\int_0^3\frac{x}{\sqrt{1+x}}\mathrm{d}x$； (2) $\displaystyle\int_0^1\sqrt{1-x^2}\,\mathrm{d}x$.

解 (1) 设 $t=\sqrt{1+x}$，则 $x=t^2-1$，$\mathrm{d}x=2t\,\mathrm{d}t$. 当 $x=0$ 时，$t=1$；当 $x=3$ 时，$t=2$.

$$\int_0^3\frac{x}{\sqrt{1+x}}\mathrm{d}x=\int_1^2\frac{t^2-1}{t}\cdot 2t\,\mathrm{d}t=2\int_1^2(t^2-1)\mathrm{d}t=2\left(\frac{t^3}{3}-t\right)\bigg|_1^2=\frac{8}{3}.$$

(2) 设 $x=\sin t$，则 $t=\arcsin x$，$\mathrm{d}x=\cos t\,\mathrm{d}t$. 当 $x=0$ 时，$t=0$；当 $x=1$ 时，$t=\dfrac{\pi}{2}$.

$$\int_0^1\sqrt{1-x^2}\,\mathrm{d}x=\int_0^{\frac{\pi}{2}}\cos^2t\,\mathrm{d}t=\frac{1}{2}\int_0^{\frac{\pi}{2}}(1+\cos 2t)\mathrm{d}t=\frac{1}{2}\left(t+\frac{1}{2}\sin 2t\right)\bigg|_0^{\frac{\pi}{2}}=\frac{\pi}{4}.$$

(五) 分部积分法

设函数 $u=u(x)$，$v=v(x)$ 具有连续导数，则有

$$[u(x)v(x)]'=u'(x)v(x)+u(x)v'(x).$$

移项，得

$$u(x)v'(x)=[u(x)v(x)]'-u'(x)v(x).$$

上式两边同时求不定积分，得

$$\int u(x)v'(x)\mathrm{d}x=u(x)v(x)-\int u'(x)v(x)\mathrm{d}x.$$

简写为

$$\int u\,\mathrm{d}v=uv-\int v\,\mathrm{d}u.$$

这一公式被称为**不定积分的分部积分公式**.

类似地，**定积分的分部积分公式**为

$$\int_a^b u\,\mathrm{d}v=(uv)\big|_a^b-\int_a^b v\,\mathrm{d}u.$$

如果被积函数是两类不同函数的乘积，或者单独一个对数函数或反三角函数，通常使用分部积分法求其不定积分或定积分.

利用分部积分法求积分的关键在于正确选择 $u(x)$ 和 $v(x)$. 一般来说，选择 $u(x)$ 的优先顺序为反(反三角函数)、对(对数函数)、幂(幂函数)、指(指数函数)、三(三角函数).

例 14 求下列积分：

(1) $\displaystyle\int x\ln x\,\mathrm{d}x$； (2) $\displaystyle\int\ln x\,\mathrm{d}x$；

(3) $\int e^x \cos x\,dx$；　　(4) $\int_0^{\frac{\pi}{2}} x\sin x\,dx$.

解 (1) 设 $u=\ln x, v'=x$，则 $u'=\frac{1}{x}, v=\frac{1}{2}x^2$.

$$\int x\ln x\,dx=\frac{1}{2}x^2\ln x-\int\left(\frac{1}{x}\cdot\frac{1}{2}x^2\right)dx=\frac{1}{2}x^2\ln x-\frac{1}{2}\int x\,dx$$

$$=\frac{1}{2}x^2\ln x-\frac{1}{4}x^2+C.$$

(2) $\int \ln x\,dx=\int 1\cdot\ln x\,dx=x\ln x-\int x\cdot(\ln x)'dx$

$$=x\ln x-\int dx$$

$$=x\ln x-x+C.$$

(3) $\int e^x\cos x\,dx=\int\cos x\,d(e^x)=e^x\cos x-\int e^x\,d(\cos x)$

$$=e^x\cos x+\int e^x\sin x\,dx$$

$$=e^x\cos x+\int\sin x\,d(e^x)$$

$$=e^x\cos x+e^x\sin x-\int e^x\cos x\,dx.$$

移项，得 $2\int e^x\cos x\,dx=e^x\cos x+e^x\sin x+C_1$，所以

$$\int e^x\cos x\,dx=\frac{1}{2}e^x(\cos x+\sin x)+C\left(C=\frac{1}{2}C_1\right).$$

(4) $\int_0^{\frac{\pi}{2}} x\sin x\,dx=-\int_0^{\frac{\pi}{2}} x\,d(\cos x)=-x\cos x\Big|_0^{\frac{\pi}{2}}+\int_0^{\frac{\pi}{2}}\cos x\,dx=\sin x\Big|_0^{\frac{\pi}{2}}=1.$

四 定积分的几何应用

(一) 微元法

用定积分表示某个量 Q 的过程分为四个步骤：分割、近似、求和、取极限.在实际应用中，可以简化步骤“分割”和“近似”，不再将积分区间分割成 n 个小区间，而是在积分区间上任意截取一个小区间进行近似，称之为微元.接着，将“求和”和“取极限”合并为对微元的积分，这就是**微元法**.下面以曲边梯形为例，将利用定积分的定义求曲边梯形的面积的过程简化为利用微元法求解的过程(图 1-32).

利用**微元法的解题步骤**为：

(1) 定区间：选择积分变量，以 x 为例，确定积分区间 $[a,b]$；

(2) 求微元：在 $[a,b]$ 上任取小区间 $[x,x+dx]$，求出小区间上量 Q 的微元 dQ；

(3) 求积分：所求量 $Q=\int_a^b dQ$.

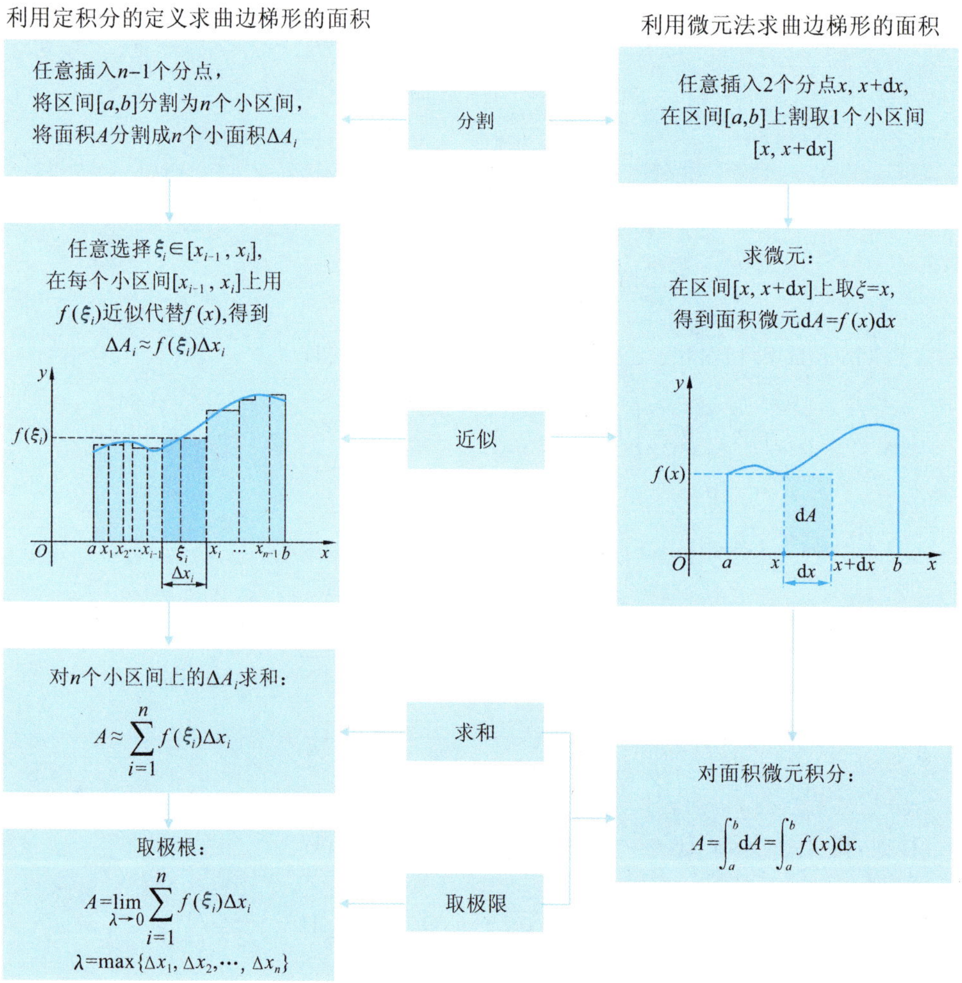

图 1-32

(二) 求平面图形的面积

(1) 由曲线 $y=f(x)$ 和直线 $x=a$, $x=b$, $y=0$ 所围成的曲边梯形的面积 A，可以直接由定积分的几何意义得到，即

$$A=\int_a^b f(x)\mathrm{d}x.$$

(2) 如图 1-33，由两条曲线 $y=f(x)$，$y=g(x)$($f(x)\geqslant g(x)$)及直线 $x=a$，$x=b$ 所围成的平面图形的面积 A，可以用微元法求得.

① 定区间：选择积分变量为 x，确定积分区间 $[a,b]$；

② 求微元：在 $[a,b]$ 上任取一个小区间 $[x,x+\mathrm{d}x]$，相应的小曲边梯形的面积以底为 $\mathrm{d}x$、高为 $f(x)-g(x)$ 的小矩形的面积代替，得到所求平面图形的面积微元 $\mathrm{d}A$，即

$$\mathrm{d}A=[f(x)-g(x)]\mathrm{d}x.$$

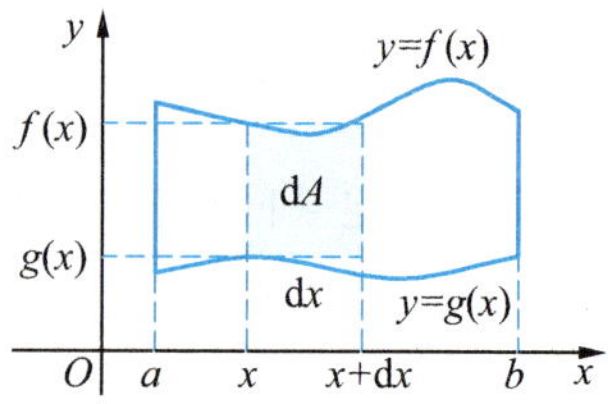

图 1-33

③ 求积分：所求曲边梯形的面积

$$A=\int_a^b dA=\int_a^b[f(x)-g(x)]dx.$$

这一结论可以作为公式直接使用.

(3) 如图 1-34，求由两条曲线 $x=\varphi(y)$，$x=\psi(y)$（$\varphi(y)\geqslant\psi(y)$）及直线 $y=c$，$y=d$ 所围成的平面图形的面积 A. 取 y 为积分变量，$[c,d]$ 为积分区间，由微元法可以得到

$$A=\int_c^d[\varphi(y)-\psi(y)]dy.$$

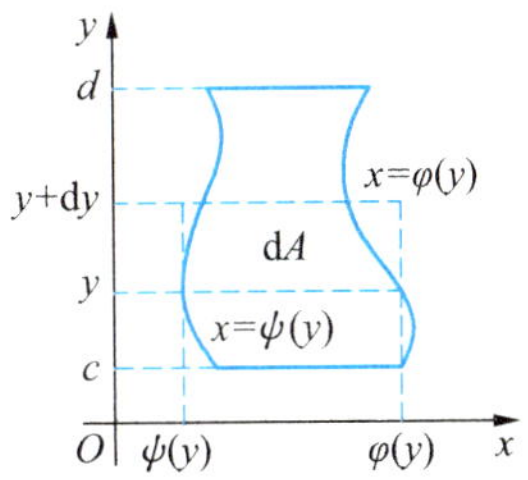

图 1-34

例 15 计算由 $y=x^2$，$y^2=x$ 所围成的图形的面积 A.

解 方法 1（微元法）：如图 1-35，由 $\begin{cases}y=x^2,\\y^2=x\end{cases}$ 得交点 $(0,0)$，$(1,1)$.

① 取 x 为积分变量，积分区间为 $[0,1]$.

② 在 $[0,1]$ 上任取一个小区间 $[x,x+dx]$，得

$$dA=(\sqrt{x}-x^2)dx.$$

③ 积分，得

$$A=\int_0^1(\sqrt{x}-x^2)dx=\left(\frac{2}{3}x^{\frac{3}{2}}-\frac{1}{3}x^3\right)\Big|_0^1=\frac{1}{3}.$$

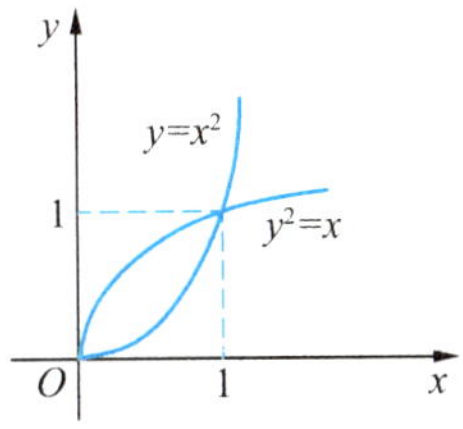

图 1-35

方法 2（公式法）：

$$A=\int_a^b[f(x)-g(x)]dx=\int_0^1(\sqrt{x}-x^2)dx=\frac{1}{3}.$$

注意：在使用微元法解题时，点 x 和 $x+dx$ 的选择具有任意性，即点 x 和 $x+dx$ 可以选在区间 $[a,b]$ 上的任意点处，定积分的结果都是相同的.

例 16 计算由 $y^2=2x$，$y=4-x$ 所围成的图形的面积 A.

解 方法 1（微元法）：如图 1-36，如果以 x 为积分变量，则积分区间为 $[0,8]$，此时，小区间 $[x,x+dx]$ 选择在不同位置将导致定积分的被积函数不同. 因此，更换积分变量为 y.

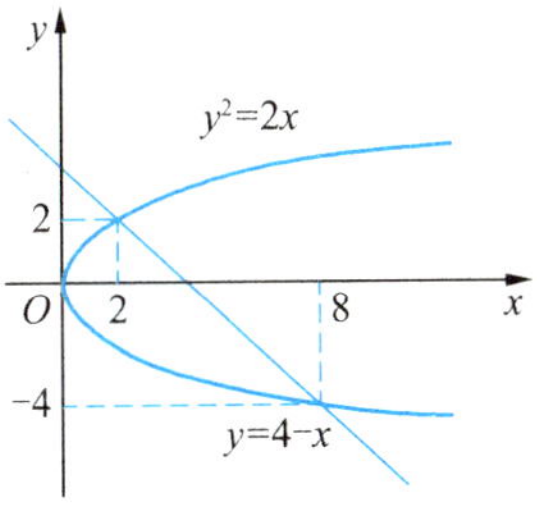

图 1-36

由 $y^2=2x$，$y=4-x$ 得 $x=\frac{1}{2}y^2$，$x=4-y$.

解方程组 $\begin{cases}x=4-y,\\x=\frac{1}{2}y^2,\end{cases}$ 得交点 $(2,2)$，$(8,-4)$.

① 定区间：以 y 为积分变量，积分区间为 $[-4,2]$.

② 求微元：在 $[-4,2]$ 上任取一个小区间 $[y,y+dy]$，求得 $dA=\left(4-y-\frac{1}{2}y^2\right)dy$.

③ 求积分，得

$$A=\int_{-4}^{2}\left(4-y-\frac{1}{2}y^2\right)dy=\left(4y-\frac{1}{2}y^2-\frac{1}{6}y^3\right)\Big|_{-4}^{2}=18.$$

方法 2(公式法)：

$$A=\int_c^d[\varphi(y)-\psi(y)]\mathrm{d}y=\int_{-4}^{2}\left(4-y-\frac{1}{2}y^2\right)\mathrm{d}y=18.$$

举一反三

在例 16 中,如果仍然以 x 作为积分变量,应该怎样计算?

(三) 求旋转体的体积

(1) 如图 1-37,这是一个连续曲线 $y=f(x)$ 与直线 $x=a$,$x=b$ 及 x 轴围成的曲边梯形绕 x 轴旋转一周而成的旋转体,其体积 V 可以用微元法求得.

① 定区间:取 x 为积分变量,积分区间为$[a,b]$.

② 求微元:在区间$[a,b]$上任取小区间$[x,x+\mathrm{d}x]$,得到一个相应的薄片状立体,高(薄片厚度)是 $\mathrm{d}x$,底面是一个垂直于 x 轴的圆,其面积 $A(x)=\pi f^2(x)$.用一个高为 $\mathrm{d}x$ 的同底小圆柱体代替它(图 1-38),这个小圆柱体就是所求立体的体积微元 $\mathrm{d}V$,即 $\mathrm{d}V=\pi f^2(x)\mathrm{d}x$.

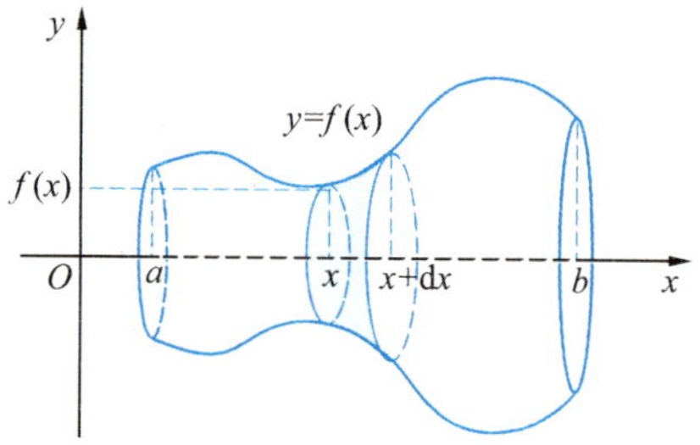

图 1-37

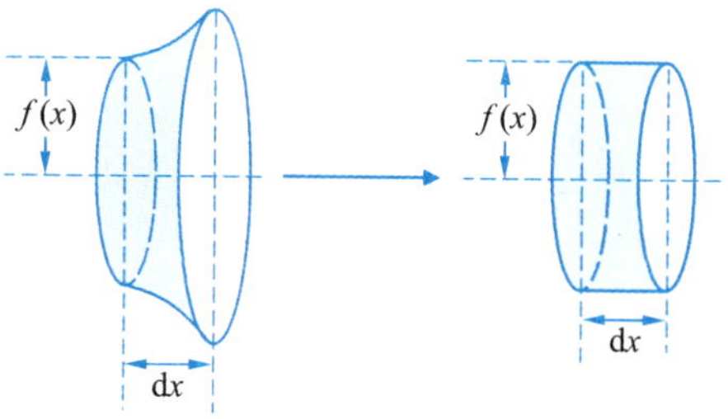

图 1-38

③ 求积分:该旋转体的体积为

$$V=\pi\int_a^b f^2(x)\mathrm{d}x.$$

在上述求旋转体体积的过程中,旋转体的垂直于旋转轴的典型截面是半径为 $f(x)$的圆盘,因此,这种求旋转体体积的方法称为**圆盘法**.

(2) 如图 1-39,这是一个连续曲线 $x=\varphi(y)$与直线 $y=c$,$y=d$ 及 y 轴围成的曲边梯形绕 y 轴旋转一周而成的旋转体,旋转体的垂直于旋转轴的典型截面是半径为 $\varphi(y)$的圆盘,用圆盘法求得该旋转体的体积为

$$V_y=\pi\int_c^d\varphi^2(y)\mathrm{d}y.$$

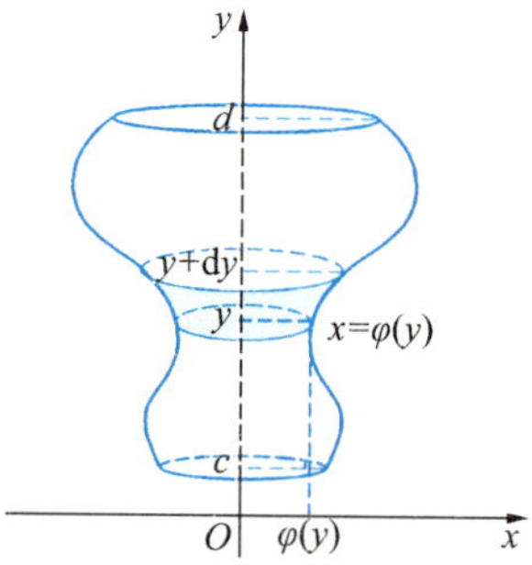

图 1-39

如果曲边梯形的边界曲线为 $y=f(x)$,可以求反函数,将 $y=f(x)$转化为 $x=\varphi(y)$的形式.

例 17 计算由 $y=x^2$,$x=1$ 与 x 轴所围平面图形:

(1) 绕 x 轴旋转而成的旋转体的体积 V_1;

(2) 绕 y 轴旋转而成的旋转体的体积 V_2.

解　(1) 如图 1-40,该旋转体垂直于 x 轴的截面面积为 $A(x)=\pi(x^2)^2=\pi x^4$.因此,所求旋转体的体积为

$$V_1=\int_0^1 \pi x^4 \mathrm{d}x=\left(\frac{1}{5}\pi x^5\right)\bigg|_0^1=\frac{\pi}{5}.$$

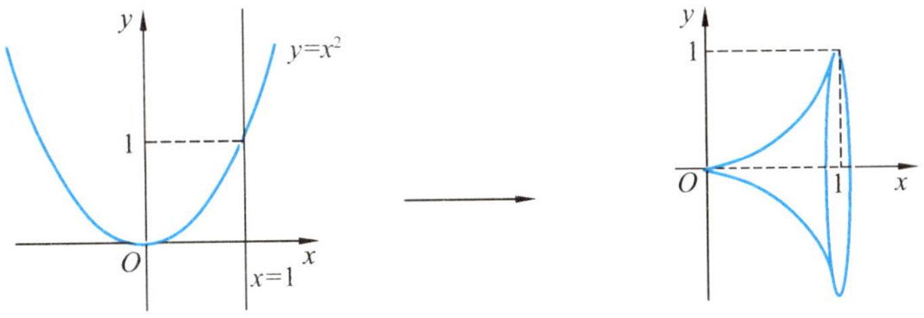

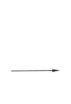

图 1-40

(2) 如图 1-41,该旋转体的体积是底面半径为 1、高为 1 的圆柱体的体积,与曲边梯形绕 y 轴旋转而成的旋转体的体积的差.曲边梯形绕 y 轴旋转而成的旋转体的体积用圆盘法求得,将其边界曲线的函数 $y=x^2(x\geqslant 0)$记为反函数 $x=\sqrt{y}(y\geqslant 0)$.

取 y 为积分变量,所求旋转体的体积为

$$V_2=\pi\cdot 1^2\cdot 1-\int_0^1 \pi(\sqrt{y})^2 \mathrm{d}y=\pi-\left(\frac{1}{2}\pi y^2\right)\bigg|_0^1=\frac{\pi}{2}.$$

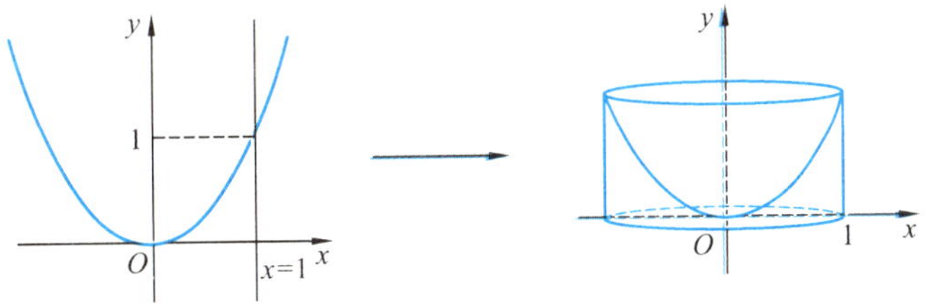

图 1-41

编程实验室

计算不定积分与定积分

sympy.integrate()函数可以用于计算积分,其语法格式为

sympy.integrate(expr,var, * args).

其中 expr 是要积分的表达式,它可以是一个函数或任意的数学表达式.var 是积分变量,通常是一个 sympy 符号.args 是可选参数,用于指定积分的上、下限,在不定积分中省略,在定积分中,使用元组(var,lower_limit,upper_limit)的形式指定上、下限.

例 18　编写代码求不定积分 $\int \frac{1}{1+4x^2}\mathrm{d}x$.

解 代码如下：

```
import sympy as sp
x = sp.symbols('x')
expr = 1 / (1 + 4 * x ** 2)
expr_i = sp.integrate(expr, x)
print("f(x)的原函数是:", expr_i)
```

运行结果如下：

```
f(x)的原函数是：atan(2 * x)/2
```

在 SymPy 中计算不定积分时，默认不显示积分常数 C，以保持表达式的简洁.

例 19 编写代码求定积分 $\int_0^1 x^2 \mathrm{e}^{-x} \mathrm{d}x$.

解 代码如下：

```
import sympy as sp
x = sp.symbols('x')
expr = x ** 2 * sp.exp(-x)
expr_i = sp.integrate(expr,(x, 0, 1))
print('函数f(x)在区间[0,1]上的定积分是: ', expr_i)
```

运行结果如下：

```
函数 f(x)在区间[0,1]上的定积分是:2 - 5 * exp( - 1)
```

在计算定积分时，也可以先求出被积函数的原函数，再将积分限代入，利用牛顿-莱布尼兹公式得到结果，这样可以同时得到原函数和定积分的值.

例 20 编写代码求被积函数的原函数，并求定积分 $\int_{-\frac{\pi}{2}}^{\frac{\pi}{2}} \left(\sin x + \frac{\cos x}{1 + \sin^2 x} \right) \mathrm{d}x$.

解 代码如下：

```
import sympy as sp
x = sp.symbols('x')
expr = sp.sin(x) + sp.cos(x) / (1 + sp.sin(x) ** 2)
expr_i = sp.integrate(expr, x)
n1 = expr_i.subs(x, -sp.pi/2)
n2 = expr_i.subs(x, sp.pi/2)
n = n2 - n1
print("f(x)的原函数是: ", expr_i)
print("f(x)在[-pi/2,pi/2]上的定积分是: ", n)
```

运行结果如下

```
f(x)的原函数是: -cos(x) + atan(sin(x))
f(x)在[-pi/2,pi/2]上的定积分是: pi/2
```

习题 1.3

1. 填空题：

(1) $\mathrm{d}x=(\quad)\mathrm{d}(2x)$；

(2) $\mathrm{d}x=(\quad)\mathrm{d}(3-4x)$；

(3) $x\,\mathrm{d}x=(\quad)\mathrm{d}(1-x^2)$；

(4) $\dfrac{1}{x^2}\mathrm{d}x=\mathrm{d}(\quad)$；

(5) $\mathrm{e}^{2x}\mathrm{d}x=(\quad)\mathrm{d}(\mathrm{e}^{2x})$；

(6) $x\sin x^2\mathrm{d}x=(\quad)\mathrm{d}(\cos x^2)$；

(7) $\sin(3x)\mathrm{d}x=(\quad)\mathrm{d}(\cos 3x)$；

(8) $\sec^2\dfrac{x}{2}\mathrm{d}x=(\quad)\mathrm{d}\left(\tan\dfrac{x}{2}\right)$；

(9) $\dfrac{1}{x}\mathrm{d}x=\mathrm{d}(\quad)$；

(10) $\dfrac{\ln x}{x}\mathrm{d}x=\mathrm{d}(\quad)$；

(11) $\dfrac{1}{\sqrt{x}}\mathrm{d}x=\mathrm{d}(\quad)$；

(12) $\dfrac{1}{\sqrt{1-2x}}\mathrm{d}x=(\quad)\mathrm{d}\sqrt{1-2x}$.

2. 利用定积分的几何意义求下列定积分的值：

(1) $\int_0^1(x+2)\mathrm{d}x$；

(2) $\int_{-2}^2\sqrt{4-x^2}\,\mathrm{d}x$.

3*. 计算题：

(1) $\dfrac{\mathrm{d}}{\mathrm{d}x}\left(\int_0^x t\arctan t\,\mathrm{d}t\right)$；

(2) $\dfrac{\mathrm{d}}{\mathrm{d}x}\left(\int_1^x\dfrac{\cos t}{t}\mathrm{d}t\right)$；

(3) $\dfrac{\mathrm{d}}{\mathrm{d}x}\left(\int_x^0\dfrac{t}{1+t^2}\mathrm{d}t\right)$；

(4) $\dfrac{\mathrm{d}}{\mathrm{d}x}\left(\int_0^{\ln x}\sqrt{1+\mathrm{e}^t}\,\mathrm{d}t\right)$.

4. 求下列积分：

(1) $\int\cos 3x\,\mathrm{d}x$；

(2) $\int\sin(-t)\mathrm{d}t$；

(3) $\int(2x+3)^{\frac{3}{2}}\mathrm{d}x$；

(4) $\int\dfrac{2}{5-x}\mathrm{d}x$；

(5) $\int(1-x)^8\mathrm{d}x$；

(6) $\int\mathrm{e}^{-3x}\mathrm{d}x$；

(7) $\int\dfrac{1}{\sqrt{1-4x^2}}\mathrm{d}x$；

(8) $\int\dfrac{1}{1+4x^2}\mathrm{d}x$；

(9) $\int x\sqrt{1+x^2}\,\mathrm{d}x$；

(10) $\int\dfrac{x}{\sqrt{1-x^2}}\mathrm{d}x$；

(11) $\int\dfrac{x}{1+x^2}\mathrm{d}x$；

(12) $\int\dfrac{x}{1+x^4}\mathrm{d}x$；

(13) $\int x\mathrm{e}^{-x^2}\mathrm{d}x$；

(14) $\int x^2\cos x^3\mathrm{d}x$；

(15) $\int\dfrac{1}{x\ln x}\mathrm{d}x$；

(16) $\int\dfrac{\ln x}{x}\mathrm{d}x$；

(17) $\int\dfrac{\mathrm{e}^x}{1+\mathrm{e}^{2x}}\mathrm{d}x$；

(18) $\int\mathrm{e}^x\sqrt{1-\mathrm{e}^x}\,\mathrm{d}x$；

(19) $\int \sin x\, e^{\cos x} dx$；

(20) $\int \frac{\sin x}{\cos^2 x} dx$；

(21) $\int \frac{1}{\sqrt{x}(1+x)} dx$；

(22) $\int \frac{\csc^2 \sqrt{x}}{\sqrt{x}} dx$；

(23) $\int \frac{1}{x^2} \sin \frac{1}{x} dx$；

(24) $\int x \sqrt{x \sqrt{x}}\, dx$；

(25) $\int \frac{1}{\sin x \cos x} dx$；

(26) $\int \tan^3 x\, dx$；

(27) $\int \tan^4 x\, dx$；

(28)* $\int \frac{2x-3}{x^2-2x+5} dx$；

(29)* $\int \frac{1}{x^2-x-6} dx$；

(30)* $\int f'(x)[1-f(x)]^2 dx$；

(31)* $\int \frac{f'(x)}{1+f^2(x)} dx$；

(32) $\int x \sqrt{x-3}\, dx$；

(33) $\int \frac{\sqrt{x}}{1+x} dx$；

(34) $\int \frac{\sqrt{1-x^2}}{x^2} dx$；

(35) $\int \frac{\sqrt{1-x^2}}{x} dx$；

(36) $\int \frac{1}{\sqrt{x^2+4}} dx$；

(37) $\int x \sin x\, dx$；

(38) $\int x e^{-x} dx$；

(39) $\int x^2 \ln x\, dx$；

(40) $\int \arctan x\, dx$；

(41) $\int (x-1) 2^x dx$；

(42) $\int e^x \sin x\, dx$；

(43) $\int_0^{\frac{1}{2}} \frac{1}{\sqrt{1-x^2}} dx$；

(44) $\int_0^1 \left(\frac{x^2-\sqrt{x}+x}{x}\right) dx$；

(45) $\int_1^2 \frac{1}{x\sqrt{1+\ln x}} dx$；

(46) $\int_{\frac{1}{\pi}}^{\frac{2}{\pi}} \frac{1}{x^2} \sin \frac{1}{x} dx$；

(47) $\int_{-2}^{-1} \frac{1}{x^2+4x+5} dx$；

(48) $\int_0^{\frac{\pi}{2}} \cos^3 x \sin x\, dx$；

(49) $\int_0^1 \sqrt{1-x^2}\, dx$；

(50) $\int_0^2 \frac{x}{(1+x^2)^2} dx$.

5*. 求下列定积分：

(1) $\int_{-\frac{\pi}{4}}^{\frac{\pi}{4}} \frac{x}{1+\cos^2 x} dx$；

(2) $\int_{-1}^1 (1-x)^2 dx$；

(3) $\int_{-1}^1 (x^2+\sin x) dx$；

(4) $\int_0^3 |x-1|\, dx$.

6. 编写代码求下列不定积分和定积分：

(1) $\int \sin^4 x\, dx$；

(2) $\int e^x \cos 2x\, dx$；

(3) $\int_{\frac{1}{3}}^{3} \frac{\arctan\sqrt{x}}{(1+x)\sqrt{x}}\mathrm{d}x$；　　(4) $\int_{0}^{\pi^2} (\sin\sqrt{x})^2\mathrm{d}x$.

7. 编写代码求：

(1) 由曲线 $y=x^2$ 和直线 $y=x$ 所围成的平面图形的面积.

(2) 由曲线 $y=2\sqrt{x}$ 与直线 $x=1$ 及 $y=0$ 围成的平面图形绕 x 轴旋转而成的旋转体的体积.

思维训练营

一　题型精析

(一) 原函数的概念

例 21　若函数 $f(x)$ 的一个原函数为 $x\sin x$，则 $\int f''(x)\mathrm{d}x=$ （　　）

A. $x\sin x+C$　　B. $2\cos x-x\sin x+C$

C. $\sin x-x\cos x+C$　　D. $\sin x+x\cos x+C$

解　因为函数 $f(x)$ 的一个原函数为 $x\sin x$，所以

$$f(x)=(x\sin x)'=\sin x+x\cos x,\ f'(x)=2\cos x-x\sin x.$$

所以 $\int f''(x)\mathrm{d}x=f'(x)+C=2\cos x-x\sin x+C$.选 B.

例 21 考察原函数的概念，解题关键在于将"函数 $f(x)$ 的一个原函数为 $x\sin x$"转化为数学语言，表示为 $f(x)=(x\sin x)'$，然后进行计算.有时会将原函数的概念与积分法综合起来考察.

例 22　已知函数 $F(x)=\cos x$ 是函数 $f(x)$ 的一个原函数，则 $\int xf(x)\mathrm{d}x=$ ________.

解　方法 1：因为函数 $F(x)=\cos x$ 是函数 $f(x)$ 的一个原函数，所以 $f(x)=(\cos x)'=-\sin x$，则

$$\int xf(x)\mathrm{d}x=-\int x\sin x\mathrm{d}x=\int x\mathrm{d}(\cos x)=x\cos x-\int\cos x\mathrm{d}x$$
$$=x\cos x-\sin x+C.$$

方法 2：$\int xf(x)\mathrm{d}x=\int x\mathrm{d}F(x)=xF(x)-\int F(x)\mathrm{d}x=x\cos x-\sin x+C$.

例 23　设 $I=\int_0^1 \frac{x^4}{\sqrt{1+x}}\mathrm{d}x$，则 I 的范围是 （　　）

A. $0\leqslant I\leqslant\frac{\sqrt{2}}{2}$　　B. $I\geqslant 1$　　C. $I\leqslant 0$　　D. $\frac{\sqrt{2}}{2}\leqslant I\leqslant 1$

解 设 $f(x)=\dfrac{x^4}{\sqrt{1+x}}$，则 $f'(x)=\dfrac{4x^3\sqrt{1+x}-x^4\cdot\dfrac{1}{2\sqrt{1+x}}}{1+x}=\dfrac{x^3(8+7x)}{2(1+x)\sqrt{1+x}}$，且 $x\in[0,1]$，得到 $f'(x)>0$，则 $f(x)$ 单调增加.所以对于 $x\in[0,1]$，有 $f(0)\leqslant f(x)\leqslant f(1)$，即 $0\leqslant f(x)\leqslant\dfrac{\sqrt{2}}{2}$.根据定积分估值定理，有 $0\leqslant\int_0^1 f(x)\mathrm{d}x\leqslant\dfrac{\sqrt{2}}{2}$，选 A.

（二）变限积分函数

例 24 求极限 $\lim\limits_{x\to0}\dfrac{\int_0^x t\arcsin t\,\mathrm{d}t}{2\mathrm{e}^x-x^2-2x-2}$.

解 这是一个 $\dfrac{0}{0}$ 型未定式，用洛必达法则求解.同时注意到当 $x\to0$ 时，$\arcsin x\sim x$，有

$$\lim_{x\to0}\frac{\int_0^x t\arcsin t\,\mathrm{d}t}{2\mathrm{e}^x-x^2-2x-2}=\lim_{x\to0}\frac{x\arcsin x}{2\mathrm{e}^x-2x-2}=\lim_{x\to0}\frac{x^2}{2\mathrm{e}^x-2x-2}=\lim_{x\to0}\frac{2x}{2\mathrm{e}^x-2}$$
$$=\lim_{x\to0}\frac{2}{2\mathrm{e}^x}=1.$$

在遇到变限积分求极限问题时，通常使用洛必达法则求解.

例 25 设 $f(x)=\begin{cases}\dfrac{\int_0^x g(t)\mathrm{d}t}{x^2}, & x\neq0,\\ g(0), & x=0,\end{cases}$ 其中函数 $g(x)$ 在 $(-\infty,+\infty)$ 上连续，且 $\lim\limits_{x\to0}\dfrac{g(x)}{1-\cos x}=3$.证明：函数 $f(x)$ 在 $x=0$ 处可导，且 $f'(0)=\dfrac{1}{2}$.

证 由 $\lim\limits_{x\to0}\dfrac{g(x)}{1-\cos x}=3$，得 $\lim\limits_{x\to0}\dfrac{g(x)}{1-\cos x}=\lim\limits_{x\to0}\dfrac{g(x)}{\frac{1}{2}x^2}=3$，即 $\lim\limits_{x\to0}\dfrac{g(x)}{x^2}=\dfrac{3}{2}$，且 $\lim\limits_{x\to0}(1-\cos x)=0$，所以 $\lim\limits_{x\to0}g(x)=0$.又已知函数 $g(x)$ 在 $(-\infty,+\infty)$ 上连续，所以 $g(0)=\lim\limits_{x\to0}g(x)=0$，有

$$f'(0)=\lim_{x\to0}\frac{f(x)-f(0)}{x-0}=\lim_{x\to0}\frac{\dfrac{\int_0^x g(t)\mathrm{d}t}{x^2}-g(0)}{x}=\lim_{x\to0}\frac{\int_0^x g(t)\mathrm{d}t}{x^3}$$
$$=\lim_{x\to0}\frac{g(x)}{3x^2}=\frac{1}{3}\times\frac{3}{2}=\frac{1}{2}.$$

（三）不定积分和定积分的计算

不定积分的计算方法有直接积分法、凑微分法(第一换元积分法)、第二换元积分法和分部积分法.这些方法分别与牛顿-莱布尼兹公式结合，即为定积分的直接积分法、凑微分法(第一换元积分法)、第二换元积分法和分部积分法.对于分段函数的定积分，利用积分区间可加性进行计算.如果被积函数是奇函数或者偶函数，可以利用奇、偶函数的对称性

化简定积分运算.还有一些定积分,用几何意义得到结果会比用积分法计算更为简便.

积分计算远比求导计算更为灵活和复杂,应当认真观察被积表达式,根据其特点选择合适的计算方法.同时也要注意,有些连续函数虽然存在原函数,但是其原函数无法用初等函数表示,如$\int e^{-x^2}dx$,$\int \frac{\sin x}{x}dx$等.

常用积分法如图 1-42 所示.

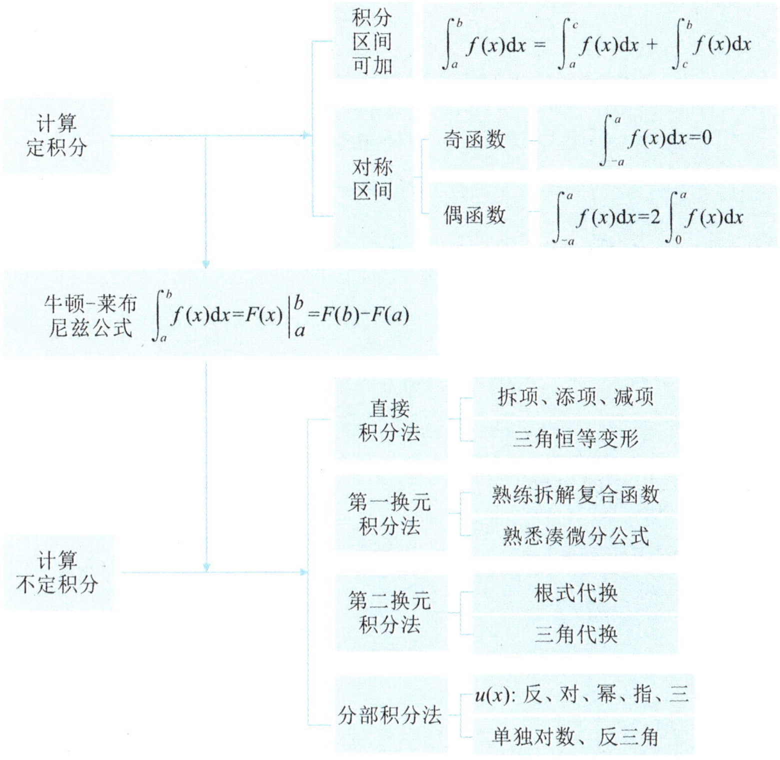

图 1-42

例 26 求下列不定积分和定积分:

(1) $\int \frac{x\arcsin x^2}{\sqrt{1-x^4}}dx$;　(2) $\int x\cos(2x-3)dx$;　(3) $\int \frac{\sqrt{x+2}-1}{(x+3)\sqrt{x+2}}dx$;

(4) $\int \sin\sqrt{2x+1}\,dx$;　(5) $\int_{-\frac{\pi}{2}}^{\frac{\pi}{2}} \frac{|\sin\theta|}{1+\cos^2\theta}d\theta$;　(6) $\int_{-1}^{1} \frac{x^3+1}{x^2+1}dx$.

解 (1) $\int \frac{x\arcsin x^2}{\sqrt{1-x^4}}dx=\frac{1}{2}\int \frac{\arcsin x^2}{\sqrt{1-(x^2)^2}}d(x^2)=\frac{1}{2}\int \arcsin x^2 d(\arcsin x^2)$

$$=\frac{1}{4}\arcsin^2 x^2+C.$$

(2) $\int x\cos(2x-3)dx=\frac{1}{2}\int x\cos(2x-3)d(2x-3)=\frac{1}{2}\int x\,d[\sin(2x-3)]$

$$=\frac{1}{2}\left[x\sin(2x-3)-\int \sin(2x-3)dx\right]$$

$$=\frac{1}{2}\left[x\sin(2x-3)-\frac{1}{2}\int\sin(2x-3)\mathrm{d}(2x-3)\right]$$
$$=\frac{1}{2}x\sin(2x-3)+\frac{1}{4}\cos(2x-3)+C.$$

(3) 设$\sqrt{x+2}=t$，则 $x=t^2-2$，$\mathrm{d}x=2t\,\mathrm{d}t$，有

$$\int\frac{\sqrt{x+2}-1}{(x+3)\sqrt{x+2}}\mathrm{d}x=\int\frac{t-1}{(t^2+1)t}\cdot 2t\,\mathrm{d}t=\int\frac{2t-2}{1+t^2}\mathrm{d}t=2\int\frac{t}{1+t^2}\mathrm{d}t-2\int\frac{1}{1+t^2}\mathrm{d}t$$
$$=\int\frac{1}{1+t^2}\mathrm{d}(1+t^2)-2\int\frac{1}{1+t^2}\mathrm{d}t$$
$$=\ln(1+t^2)-2\arctan t+C$$
$$=\ln(x+3)-2\arctan\sqrt{x+2}+C.$$

(4) 设$\sqrt{2x+1}=t$，则 $x=\frac{1}{2}(t^2-1)$，$\mathrm{d}x=t\,\mathrm{d}t$，有

$$\int\sin\sqrt{2x+1}\,\mathrm{d}x=\int\sin t\cdot t\,\mathrm{d}t=-\int t\,\mathrm{d}(\cos t)=-t\cos t+\int\cos t\,\mathrm{d}t$$
$$=-t\cos t+\sin t+C$$
$$=-\sqrt{2x+1}\cos\sqrt{2x+1}+\sin\sqrt{2x+1}+C.$$

(5) 因为$\frac{|\sin\theta|}{1+\cos^2\theta}$是偶函数，所以

$$\int_{-\frac{\pi}{2}}^{\frac{\pi}{2}}\frac{|\sin\theta|}{1+\cos^2\theta}\mathrm{d}\theta=2\int_0^{\frac{\pi}{2}}\frac{\sin\theta}{1+\cos^2\theta}\mathrm{d}\theta=-2\int_0^{\frac{\pi}{2}}\frac{1}{1+\cos^2\theta}\mathrm{d}(\cos\theta)$$
$$=-2\arctan(\cos\theta)\Big|_0^{\frac{\pi}{2}}=\frac{\pi}{2}.$$

(6) $$\int_{-1}^{1}\frac{x^3+1}{x^2+1}\mathrm{d}x=\int_{-1}^{1}\frac{x^3}{x^2+1}\mathrm{d}x+\int_{-1}^{1}\frac{1}{x^2+1}\mathrm{d}x=2\int_0^1\frac{1}{x^2+1}\mathrm{d}x$$
$$=2\arctan x\,\Big|_0^1=\frac{\pi}{2}.$$

(四) 用柱壳法求平面图形绕 y 轴旋转所成的旋转体体积

如图 1-43，设曲边梯形 D 由 $y=f(x)$，$x=a$，$x=b$ 和 x 轴围成，求 D 绕 y 轴旋转而成的旋转体的体积 V.

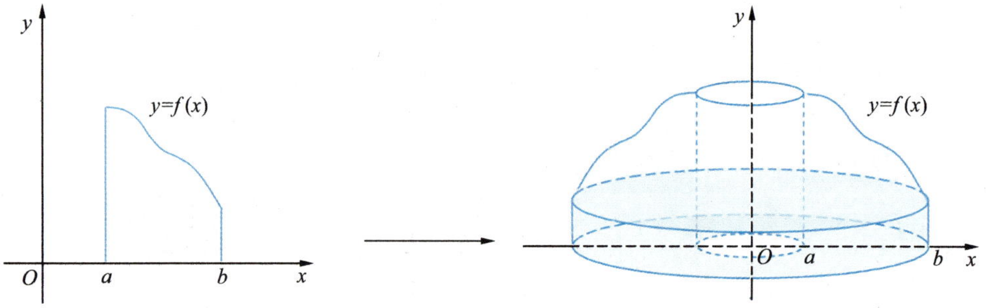

图 1-43

柱壳法的基本思想是用一些中空的圆柱体(所谓"柱壳")套在一起,近似代替所求旋转体,如图 1-44 所示.

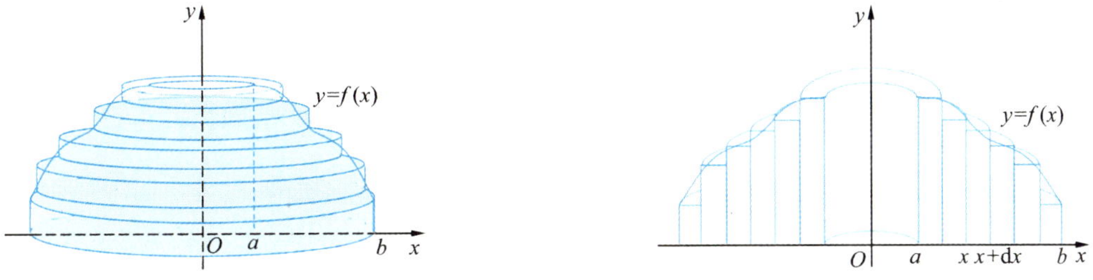

图 1-44

利用微元法,取其中任意一个中空圆柱体,记这个圆柱体的内径为 x,外径为 $x+\mathrm{d}x$($x,x+\mathrm{d}x\in[a,b]$).如图 1-44,将这个中空圆柱体沿垂直于 x 轴的方向展开,得到近似为长方体的平板,这个平板的体积就是体积微元

$$\mathrm{d}V=2\pi x\cdot f(x)\cdot\mathrm{d}x.$$

在区间$[a,b]$上对 x 积分,得所求旋转体的体积为

$$V=2\pi\int_a^b xf(x)\mathrm{d}x.$$

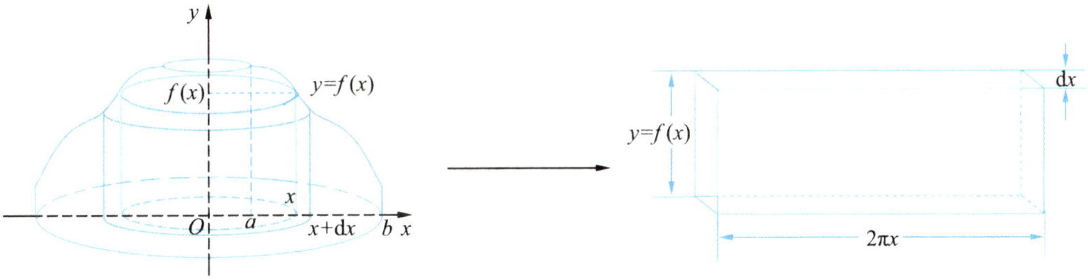

图 1-45

例 27 设曲线 $y=\sin x(0\leqslant x\leqslant\pi)$与 x 轴围成平面图形 D,求 D 绕 y 轴旋转而成的旋转体的体积.

解 如图 1-46,如果用圆盘法求这个旋转体的体积,需要求平面图形 D 的边界曲线 $y=\sin x(0\leqslant x\leqslant\pi)$的反函数,但是 $y=\sin x$ 在$(0,\pi)$内不存在反函数,因此,用圆盘法无法求得该旋转体的体积.

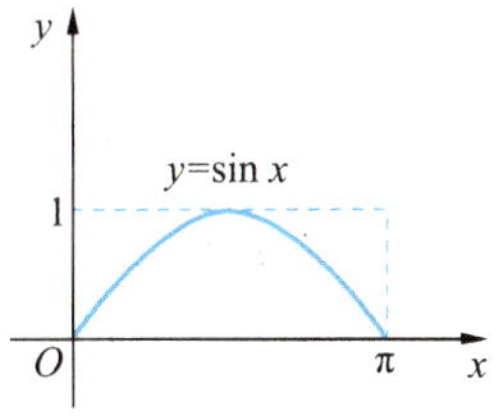

图 1-46

现在,用柱壳法求曲线 $y=\sin x(0\leqslant x\leqslant\pi)$与 x 轴围成的平面图形绕 y 轴旋转而成的旋转体的体积.

$$V=2\pi\int_0^\pi x\cdot\sin x\,\mathrm{d}x=-2\pi\int_0^\pi x\,\mathrm{d}(\cos x)=-2\pi\cdot(x\cos x-\sin x)\big|_0^\pi=2\pi^2.$$

一般来说,在求平面图形绕坐标轴旋转而成的旋转体的体积时,如果平面图形的边界曲线的自变量与旋转轴名称不一致,且边界曲线的反函数不存在或求解困难、截面面积不是圆盘,都可以尝试用柱壳法求旋转体的体积.

例 28 设 a 为大于 0 的常数，D 为曲线 $y=ax^3(x\geqslant 0)$ 与直线 $y=ax$ 所围成的平面图形，V_x 与 V_y 分别为 D 绕 x 轴和 y 轴旋转所形成的旋转体的体积，已知 $V_x=V_y$，求此时 D 的面积.

解 用圆盘法求平面图形绕 x 轴旋转所形成的旋转体的体积.

由 $\begin{cases} y=ax^3, \\ y=ax \end{cases}$ 解得曲线 $y=ax^3(x\geqslant 0)$ 和 $y=ax$ 的交点为 $(0,0)$ 和 $(1,1)$，则

$$V_x=\pi\int_0^1[(ax)^2-(ax^3)^2]\mathrm{d}x=\pi a^2\cdot\left(\frac{1}{3}x^3-\frac{1}{7}x^7\right)\bigg|_0^1=\frac{4}{21}\pi a^2.$$

用柱壳法求平面图形绕 y 轴旋转所形成的旋转体的体积.

$$V_y=2\pi\int_0^1 x\cdot(ax-ax^3)\mathrm{d}x=\frac{4}{15}\pi a.$$

由题意，$V_x=V_y$，有 $\frac{4}{21}\pi a^2=\frac{4}{15}\pi a$，解得 $a=\frac{7}{5}$. 因此，D 的面积为

$$\int_0^1\left(\frac{7}{5}x-\frac{7}{5}x^3\right)\mathrm{d}x=\frac{7}{5}\cdot\left(\frac{1}{2}x^2-\frac{1}{4}x^4\right)\bigg|_0^1=\frac{7}{20}.$$

二 解题训练

1. 选择题：

(1) 设 $F(x)$ 为 $f(x)$ 的某一个原函数，且 $f(x)$ 可导，则下列等式正确的是（　　）

A. $\int \mathrm{d}F(x)=f(x)+C$　　B. $\int \mathrm{d}f(x)=F(x)+C$

C. $\int F(x)\mathrm{d}x=f(x)+C$　　D. $\int f(x)\mathrm{d}x=F(x)+C$

(2) 设 $f(x)$ 是函数 $\cos 2x$ 的一个原函数，且 $f(0)=0$，则 $\int f(x)\mathrm{d}x=$（　　）

A. $-\frac{1}{4}\cos 2x+C$　　B. $-\frac{1}{2}\cos 2x+C$

C. $-\cos 2x+C$　　D. $\cos 2x+C$

(3) 设 $F(x)=\mathrm{e}^{2x}$ 是函数 $f(x)$ 的一个原函数，则 $\int xf'(x)\mathrm{d}x=$（　　）

A. $\mathrm{e}^{2x}\left(\frac{1}{2}x-1\right)+C$　　B. $\mathrm{e}^{2x}(2x-1)+C$

C. $\mathrm{e}^{2x}\left(\frac{1}{2}x+1\right)+C$　　D. $\mathrm{e}^{2x}(2x+1)+C$

(4) 设 $f(x)$ 为 $(-\infty,+\infty)$ 上的连续函数，则与 $\int_1^2 f\left(\frac{1}{x}\right)\mathrm{d}x$ 的值相等的定积分为（　　）

A. $\int_1^2\frac{f(x)}{x^2}\mathrm{d}x$　　B. $\int_2^1\frac{f(x)}{x^2}\mathrm{d}x$　　C. $\int_{\frac{1}{2}}^1\frac{f(x)}{x^2}\mathrm{d}x$　　D. $\int_1^{\frac{1}{2}}\frac{f(x)}{x^2}\mathrm{d}x$

(5) 若$\int f(x)\mathrm{d}x=F(x)+C$，则$\int \sin x f(\cos x)\mathrm{d}x=$ ( )

A. $F(\sin x)+C$　　B. $-F(\sin x)+C$

C. $F(\cos x)+C$　　D. $-F(\cos x)+C$

(6) 已知$\int f(x)\mathrm{d}x=\mathrm{e}^{2x}+C$，则$\int f'(x)\mathrm{d}x=$ ( )

A. $2\mathrm{e}^{-2x}+C$　　B. $\frac{1}{2}\mathrm{e}^{-2x}+C$　　C. $-2\mathrm{e}^{-2x}+C$　　D. $-\frac{1}{2}\mathrm{e}^{-2x}+C$

2. 填空题：

(1) 设函数$f(x)$的导数为$\cos x$，且$f(0)=\frac{1}{2}$，则不定积分$\int f(x)\mathrm{d}x=$________.

(2) $\int_{-1}^{1}[f(x)+f(-x)+x]x^3\mathrm{d}x=$________.

(3) 定积分$\int_{-1}^{1}(x\cos^4 x+|x|)\mathrm{d}x$ 的值为________.

(4) 设函数$\Phi(x)=\int_0^{x^2}\ln(1+t)\mathrm{d}t$，则$\Phi''(1)=$________.

(5) $\int_{-1}^{1}\frac{x^3+1}{x^2+1}\mathrm{d}x=$________.

(6) 设函数$F(x)=\int_x^{2x}\ln t\mathrm{d}t$，则$f'(x)=$________.

3. 计算题：

(1) $\int_0^{\sqrt{2}}\frac{x^2}{\sqrt{4-x^2}}\mathrm{d}x$；　　(2) $\int_{\frac{1}{2}}^{\frac{5}{2}}\frac{\sqrt{2x-1}}{2x+3}\mathrm{d}x$；

(3) $\int\frac{\ln x}{(1+x)^2}\mathrm{d}x$；　　(4) $\int\tan^3 x\sec x\mathrm{d}x$.

4. 综合题：

(1) 已知$y=f(x)$过坐标原点，并且在原点处的切线平行于直线$2x+y-3=0$.如果$f'(x)=3ax^2+b$，且$f(x)$在$x=1$处取得极值，试确定a,b的值，并求出$y=f(x)$的表达式.

(2) 设函数$F(x)=\begin{cases}\frac{\int_0^x f(t)\mathrm{d}t}{x}, & x\neq 0,\\ 0, & x=0,\end{cases}$其中$f(x)$在$(-\infty,+\infty)$内可导，且$\lim\limits_{x\to 0}\frac{f(x)}{x}=1$，证明$f'(x)$在点$x=0$处连续.

(3) 设$f(x)$是定义在$(-\infty,+\infty)$上的正值连续函数，且$f(0)=1$，D为曲线$y=f(x)$与直线$x=0,x=t(t>0)$及x轴所围成的曲边梯形，D的面积记为$A(t)$，D绕y轴旋转所形成的旋转体的体积记为$V(t)$，已知$A(t)=\frac{1}{2}-\frac{1}{2}f(t)$，求$\lim\limits_{t\to+\infty}V(t)$.

第二单元　线性代数

线性代数是数学的一个重要分支，它不仅是一门科学，更是一种语言，以简洁的方式描述了自然界和人类社会中的线性现象.

线性方程组是线性代数的核心内容之一.我国东汉时期的《九章算术》中详细记载了线性方程组的求解方法.《九章算术》分为方田、粟米、衰分、少广、商功、均输、盈不足、方程、勾股九章，其中第八章方程，即现今的线性方程组.刘徽在为《九章算术》作注时定义方程："程，课程也.群物总杂，各列有数，总言其实."大意是群物聚集在一起，列出它们各自的数量，在最后列出各物的总数，这样构成一个竖行."令每行为率，二物者再程，三物者三程，皆如物数程之."大意是将这样列出的一个竖行看作一组"率"，有几种物，就列出几个竖行."并列为行，故谓之方程.""方"的本义是将两条船并起来，这里是指将这些竖行像船一样，头尾对齐并列起来.可见，所谓方程，就是并而程之，将事物之间的几个数量关系并列在一起的意思.

以"方程"章第一题为例：今有上禾（稻谷）三秉（束），中禾二秉，下禾一秉，实（谷物总量）三十九斗；上禾二秉，中禾三秉，下禾一秉，实三十四斗；上禾一秉，中禾二秉，下禾三秉，实二十六斗.问：上、中、下禾实一秉各几何？

如图 2-1，古人用算筹表示数字，从右向左摆放算筹，纵放表示个位，横放表示十位，再纵放表示百位……纵横相间，遇零空置.

于是，根据刘徽对方程的定义，上题中有上禾、中禾、下禾三物，应列出三"程"（图 2-2）.从现代数学的角度看，这就是线性方程组的增广矩阵.

类别	1	2	3	4	5	6	7	8	9
纵式	𝍠	𝍡	𝍢	𝍣	𝍤	𝍥	𝍦	𝍧	𝍨
横式	𝍩	𝍪	𝍫	𝍬	𝍭	𝍮	𝍯	𝍰	𝍱

图 2-1

	左行	中行	右行
上禾	𝍠	𝍡	𝍢
中禾	𝍡	𝍢	𝍡
下禾	𝍢	𝍠	𝍠
实	𝍪𝍥	𝍫𝍣	𝍫𝍨

图 2-2

《九章算术》采用了"直除法"进行消元，其核心步骤是"偏乘"和"直除".首先"以右行上禾偏乘中行"，"偏乘"即遍乘，用右行上禾数 3 乘中行的每个数.再"以直除"，即连续相减，用中行反复减去右行两次后，中行上禾数被消去为 0，如图 2-3.用阿拉伯数字表示这个过程，如图 2-4 所示.

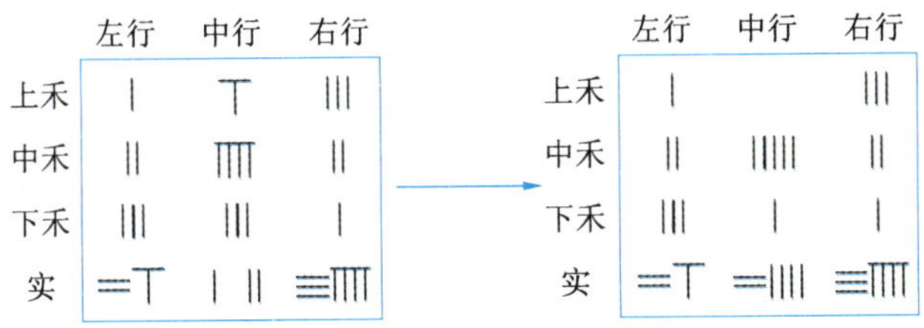

图 2-3

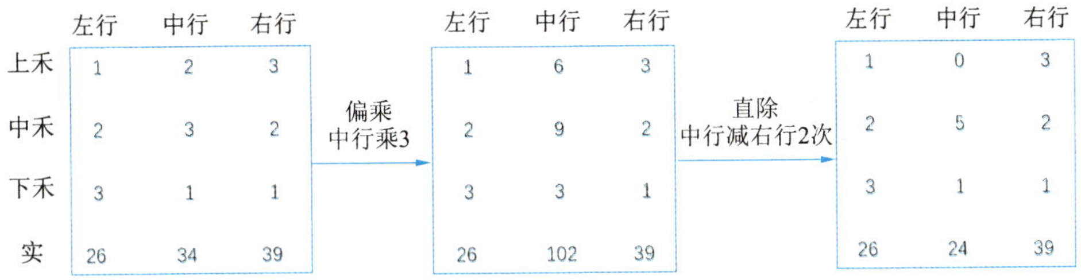

图 2-4

然后对左行施行偏乘和直除，直到左行上禾数为 0.如此反复消元，最终得到“上禾一秉九斗四分斗之一，中禾一秉四斗四分斗之一，下禾一秉二斗四分斗之三”(图 2-5).从现代数学的角度来看，直除法就是在对线性方程组的增广矩阵做初等行变换.

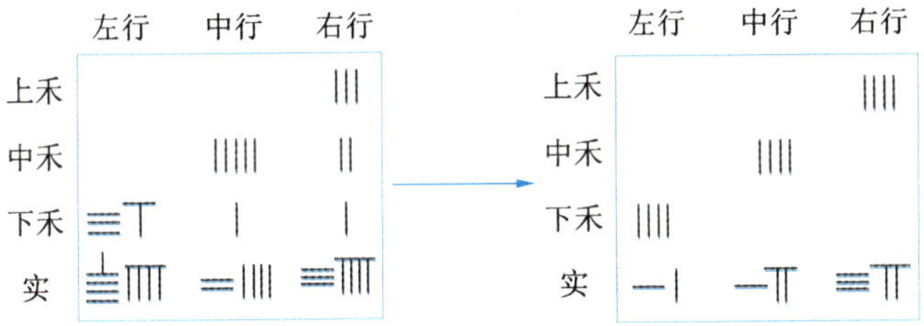

图 2-5

《九章算术》“方程”一章共 18 个问题，涉及二元线性方程组到五元线性方程组的求解，形成了非常成熟的程序化算法.刘徽对算法进行了推导证明，并指出了方程个数必须与未知数个数相同等原则.宋代秦九韶在此基础上提出了“互乘消元法”和“代入消元法”，使线性方程组的理论臻于完善.

《九章算术》是我国古代数学辉煌成就的代表之作，在众多方面取得了当时领先于世界的学术成就，并且展现出鲜明的实用性和社会性.书中探讨的问题大多来源于农业、商业、建筑、生产、运输等实践活动，并且切实地指导着实践.可以说，自古以来，我国的数学家们始终秉持着学以致用的精神，为我们今天提倡的科技兴国提供了历史借鉴.

第一节　行列式

数学理论场

德国天文学家、物理学家、数学家开普勒曾说:"数学是这个世界之美的原型."在探索宇宙的奥秘和自然法则时,数学不仅是科学家们的工具,它本身也是一门艺术,是一种以简洁、逻辑、对称的形式表达自然界和谐的语言.行列式充分体现了数学的简洁美,它将冗长的多项式转化为数表形式,在繁杂的算式中抽象出简洁的结论.

一　二阶行列式和三阶行列式

(一) 二阶行列式与二元线性方程组

对二元线性方程组

$$\begin{cases} a_{11}x_1+a_{12}x_2=b_1, \\ a_{21}x_1+a_{22}x_2=b_2 \end{cases}$$

使用高斯消元法,当 $a_{11}a_{22}-a_{12}a_{21}\neq 0$ 时,可以求得方程组的唯一解为

$$\begin{cases} x_1=\dfrac{b_1a_{22}-b_2a_{12}}{a_{11}a_{22}-a_{12}a_{21}}, \\ x_2=\dfrac{b_2a_{11}-b_1a_{21}}{a_{11}a_{22}-a_{12}a_{21}}. \end{cases}$$

为方便起见,将代数式 $a_{11}a_{22}-a_{12}a_{21}$ 表示为 $\begin{vmatrix} a_{11} & a_{12} \\ a_{21} & a_{22} \end{vmatrix}$,称为**二阶行列式**.通常记为 D,即

$$D=\begin{vmatrix} a_{11} & a_{12} \\ a_{21} & a_{22} \end{vmatrix}=a_{11}a_{22}-a_{12}a_{21}.$$

行列式中的数 $a_{ij}(i=1,2;j=1,2)$ 称为行列式的**元素**,横排称为**行**,竖排称为**列**,i 称为 a_{ij} 的**行标**,j 称为 a_{ij} 的**列标**,$a_{11}a_{22}-a_{12}a_{21}$ 称为行列式 $\begin{vmatrix} a_{11} & a_{12} \\ a_{21} & a_{22} \end{vmatrix}$ 的**展开式**.

二阶行列式左上角到右下角的连线称为行列式的**主对角线**,从右上角到左下角的连线称为行列式的**副对角线**.如图 2-6,规定:

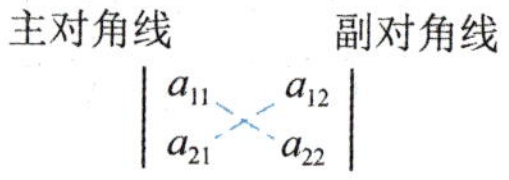

图 2-6

二阶行列式的值就是主对角线上元素的乘积减副对角线上元素的乘积.二阶行列式的这种计算方法称为**对角线法**.对于二元线性方程组

$$\begin{cases} a_{11}x_1+a_{12}x_2=b_1, \\ a_{21}x_1+a_{22}x_2=b_2, \end{cases}$$

记

$$D_1=\begin{vmatrix} b_1 & a_{12} \\ b_2 & a_{22} \end{vmatrix}=b_1a_{22}-b_2a_{12}, D_2=\begin{vmatrix} a_{11} & b_1 \\ a_{21} & b_2 \end{vmatrix}=a_{11}b_2-a_{21}b_1,$$

则当 $D=\begin{vmatrix} a_{11} & a_{12} \\ a_{21} & a_{22} \end{vmatrix}\neq 0$ 时，该方程组的解可以用行列式的形式表示：

$$\begin{cases} x_1=\dfrac{b_1a_{22}-b_2a_{12}}{a_{11}a_{22}-a_{12}a_{21}}, \\ x_2=\dfrac{b_2a_{11}-b_1a_{21}}{a_{11}a_{22}-a_{12}a_{21}} \end{cases} \longrightarrow \begin{cases} x_1=\dfrac{D_1}{D}, \\ x_2=\dfrac{D_2}{D}. \end{cases}$$

其中 $D=\begin{vmatrix} a_{11} & a_{12} \\ a_{21} & a_{22} \end{vmatrix}$ 中的元素都是方程组的系数，称为方程组的**系数行列式**，D_1 是用两个方程的常数项替换了系数行列式的第一列元素得到的行列式，D_2 是用常数项替换了系数行列式的第二列元素得到的行列式.

例 1　计算下列二阶行列式：

(1) $\begin{vmatrix} a^2 & 2a \\ b & b^2 \end{vmatrix}$；　　　(2) $\begin{vmatrix} \cos\theta & \sin\theta \\ \sin\theta & \cos\theta \end{vmatrix}$.

解　(1) $\begin{vmatrix} a^2 & 2a \\ b & b^2 \end{vmatrix}=a^2b^2-2ab$.

(2) $\begin{vmatrix} \cos\theta & \sin\theta \\ \sin\theta & \cos\theta \end{vmatrix}=\cos^2\theta-\sin^2\theta=\cos 2\theta$.

例 2　求解方程组 $\begin{cases} 2x_1+3x_2=7, \\ -x_1+x_2=2. \end{cases}$

解　方程组的系数行列式 $D=\begin{vmatrix} 2 & 3 \\ -1 & 1 \end{vmatrix}=5\neq 0$，且

$$D_1=\begin{vmatrix} 7 & 3 \\ 2 & 1 \end{vmatrix}=1, D_2=\begin{vmatrix} 2 & 7 \\ -1 & 2 \end{vmatrix}=11,$$

所以方程组的解为

$$x_1=\frac{D_1}{D}=\frac{1}{5}, \quad x_2=\frac{D_2}{D}=\frac{11}{5}.$$

（二）三阶行列式和三元线性方程组

对三元线性方程组

$$\begin{cases} a_{11}x_1+a_{12}x_2+a_{13}x_3=b_1, \\ a_{21}x_1+a_{22}x_2+a_{23}x_3=b_2, \\ a_{31}x_1+a_{32}x_2+a_{33}x_3=b_3 \end{cases}$$

使用高斯消元法，并将方程组系数组成的代数式

$$a_{11}a_{22}a_{33}+a_{12}a_{23}a_{31}+a_{13}a_{21}a_{32}-a_{13}a_{22}a_{31}-a_{12}a_{21}a_{33}-a_{11}a_{23}a_{32}$$

表示为

$$D=\begin{vmatrix} a_{11} & a_{12} & a_{13} \\ a_{21} & a_{22} & a_{23} \\ a_{31} & a_{32} & a_{33} \end{vmatrix},$$

称为**三阶行列式**.这个行列式就是三元线性方程组的系数行列式.记

$$D_1=\begin{vmatrix} b_1 & a_{12} & a_{13} \\ b_2 & a_{22} & a_{23} \\ b_3 & a_{32} & a_{33} \end{vmatrix},\ D_2=\begin{vmatrix} a_{11} & b_1 & a_{13} \\ a_{21} & b_2 & a_{23} \\ a_{31} & b_3 & a_{33} \end{vmatrix},\ D_3=\begin{vmatrix} a_{11} & a_{12} & b_1 \\ a_{21} & a_{22} & b_2 \\ a_{31} & a_{32} & b_3 \end{vmatrix}.$$

当这个三元线性方程组的系数行列式 $D\neq0$ 时,方程组的解可以用行列式的形式表示为

$$\begin{cases} x_1=\dfrac{D_1}{D}, \\ x_2=\dfrac{D_2}{D}, \\ x_3=\dfrac{D_3}{D}. \end{cases}$$

三阶行列式的计算也遵循"对角线法"(图 2-7):主对角线上三个元素之积取正号,次对角线上三个元素之积取负号,再相加,就得到三阶行列式的展开式,即

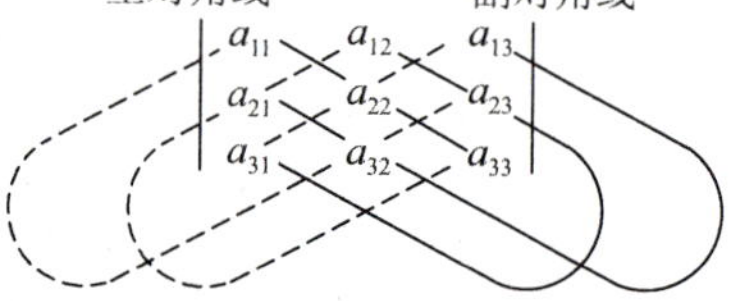

图 2-7

$$\begin{vmatrix} a_{11} & a_{12} & a_{13} \\ a_{21} & a_{22} & a_{23} \\ a_{31} & a_{32} & a_{33} \end{vmatrix}=a_{11}a_{22}a_{33}+a_{12}a_{23}a_{31}+a_{13}a_{21}a_{32}-a_{13}a_{22}a_{31}-a_{12}a_{21}a_{33}-a_{11}a_{23}a_{32}.$$

例 3 求解方程组 $\begin{cases} -2x_1-3x_2+x_3=7, \\ x_1+x_2-x_3=-4, \\ -3x_1+x_2+2x_3=1. \end{cases}$

解 方程组的系数行列式 $D=\begin{vmatrix} -2 & -3 & 1 \\ 1 & 1 & -1 \\ -3 & 1 & 2 \end{vmatrix}=-5\neq0$,且

$$D_1=\begin{vmatrix} 7 & -3 & 1 \\ -4 & 1 & -1 \\ 1 & 1 & 2 \end{vmatrix}=-5,$$

$$D_2=\begin{vmatrix} -2 & 7 & 1 \\ 1 & -4 & -1 \\ -3 & 1 & 2 \end{vmatrix}=10,$$

$$D_3=\begin{vmatrix} -2 & -3 & 7 \\ 1 & 1 & -4 \\ -3 & 1 & 1 \end{vmatrix}=-15.$$

所以方程组的解为

$$x_1=\frac{D_1}{D}=1, x_2=\frac{D_2}{D}=-2, x_3=\frac{D_3}{D}=3.$$

二阶、三阶行列式不仅简化了二元、三元线性方程组的解的表达形式，而且揭示了方程组的解的规律性.

举一反三

写出四元线性方程组的一般形式及其系数行列式，并用行列式表示该方程组的解.

二　n 阶行列式与克莱姆法则

由 n^2 个元素 $a_{ij}(i=1,2,\cdots,n;j=1,2,\cdots,n)$ 排列成形如

$$\begin{vmatrix} a_{11} & a_{12} & \cdots & a_{1n} \\ a_{21} & a_{22} & \cdots & a_{2n} \\ \vdots & \vdots & & \vdots \\ a_{n1} & a_{n2} & \cdots & a_{nn} \end{vmatrix}$$

的 n 行 n 列的算式称为 n **阶行列式**.

规定：当 $n=1$ 时，$|a|=a$.

n 元线性方程组

$$\begin{cases} a_{11}x_1+a_{12}x_2+\cdots+a_{1n}x_n=b_1, \\ a_{21}x_1+a_{22}x_2+\cdots+a_{2n}x_n=b_2, \\ \qquad\vdots \\ a_{n1}x_1+a_{n2}x_2+\cdots+a_{nn}x_n=b_n \end{cases}$$

的系数行列式为 n 阶行列式

$$D=\begin{vmatrix} a_{11} & a_{12} & \cdots & a_{1n} \\ a_{21} & a_{22} & \cdots & a_{2n} \\ \vdots & \vdots & & \vdots \\ a_{n1} & a_{n2} & \cdots & a_{nn} \end{vmatrix}.$$

用方程组的常数项 $b_1,b_2,\cdots,b_n$ 分别代替系数行列式 D 中的第 j 列元素得到

$$D_j=\begin{vmatrix} a_{11} & \cdots & a_{1,j-1} & b_1 & a_{1,j+1} & \cdots & a_{1n} \\ a_{21} & \cdots & a_{2,j-1} & b_2 & a_{2,j+1} & \cdots & a_{2n} \\ \vdots & & \vdots & \vdots & \vdots & & \vdots \\ a_{n1} & \cdots & a_{n,j-1} & b_n & a_{n,j+1} & \cdots & a_{nn} \end{vmatrix}(j=1,2,3,\cdots,n),$$

则当系数行列式 $D\neq0$ 时，方程组有唯一解

$$x_1=\frac{D_1}{D}, x_2=\frac{D_2}{D}, \cdots, x_n=\frac{D_n}{D}.$$

上述结论称为**克莱姆法则**，用于求解方程个数和未知数个数相等的线性方程组.克莱姆法则揭示了线性方程组的解及其系数、常数项之间的依赖关系，具有重要的理论

意义.

例 4　解线性方程组

$$\begin{cases}x_1+x_2-x_3=0,\\x_1-x_2+2x_3=0,\\x_1+2x_2+x_3=0.\end{cases}$$

解　方程组的系数行列式 $D=\begin{vmatrix}1&1&-1\\1&-1&2\\1&2&1\end{vmatrix}=-7\neq 0$,且

$$D_1=\begin{vmatrix}0&1&-1\\0&-1&2\\0&2&1\end{vmatrix}=0,\ D_2=\begin{vmatrix}1&0&-1\\1&0&2\\1&0&1\end{vmatrix}=0,D_3=\begin{vmatrix}1&1&0\\1&-1&0\\1&2&0\end{vmatrix}=0.$$

所以方程组的解为

$$x_1=\frac{D_1}{D}=0,x_2=\frac{D_2}{D}=0,x_3=\frac{D_3}{D}=0.$$

像这样全部由零组成的解称为方程组的**零解**.

一般地,如果 n 元线性方程组

$$\begin{cases}a_{11}x_1+a_{12}x_2+\cdots+a_{1n}x_n=b_1,\\a_{21}x_1+a_{22}x_2+\cdots+a_{2n}x_n=b_2,\\\qquad\vdots\\a_{n1}x_1+a_{n2}x_2+\cdots+a_{nn}x_n=b_n\end{cases}$$

中,$b_j(j=1,2,\cdots,n)$不全为 0,那么称这个线性方程组为 **n 元非齐次线性方程组**.

如果 $b_1=b_2=\cdots=b_n=0$,即

$$\begin{cases}a_{11}x_1+a_{12}x_2+\cdots+a_{1n}x_n=0,\\a_{21}x_1+a_{22}x_2+\cdots+a_{2n}x_n=0,\\\qquad\vdots\\a_{n1}x_1+a_{n2}x_2+\cdots+a_{nn}x_n=0,\end{cases}$$

那么称这个方程组为 **n 元齐次线性方程组**.

例如,例 4 中的方程组就是一个三元齐次线性方程组.

对于 n 元齐次线性方程组,如果系数行列式 $D\neq 0$,由于方程组中所有方程的常数项都是 0,那么在用常数项依次代替系数行列式的每一列元素后,得到的行列式 D_1,D_2,$\cdots$,D_n 的值也都是 0.于是有以下结论:

(1) 如果齐次线性方程组的系数行列式 $D\neq 0$,那么这个齐次线性方程组只有零解.

(2) 如果齐次线性方程组有非零解,那么它的系数行列式 $D=0$.

三 用代数余子式计算 n 阶行列式

在 n 阶行列式

$$\begin{vmatrix} a_{11} & a_{12} & \cdots & a_{1n} \\ a_{21} & a_{22} & \cdots & a_{2n} \\ \vdots & \vdots & & \vdots \\ a_{n1} & a_{n2} & \cdots & a_{nn} \end{vmatrix}$$

中，划去 a_{ij} 所在的第 i 行和第 j 列所有元素后，余下的元素按照原来的顺序组成的 $n-1$ 阶行列式，称为**元素 a_{ij} 的余子式**，记为 M_{ij}. 称 $(-1)^{i+j}M_{ij}$ 为**元素 a_{ij} 的代数余子式**，记为 A_{ij}.

例如，三阶行列式

$$D=\begin{vmatrix} a_{11} & a_{12} & a_{13} \\ a_{21} & a_{22} & a_{23} \\ a_{31} & a_{32} & a_{33} \end{vmatrix}$$

的元素 a_{12} 的余子式为划去 a_{12} 所在的第一行和第二列元素后剩下的二阶行列式

$$M_{12}=\begin{vmatrix} a_{21} & a_{23} \\ a_{31} & a_{33} \end{vmatrix}.$$

元素 a_{12} 的代数余子式为

$$A_{12}=(-1)^{1+2}M_{12}=-\begin{vmatrix} a_{21} & a_{23} \\ a_{31} & a_{33} \end{vmatrix}.$$

代数余子式为我们提供了计算行列式的一种方法，其计算规则为：行列式等于其任意一行（或列）的各元素与其对应的代数余子式乘积之和. 这一规则称为**拉普拉斯定理或行列式按行（或列）展开定理**.

例如，三阶行列式 D 按照第一行展开，得

$$D=a_{11}A_{11}+a_{12}A_{12}+a_{13}A_{13};$$

按照第三列展开，得

$$D=a_{13}A_{13}+a_{23}A_{23}+a_{33}A_{33}.$$

例 5 用拉普拉斯定理计算行列式 $\begin{vmatrix} 1 & 3 & 2 \\ 2 & 3 & 5 \\ 1 & 2 & -1 \end{vmatrix}$.

解 按第一行展开行列式，得

$$\begin{vmatrix} 1 & 3 & 2 \\ 2 & 3 & 5 \\ 1 & 2 & -1 \end{vmatrix}=1\times(-1)^{1+1}\times\begin{vmatrix} 3 & 5 \\ 2 & -1 \end{vmatrix}+3\times(-1)^{1+2}\times\begin{vmatrix} 2 & 5 \\ 1 & -1 \end{vmatrix}+2\times(-1)^{1+3}\times\begin{vmatrix} 2 & 3 \\ 1 & 2 \end{vmatrix}=10.$$

例 6 计算行列式 $\begin{vmatrix} \lambda_1 & 1 & 1 & 1 \\ 0 & \lambda_2 & 1 & 1 \\ 0 & 0 & \lambda_3 & 1 \\ 0 & 0 & 0 & \lambda_4 \end{vmatrix}$ 的值.

解 $$\begin{vmatrix} \lambda_1 & 1 & 1 & 1 \\ 0 & \lambda_2 & 1 & 1 \\ 0 & 0 & \lambda_3 & 1 \\ 0 & 0 & 0 & \lambda_4 \end{vmatrix} = \lambda_1 \cdot (-1)^{1+1} \begin{vmatrix} \lambda_2 & 1 & 1 \\ 0 & \lambda_3 & 1 \\ 0 & 0 & \lambda_4 \end{vmatrix}$$

$$= \lambda_1 \lambda_2 \cdot (-1)^{1+1} \begin{vmatrix} \lambda_3 & 1 \\ 0 & \lambda_4 \end{vmatrix} = \lambda_1 \lambda_2 \lambda_3 \lambda_4.$$

主对角线以下(或上)的元素都为零的行列式称为**上(或下)三角形行列式**,上、下三角形行列式的值都是主对角线上各元素的乘积.例 6 中的行列式就是一个上三角形行列式.

在将行列式按某行(或列)展开计算时,通常选择零元较多的行(或列)以简化计算过程.如果所选行(或列)中的零元不足以显著简化计算,可以利用行列式的性质增加零元.

四 行列式的性质

性质 1 行列式 D 与其转置行列式 D^{T} 的值相等,即 $D=D^{\mathrm{T}}$.

行列式 D 的转置行列式记为 D^{T},是将行列式 D 的行与列依次互换得到的行列式.

例如,$D=\begin{vmatrix} a_{11} & a_{12} & a_{13} \\ a_{21} & a_{22} & a_{23} \\ a_{31} & a_{32} & a_{33} \end{vmatrix}$ 的转置行列式为 $D^{\mathrm{T}}=\begin{vmatrix} a_{11} & a_{21} & a_{31} \\ a_{12} & a_{22} & a_{32} \\ a_{13} & a_{23} & a_{33} \end{vmatrix}$.

这一性质说明行列式中行与列的地位是对称的,对行成立的性质对列也成立.

性质 2 互换行列式的任意两行(或列),行列式仅改变正负号.

例如,$\begin{vmatrix} a_{11} & a_{12} \\ a_{21} & a_{22} \end{vmatrix} = a_{11}a_{22}-a_{12}a_{21} = -(a_{12}a_{21}-a_{11}a_{22}) = -\begin{vmatrix} a_{12} & a_{11} \\ a_{22} & a_{21} \end{vmatrix}$.

推论 如果行列式有两行(或列)的对应元素相同,那么这个行列式等于零.

举一反三

证明性质 2 的推论.

性质 3 将行列式的某一行(或列)的所有元素都乘同一个常数 k,等于用常数 k 乘行列式的值.

例如,$\begin{vmatrix} 2 & -2 \\ 3\times 1 & 3\times 4 \end{vmatrix} = 3\times \begin{vmatrix} 2 & -2 \\ 1 & 4 \end{vmatrix} = 30$.

推论 1 行列式某一行(或列)中所有元素的公因子可以提到行列式符号外面.

推论 2 如果行列式有两行(或列)的元素对应成比例,那么这个行列式等于零.

举一反三

证明性质 3 的推论 2.

性质 4 如果行列式第 i 行(或列)的所有元素都是两项之和,那么这个行列式的值等于两个行列式的和，这两个行列式其他行（或列）均与原行列式相同，只有第 i 行（或列）分别取原行列式中该行（或列）对应元素中的一项.

例如，$\begin{vmatrix} a_{11}+b_{11} & a_{12}+b_{12} & a_{13}+b_{13} \\ a_{21} & a_{22} & a_{23} \\ a_{31} & a_{32} & a_{33} \end{vmatrix} = \begin{vmatrix} a_{11} & a_{12} & a_{13} \\ a_{21} & a_{22} & a_{23} \\ a_{31} & a_{32} & a_{33} \end{vmatrix} + \begin{vmatrix} b_{11} & b_{12} & b_{13} \\ a_{21} & a_{22} & a_{23} \\ a_{31} & a_{32} & a_{33} \end{vmatrix}$.

性质 5 将行列式某一行（或列）的所有元素都分别乘同一个常数，再加到另一行（或列）的对应元素上，行列式的值不变.

例如，$\begin{vmatrix} a_{11} & a_{12} & a_{13} \\ a_{21} & a_{22} & a_{23} \\ a_{31} & a_{32} & a_{33} \end{vmatrix} = \begin{vmatrix} a_{11}+ka_{21} & a_{12}+ka_{22} & a_{13}+ka_{23} \\ a_{21} & a_{22} & a_{23} \\ a_{31} & a_{32} & a_{33} \end{vmatrix}$.

例 7 计算行列式 $\begin{vmatrix} 1 & 2 & -1 & -2 \\ 1 & 0 & 1 & 1 \\ 3 & 4 & -1 & 0 \\ 1 & 2 & 0 & -5 \end{vmatrix}$.

解 利用行列式的性质 5，将第一行乘 -1，分别加到第二行和第四行，再将第一行乘 -3，加到第三行，然后按第一列展开.

$$\begin{vmatrix} 1 & 2 & -1 & -2 \\ 1 & 0 & 1 & 1 \\ 3 & 4 & -1 & 0 \\ 1 & 2 & 0 & -5 \end{vmatrix} = \begin{vmatrix} 1 & 2 & -1 & -2 \\ 0 & -2 & 2 & 3 \\ 0 & -2 & 2 & 6 \\ 0 & 0 & 1 & -3 \end{vmatrix} = 1\times(-1)^{1+1}\times\begin{vmatrix} -2 & 2 & 3 \\ -2 & 2 & 6 \\ 0 & 1 & -3 \end{vmatrix}$$

$$= \begin{vmatrix} -2 & 2 & 3 \\ 0 & 0 & 3 \\ 0 & 1 & -3 \end{vmatrix} = -\begin{vmatrix} -2 & 2 & 3 \\ 0 & 1 & -3 \\ 0 & 0 & 3 \end{vmatrix} = 6.$$

例 8 计算行列式 $\begin{vmatrix} 3 & 1 & 1 & 1 \\ 1 & 3 & 1 & 1 \\ 1 & 1 & 3 & 1 \\ 1 & 1 & 1 & 3 \end{vmatrix}$.

解 此行列式的特点是各列元素之和都是 6. 应用行列式的性质 5，分别将第二、三、四行加到第一行，得

$$\begin{vmatrix} 3 & 1 & 1 & 1 \\ 1 & 3 & 1 & 1 \\ 1 & 1 & 3 & 1 \\ 1 & 1 & 1 & 3 \end{vmatrix} = \begin{vmatrix} 6 & 6 & 6 & 6 \\ 1 & 3 & 1 & 1 \\ 1 & 1 & 3 & 1 \\ 1 & 1 & 1 & 3 \end{vmatrix} = 6\times\begin{vmatrix} 1 & 1 & 1 & 1 \\ 1 & 3 & 1 & 1 \\ 1 & 1 & 3 & 1 \\ 1 & 1 & 1 & 3 \end{vmatrix} = 6\times\begin{vmatrix} 1 & 1 & 1 & 1 \\ 0 & 2 & 0 & 0 \\ 0 & 0 & 2 & 0 \\ 0 & 0 & 0 & 2 \end{vmatrix} = 48.$$

编程实验室

行列式的计算

(一) 计算行列式的值

在 SymPy 中，Matrix 是一个表示矩阵(关于矩阵及其与行列式的关系将在第二单元第二节详细介绍)的类.Matrix.det()是 Matrix 对象的一种方法，可以直接调用以计算行列式的值.使用时，先将行列式的每一行元素作为一个列表，并将这些列表组成一个二维列表(由列表组成的列表)，作为输入传递给 Matrix，从而创建一个 Matrix 对象，再调用该对象的 det 方法计算出行列式的值.

例 9 编写代码计算行列式 $\begin{vmatrix} 7 & 8 & 10 \\ 8 & 11 & 14 \\ 9 & 12 & 15 \end{vmatrix}$.

解 代码如下：

```
import sympy as sp
D = sp.Matrix([[7, 8, 10],
               [8, 11, 14],
               [9, 12, 15]])
print('行列式D=', D.det())
```

运行结果如下：

```
行列式 D= -3
```

函数 sympy.det()同样用于计算行列式，其参数是一个 Matrix 对象.需要注意的是，如果行列式的元素中包含符号变量(字母)，那么应在使用之前先定义这些符号变量.

例 10 编写代码计算行列式 $\begin{vmatrix} a & 1 & 0 & 0 \\ -1 & b & 1 & 0 \\ 0 & -1 & c & 1 \\ 0 & 0 & -1 & d \end{vmatrix}$.

解 代码如下：

```
import sympy as sp
a, b, c, d = sp.symbols('a b c d')
D = sp.Matrix([[a, 1, 0, 0],
               [-1, b, 1, 0],
               [0, -1, c, 1],
               [0, 0, -1, d]])
print("行列式D的值为", sp.det(D))
```

运行结果如下：

```
行列式D的值为 a*b*c*d+a*b+a*d+c*d+1
```

（二）用克莱姆法则求解线性方程组

1. 用切片操作实现列表中指定元素的替换

在列表中，每个元素都有一个索引位置.列表中的第一个元素的索引是 0，第二个元素的索引是 1，依此类推.通过索引位置可以访问列表中的元素.

切片操作用于获取列表中部分元素，格式为

列表名[start:end:step].

其中 start 是切片开始位置的索引(包含该位置的元素)，默认值是列表的开始位置；end 是结束位置的索引(不包含该位置的元素)，默认值是列表的结束位置；step 是步长，指定选择元素的间隔，默认值是 1.

例如，已知列表 my_list：

```
my_list = [1, 2, 3, 4, 5, 6, 7, 8]
```

要获取元素 2,4,6，代码为

```
print(my_list[1 : 7 : 2])
```

要获取元素 1,2，代码为

```
print(my_list[:2])
```

使用切片操作还可以替换列表中固定位置的元素.例如，要将列表中索引为 2 的元素替换为 9，代码为

```
my_list[2:3] = [9]
```

2. 用克莱姆法则求解 n 元线性方程组

根据克莱姆法则，求解线性方程组分为以下几个步骤：

(1) 输入并计算系数行列式 D；

(2) 分别用常数列代替系数行列式的第一列、第二列和第三列，计算 D_1，D_2 和 D_3；

(3) 计算 $x_1=\frac{D_1}{D}$，$x_2=\frac{D_2}{D}$，$x_3=\frac{D_3}{D}$，得到方程组的解.

例 11　编写代码，用克莱姆法则求解方程组 $\begin{cases}-2x_1-3x_2+x_3=7,\\x_1+x_2-x_3=-4,\\-3x_1+x_2+2x_3=1.\end{cases}$

解 代码如下：

```
import sympy as sp
x1, x2, x3 = sp.symbols('x1 x2 x3')
D = sp.Matrix([[-2, -3, 1],
               [1, 1, -1],
               [-3, 1, 2]])
b = sp.Matrix([7], [-4], [1])
D1 = D.copy()
D1[:,0]=b
D2 = D.copy()
D2[:,1]=b
D3 = D.copy()
D3[:,2]=b
x1_value = D1.det()/D.det()
x2_value = D2.det()/D.det()
x3_value = D3.det()/D.det()
print('方程组的解为', 'x1=', x1_value,
                      'x2=', x2_value,
                      'x3=', x3_value)
```

运行结果如下：

```
方程组的解为 x1 = 1  x2 = -2  x3 = 3
```

习题 2.1

1. 选择题：

(1) 下列情况下，行列式的值一定不变的是 (　　)

A. 行列式转置

B. 行列式的两列互换

C. 行列式的两行互换

D. 行列式的某一列元素全部变为相反数

(2) 行列式 $\begin{vmatrix} a-1 & 1 \\ 1 & a-1 \end{vmatrix} \neq 0$ 的充分必要条件是 (　　)

A. $a\neq 2$　　　　B. $a\neq 0$

C. $a\neq 2$ 或 $a\neq 0$　　　　D. $a\neq 2$ 且 $a\neq 0$

(3) 设行列式 $\begin{vmatrix} 1 & 2 & a \\ 2 & 0 & 3 \\ 3 & 6 & 9 \end{vmatrix}$ 中余子式 $M_{21}=6$，则 $a=$ (　　)

A. 1　　　　B. 2　　　　C. 3　　　　D. 4

(4) 下列情况下，行列式的值为零的是　　(　　)

A. 行列式某列元素全部相等　　B. 行列式某行元素的余子式全为零

C. 行列式某行元素全部相等　　D. 行列式某行与某列元素对应相等

(5) 关于 n 个方程的 n 元齐次线性方程组的克莱姆法则，下列说法正确的是　　(　　)

A. 如果系数行列式不等于 0，那么方程组必有无穷多解

B. 如果系数行列式不等于 0，那么方程组只有零解

C. 如果系数行列式等于 0，那么方程组必有唯一解

D. 如果系数行列式等于 0，那么方程组必只有零解

2. 填空题：

(1) 已知四阶行列式 D 中第三列元素分别是 1，3，2，2，它们对应的余子式分别为 3，2，1，1，则 $D=$__________.

(2) 行列式 $\begin{vmatrix} -3 & 0 & 4 \\ 5 & 0 & 3 \\ 2 & -2 & 1 \end{vmatrix}$ 中元素 2 的代数余子式为__________.

(3) n 阶行列式中元素 a_{ij} 的代数余子式 A_{ij} 与余子式 M_{ij} 之间的关系是__________.

(4) 设 $D=\begin{vmatrix} a & b & 0 \\ -b & a & 0 \\ 2\,023 & 2\,024 & 2\,025 \end{vmatrix}=0$，则 $a=$________，$b=$________.

(5) 若 $\begin{vmatrix} a_{11} & a_{12} \\ a_{21} & a_{22} \end{vmatrix}=a$，则 $\begin{vmatrix} a_{12} & ka_{22} \\ a_{11} & ka_{21} \end{vmatrix}=$________.

3. 计算下列行列式的值：

(1) $\begin{vmatrix} n+1 & n \\ n & n-1 \end{vmatrix}$；　　(2) $\begin{vmatrix} 1 & 3 & 2 \\ 2 & 1 & 1 \\ 3 & 2 & 3 \end{vmatrix}$；

(3) $\begin{vmatrix} 1 & 2 & 1 \\ -1 & 2 & 1 \\ 3 & -2 & 1 \end{vmatrix}$；　　(4) $\begin{vmatrix} 3 & 6 & 9 \\ 1 & -1 & 0 \\ 2 & 1 & 1 \end{vmatrix}$；

(5) $\begin{vmatrix} 0 & 0 & 1 & 0 \\ 0 & 1 & 0 & 0 \\ 0 & 0 & 0 & 1 \\ 1 & 0 & 0 & 0 \end{vmatrix}$；　　(6) $\begin{vmatrix} 0 & 0 & 0 & a \\ 0 & 0 & b & 0 \\ 0 & c & 0 & 0 \\ d & 0 & 0 & 0 \end{vmatrix}$；

(7) $\begin{vmatrix} 103 & 100 & 204 \\ 199 & 200 & 395 \\ 301 & 300 & 600 \end{vmatrix}$；　　(8) $\begin{vmatrix} a+b & c & 1 \\ b+c & a & 1 \\ c+a & b & 1 \end{vmatrix}$.

4. 求解下列线性方程组：

(1) $\begin{cases} x_1+x_2+x_3=6, \\ 3x_1-x_2+2x_3=7, \\ 5x_1+2x_2+2x_3=15; \end{cases}$　　(2) $\begin{cases} x_1-2x_2+x_3=-2, \\ 2x_1+x_2-3x_3=1, \\ -x_1+x_2-x_3=0; \end{cases}$

(3) $\begin{cases} 2x_1+x_2-5x_3+x_4=8, \\ x_1-3x_2-6x_4=9, \\ 2x_2-x_3+2x_4=-5, \\ x_1+4x_2-7x_3+6x_4=0; \end{cases}$　　(4) $\begin{cases} x_1+x_2+x_3+x_4=1, \\ 2x_1+3x_2+4x_3+5x_4=1, \\ 4x_1+9x_2+16x_3+25x_4=1, \\ 8x_1+27x_2+64x_3+125x_4=1. \end{cases}$

5. 编写代码计算下列行列式：

(1) $D=\begin{vmatrix} -2 & 3 & -\frac{8}{3} & -1 \\ 1 & -2 & \frac{5}{3} & 0 \\ 4 & -1 & 1 & 4 \\ 2 & -3 & -\frac{4}{3} & 0 \end{vmatrix}$；　　(2) $D=\begin{vmatrix} a & -a & 0 & 0 \\ 0 & b & -b & 0 \\ 0 & 0 & c & -c \\ 1 & 1 & 1 & 1 \end{vmatrix}$.

6. 编写代码用克莱姆法则求解下列方程组：

(1) $\begin{cases} x_1-x_2+2x_3+4x_4=22, \\ 2x_1+2x_2+x_3-x_4=-2, \\ x_2+x_3+2x_4=9, \\ x_1-x_3+x_4=3; \end{cases}$　　(2) $\begin{cases} 2x_1+3x_2-x_3-x_4=0, \\ x_1-3x_2-6x_4=0, \\ 2x_1-x_3+2x_4=0, \\ x_1+2x_2+x_3-x_4=0. \end{cases}$

7. 编写代码解决《九章算术》中以下问题：

今有五家共井，甲二绠不足，如乙一绠；乙三绠不足，如丙一绠；丙四绠不足，如丁一绠；丁五绠不足，如戊一绠；戊六绠不足，如甲一绠.如各得所不足一绠，皆逮.问井深、绠长各几何？大意为：五家人共用一口井，甲用绳子量井深，绳子的 2 倍长度尚不够，所缺恰好等于乙的绳长；乙的绳子的 3 倍尚不够，所缺恰好等于丙的绳长；依次类推.问井深、绳子的长度各是多少？

思维训练营

一 题型精析

计算行列式常用结论如下(图 2-8):

计算行列式常用结论
- 按行(或列)展开
  - 按第 i 行展开 n 阶行列式
    $$D_n = a_{i1}A_{i1} + a_{i2}A_{i2} + \cdots + a_{in}A_{in} = \sum_{j=1}^{n} a_{ij}A_{ij} \ (i=1,2,\cdots,n)$$
  - 按第 j 行展开 n 阶行列式
    $$D_n = a_{1j}A_{1j} + a_{2j}A_{2j} + \cdots + a_{nj}A_{nj} = \sum_{i=1}^{n} a_{ij}A_{ij} \ (j=1,2,\cdots,n)$$
- 三角形行列式
  - 上(或下)三角形行列式(主对角线)
    $$\begin{vmatrix} a_{11} & a_{12} & \cdots & a_{1n} \\ & a_{22} & \cdots & a_{2n} \\ & & \ddots & \vdots \\ & & & a_{nn} \end{vmatrix} = \begin{vmatrix} a_{11} & & & \\ a_{21} & a_{22} & & \\ \vdots & \vdots & \ddots & \\ a_{n1} & a_{n2} & \cdots & a_{nn} \end{vmatrix} = a_{11}a_{22}\cdots a_{nn}$$
  - 上(或下)三角形行列式(副对角线)
    $$\begin{vmatrix} a_{11} & \cdots & a_{1(n-1)} & a_{1n} \\ a_{21} & \cdots & a_{2(n-1)} & 0 \\ \vdots & & \vdots & \vdots \\ a_{n1} & \cdots & 0 & 0 \end{vmatrix} = \begin{vmatrix} 0 & \cdots & 0 & a_{1n} \\ 0 & \cdots & a_{2(n-1)} & a_{2n} \\ \vdots & & \vdots & \vdots \\ a_{n1} & \cdots & a_{n(n-1)} & a_{nn} \end{vmatrix} = (-1)^{\frac{n(n-1)}{2}} a_{1n}a_{2(n-1)}\cdots a_{n1}$$
- 范德蒙行列式
  - n 阶范德蒙行列式
    $$\begin{vmatrix} 1 & 1 & \cdots & 1 \\ x_1 & x_2 & \cdots & x_n \\ x_1^2 & x_2^2 & \cdots & x_n^2 \\ \vdots & \vdots & & \vdots \\ x_1^{n-1} & x_2^{n-1} & \cdots & x_n^{n-1} \end{vmatrix} = \prod_{1 \leq j < i \leq n} (x_i - x_j)$$

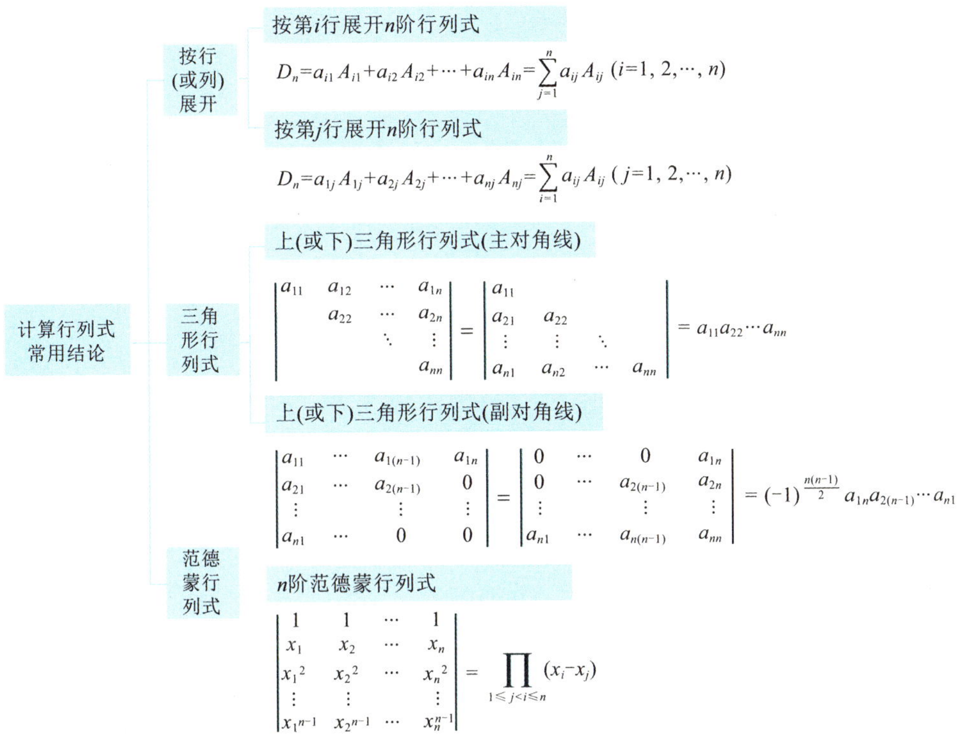

图 2-8

例 12 计算行列式 $\begin{vmatrix} a & -1 & 0 & 0 \\ 0 & a & -1 & 0 \\ 0 & 0 & a & -1 \\ 4 & 3 & 2 & a+1 \end{vmatrix}$.

解 该行列式形如 ╲,称为角型行列式.计算方法是按照第一列展开.

$$\begin{vmatrix} a & -1 & 0 & 0 \\ 0 & a & -1 & 0 \\ 0 & 0 & a & -1 \\ 4 & 3 & 2 & a+1 \end{vmatrix} = a \cdot (-1)^{1+1} \cdot \begin{vmatrix} a & -1 & 0 \\ 0 & a & -1 \\ 3 & 2 & a+1 \end{vmatrix} + 4 \cdot (-1)^{4+1} \cdot \begin{vmatrix} -1 & 0 & 0 \\ a & -1 & 0 \\ 0 & a & -1 \end{vmatrix}$$

$$= a \cdot \left[a \cdot (-1)^{1+1} \begin{vmatrix} a & -1 \\ 2 & a+1 \end{vmatrix} + 3 \cdot (-1)^{3+1} \cdot \begin{vmatrix} -1 & 0 \\ a & -1 \end{vmatrix} \right] + 4$$

$$= a^4 + a^3 + 2a^2 + 3a + 4.$$

例 13 计算行列式 $\begin{vmatrix} 1 & 1 & 1 & 1 \\ a & b & c & d \\ a^2 & b^2 & c^2 & d^2 \\ a^3 & b^3 & c^3 & d^3 \end{vmatrix}$.

解 这是一个四阶范德蒙行列式.其特点是第一行元素都是 1,每一列都是一个等比数列,第二行元素是各自所在列的公比.计算范德蒙行列式的方法是:找出第一列的公比 a,从最后一行开始,每一行都减去上一行的 a 倍,再按第一列展开.

$$\begin{vmatrix} 1 & 1 & 1 & 1 \\ a & b & c & d \\ a^2 & b^2 & c^2 & d^2 \\ a^3 & b^3 & c^3 & d^3 \end{vmatrix} = \begin{vmatrix} 1 & 1 & 1 & 1 \\ 0 & b-a & c-a & d-a \\ 0 & b^2-ab & c^2-ac & d^2-ad \\ 0 & b^3-ab^2 & c^3-ac^3 & d^3-ad^2 \end{vmatrix}$$

$$=1\cdot(-1)^{1+1}\cdot\begin{vmatrix} b-a & c-a & d-a \\ b^2-ab & c^2-ac & d^2-ad \\ b^3-ab^2 & c^3-ac^2 & d^3-ad^2 \end{vmatrix}$$

$$=(b-a)(c-a)(d-a)\begin{vmatrix} 1 & 1 & 1 \\ b & c & d \\ b^2 & c^2 & d^2 \end{vmatrix}.$$

其中 $\begin{vmatrix} 1 & 1 & 1 \\ b & c & d \\ b^2 & c^2 & d^2 \end{vmatrix}$ 是一个三阶范德蒙行列式,重复刚才的做法,得

$$\begin{vmatrix} 1 & 1 & 1 \\ b & c & d \\ b^2 & c^2 & d^2 \end{vmatrix} = \begin{vmatrix} 1 & 1 & 1 \\ 0 & c-b & d-b \\ 0 & c^2-bc & d^2-bd \end{vmatrix} = 1\cdot(-1)^{1+1}\cdot\begin{vmatrix} c-b & d-b \\ c^2-bc & d^2-bd \end{vmatrix}$$

$$=(c-b)(d-b)\begin{vmatrix} 1 & 1 \\ c & d \end{vmatrix}$$

$$=(c-b)(d-b)(d-c).$$

因此

$$\begin{vmatrix} 1 & 1 & 1 & 1 \\ a & b & c & d \\ a^2 & b^2 & c^2 & d^2 \\ a^3 & b^3 & c^3 & d^3 \end{vmatrix} = (b-a)(c-a)(d-a)(c-b)(d-b)(d-c).$$

例 14 计算行列式 $\begin{vmatrix} x & a & a & a \\ a & x & 0 & 0 \\ a & 0 & x & 0 \\ a & 0 & 0 & x \end{vmatrix}$.

解　此行列式形如⊾，称为爪形行列式.其特点是除第一行、第一列，以及主对角线上元素以外，其余元素都是 0.计算方法是从第二列开始，每一列都乘 $-\frac{a}{x}$，加到第一列，从而将原行列式变形为三角形行列式.

$$\begin{vmatrix} x & a & a & a \\ a & x & 0 & 0 \\ a & 0 & x & 0 \\ a & 0 & 0 & x \end{vmatrix} = \begin{vmatrix} x-3\cdot\frac{a^2}{x} & a & a & a \\ 0 & x & 0 & 0 \\ 0 & 0 & x & 0 \\ 0 & 0 & 0 & x \end{vmatrix} = x^3\left(x-3\cdot\frac{a^2}{x}\right) = x^4-3a^2x^2.$$

同一个行列式经常存在多种计算方法，这主要是因为行列式可能具备多个特征，根据不同特征，可以选择不同的计算方法.

例 15　计算行列式 $\begin{vmatrix} 1+x & 1 & 1 & 1 \\ 1 & 1-x & 1 & 1 \\ 1 & 1 & 1+y & 1 \\ 1 & 1 & 1 & 1-y \end{vmatrix}$.

解　方法 1：该行列式各行相同的元素较多，从第一行开始，每一行都减去下一行.

$$\begin{vmatrix} 1+x & 1 & 1 & 1 \\ 1 & 1-x & 1 & 1 \\ 1 & 1 & 1+y & 1 \\ 1 & 1 & 1 & 1-y \end{vmatrix} = \begin{vmatrix} x & x & 0 & 0 \\ 0 & -x & -y & 0 \\ 0 & 0 & y & y \\ 1 & 1 & 1 & 1-y \end{vmatrix} = xy\begin{vmatrix} 1 & 1 & 0 & 0 \\ 0 & -x & -y & 0 \\ 0 & 0 & 1 & 1 \\ 1 & 1 & 1 & 1-y \end{vmatrix}$$

$$= xy\begin{vmatrix} 1 & 1 & 0 & 0 \\ 0 & -x & -y & 0 \\ 0 & 0 & 1 & 1 \\ 0 & 0 & 1 & 1-y \end{vmatrix} = xy\begin{vmatrix} 1 & 1 & 0 & 0 \\ 0 & -x & y & 0 \\ 0 & 0 & 1 & 1 \\ 0 & 0 & 0 & -y \end{vmatrix}$$

$$= x^2y^2.$$

方法 2：加边法.

$$\begin{vmatrix} 1+x & 1 & 1 & 1 \\ 1 & 1-x & 1 & 1 \\ 1 & 1 & 1+y & 1 \\ 1 & 1 & 1 & 1-y \end{vmatrix} = \begin{vmatrix} 1 & 1 & 1 & 1 & 1 \\ 0 & 1+x & 1 & 1 & 1 \\ 0 & 1 & 1-x & 1 & 1 \\ 0 & 1 & 1 & 1+y & 1 \\ 0 & 1 & 1 & 1 & 1-y \end{vmatrix}$$

$$= \begin{vmatrix} 1 & 1 & 1 & 1 & 1 \\ -1 & x & 0 & 0 & 0 \\ -1 & 0 & -x & 0 & 0 \\ -1 & 0 & 0 & y & 0 \\ -1 & 0 & 0 & 0 & -y \end{vmatrix} = \begin{vmatrix} 1 & 1 & 1 & 1 & 1 \\ 0 & x & 0 & 0 & 0 \\ 0 & 0 & -x & 0 & 0 \\ 0 & 0 & 0 & y & 0 \\ 0 & 0 & 0 & 0 & -y \end{vmatrix}$$

$$= x^2y^2.$$

例 16 设 $f(x)=\begin{vmatrix} x & 1 & 2 & 4 \\ 1 & 2-x & 2 & 4 \\ 2 & 0 & 1 & 2-x \\ 1 & x & x+3 & x+6 \end{vmatrix}$，证明 $f'(x)$ 在 $(0,1)$ 内存在零点.

证 $f(x)$ 是关于 x 的多项式函数，所以 $f(x)$ 在 $[0,1]$ 上连续，在 $(0,1)$ 内可导，且

$$f(0)=\begin{vmatrix} 0 & 1 & 2 & 4 \\ 1 & 2 & 2 & 4 \\ 2 & 0 & 1 & 2 \\ 1 & 0 & 3 & 6 \end{vmatrix}=2\begin{vmatrix} 0 & 1 & 2 & 2 \\ 1 & 2 & 2 & 2 \\ 2 & 0 & 1 & 1 \\ 1 & 0 & 3 & 3 \end{vmatrix}=0,f(1)=\begin{vmatrix} 1 & 1 & 2 & 4 \\ 1 & 1 & 2 & 4 \\ 2 & 0 & 1 & 1 \\ 1 & 1 & 4 & 7 \end{vmatrix}=0,$$

所以 $f(0)=f(1)$. 根据罗尔定理，存在 $\xi\in(0,1)$，使得 $f'(\xi)=0$，即 $f'(x)$ 在 $(0,1)$ 内存在零点.

二 解题训练

1. 选择题：

(1) 下列论断错误的是 (　　)

A. 行列式 D 的元素 a_{ij} 的代数余子式等于其余子式乘 $(-1)^{i+j}$

B. 将行列式的第一行元素都乘 3，第二行元素都乘 $\frac{1}{3}$，行列式的值不变

C. 行列式转置后的值等于原行列式的相反数

D. 将行列式的第一行和第二行互换，再将第一列和第二列互换，其值不变

(2) 设 $D=\begin{vmatrix} 1 & 1 & 0 & 0 \\ 0 & 0 & 1 & 1 \\ 1 & -1 & 1 & -1 \\ 1 & 2 & 3 & 4 \end{vmatrix}$，$M_{ij}$ 是 D 中元素 a_{ij} 的余子式，则 $M_{41}+M_{42}+M_{43}+M_{44}=$ (　　)

A. -2　　B. 0　　C. 1　　D. 2

(3) 设 $D=\begin{vmatrix} a_1 & b_1 & c_1 \\ a_2 & b_2 & c_2 \\ a_3 & b_3 & c_3 \end{vmatrix}=M\neq 0$，$D_1=\begin{vmatrix} 3a_1 & 4a_1-b_1 & -c_1 \\ 3a_2 & 4a_2-b_2 & -c_2 \\ 3a_3 & 4a_3-b_3 & -c_3 \end{vmatrix}$，则 $D_1=$ (　　)

A. $-3M$　　B. $3M$　　C. $12M$　　D. $-12M$

(4) $\begin{vmatrix} d_1 & c_1 & b_1 & a_1 \\ c_2 & b_2 & a_2 & 0 \\ b_3 & a_3 & 0 & 0 \\ a_4 & 0 & 0 & 0 \end{vmatrix}=$ (　　)

A. $a_1a_2a_3a_4$　　B. $-a_1a_2a_3a_4$　　C. 0　　D. $a_1b_1c_1d_1$

(5) 设 $D_1=\begin{vmatrix}1&3&2\\2&2&3\\3&5&5\end{vmatrix}$，$D_2=\begin{vmatrix}\lambda&0&1\\0&\lambda-1&0\\-1&0&\lambda\end{vmatrix}$.若 $D_1=D_2$，则 $\lambda=$　(　　)

A. 0　　B. 1　　C. 2　　D. 3

(6) 在下列情况下，线性方程组 $\begin{cases}bx_1+x_2+2x_3=1,\\2x_1-x_2+2x_3=-4,\\4x_1+x_2+4x_3=-2\end{cases}$ 有唯一解的是　(　　)

A. $b\neq1$　　B. $b\neq-1$　　C. $b\neq2$　　D. $b\neq3$

2. 填空题：

(1) 行列式 $\begin{vmatrix}1&0&0&2\\0&1&2&0\\0&3&4&0\\3&0&0&4\end{vmatrix}$ 的值为__________.

(2) $\begin{vmatrix}0&x&y\\-x&0&z\\-y&-z&0\end{vmatrix}=$________.

(3) $\begin{vmatrix}0&a_1&0&\cdots&0\\0&0&a_2&\cdots&0\\\vdots&\vdots&\vdots&&\vdots\\0&0&0&\cdots&a_{n-1}\\b_1&b_2&b_3&\cdots&b_n\end{vmatrix}=$__________.

(4) 设 $f(x)=\begin{vmatrix}2x&x&1&2\\1&x&1&-1\\3&2&x&1\\1&1&1&x\end{vmatrix}$，则 x^4 的系数为________.

(5) 设行列式 D 的每一行各元素之和为 0，则 $D=$________.

(6) 设 $f(x)=\begin{vmatrix}1&1&2\\1&1&x^2-2\\2&x^2+1&1\end{vmatrix}$，则 $f(x)=0$ 的根是__________.

3. 计算题：

(1) $\begin{vmatrix}1&1&1&0\\1&1&0&1\\1&0&1&1\\0&1&1&1\end{vmatrix}$；　(2) $\begin{vmatrix}b+c&c+a&a+b\\a&b&c\\a^2&b^2&c^2\end{vmatrix}$；　(3) $\begin{vmatrix}1&0&0&0\\0&2&0&1\\0&0&3&1\\1&1&1&4\end{vmatrix}$；

(4) 设 $f(x)=\begin{vmatrix}x+a&a&a\\a&x+a&a\\a&a&x+a\end{vmatrix}$ (a 为常数)，求 $f'(x)$.

第二节 矩阵及其运算

数学理论场

矩阵作为线性代数的核心，是现代科学和工程中不可或缺的工具.它在计算机图形学中用于图象处理，在机器学习中用于算法优化，在量子力学中用于描述粒子状态，在经济学中用于构建预测模型，以及在自动控制中用于分析系统稳定性……矩阵理论的广泛应用凸显了掌握其基础知识的重要性.

同时，随着矩阵计算的规模和复杂性日益增长，现代计算资源，如多核处理器和云计算平台的作用更加重要.这些高性能工具不仅使得处理大规模矩阵运算变得可行，而且对于提高计算效率和精度具有决定性作用.因此，我们不仅要理解矩阵的基本原理，还应熟练运用现代计算工具进行高效的科学计算.

一 线性方程组和矩阵

考虑线性方程组

$$\begin{cases} a_{11}x_1+a_{12}x_2+\cdots+a_{1n}x_n=b_1, \\ a_{21}x_1+a_{22}x_2+\cdots+a_{2n}x_n=b_2, \\ \qquad\qquad\vdots \\ a_{m1}x_1+a_{m2}x_2+\cdots+a_{mn}x_n=b_m. \end{cases}$$

如果方程的数量 m 和未知数的数量 n 不相等，即 $m\neq n$，那么不能使用克莱姆法则求解.即便方程组满足 $m=n$，使用克莱姆法则仍需计算 $n+1$ 个 n 阶行列式，这一过程相对复杂.因此，有必要寻求更具有一般性且计算更为简便的线性方程组求解方法.

英国数学家阿瑟·凯莱(Arthur Cayley，1821—1895)指出，线性方程组求解的关键在于方程的系数和常数项，而不在于未知数的具体表示.因此，将方程组的系数提取出来，按照顺序排列为数表

$$\begin{pmatrix} a_{11} & a_{12} & \cdots & a_{1n} \\ a_{21} & a_{22} & \cdots & a_{2n} \\ \vdots & \vdots & & \vdots \\ a_{m1} & a_{m2} & \cdots & a_{mn} \end{pmatrix}$$

的形式，这就是线性方程组的**系数矩阵**，记为 $\boldsymbol{A}$.将常数列加入系数矩阵作为最后一列构成的新数表，称为线性方程组的**增广矩阵**，记为$\overline{\boldsymbol{A}}$，即

$$\overline{\boldsymbol{A}}=\begin{pmatrix} a_{11} & a_{12} & \cdots & a_{1n} & b_1 \\ a_{21} & a_{22} & \cdots & a_{2n} & b_2 \\ \vdots & \vdots & & \vdots & \vdots \\ a_{m1} & a_{m2} & \cdots & a_{mn} & b_m \end{pmatrix}.$$

增广矩阵$\bar{A}$直观地表示了方程组的所有关键数据，并且提供了比行列式更为通用的表示形式.

（一）矩阵的定义

由 $m\times n$ 个数 $a_{ij}(i=1,2,\cdots,m;j=1,2,\cdots,n)$ 排成的一个 m 行 n 列的矩形数表，称为 m 行 n 列**矩阵**，简称 $m\times n$ 矩阵，常用 $\boldsymbol{A}$ 或(a_{ij})表示.矩阵 $\boldsymbol{A}$ 中的数 a_{ij} 称为矩阵 $\boldsymbol{A}$ 的**元素**，其中 i 称为元素 a_{ij} 的**行标**，j 称为元素 a_{ij} 的**列标**.当需要标明矩阵的行数和列数时，通常以 $\boldsymbol{A}_{m\times n}$ 或$(a_{ij})_{m\times n}$表示一个 m 行 n 列的矩阵.

特别地，$1\times n$ 矩阵称为**行矩阵**，即 $\boldsymbol{A}=(a_{11}\quad a_{12}\quad\cdots\quad a_{1n})$；

$m\times 1$ 矩阵称为**列矩阵**，即 $\boldsymbol{A}=\begin{pmatrix}a_{11}\\a_{21}\\\vdots\\a_{m1}\end{pmatrix}$.

所有元素都为零的矩阵称为**零矩阵**，记作 $\boldsymbol{O}$ 或 $\boldsymbol{O}_{m\times n}$.例如，$\boldsymbol{O}_{2\times 3}=\begin{pmatrix}0&0&0\\0&0&0\end{pmatrix}$.

矩阵和行列式在形式上具有一定的相似性，应注意避免混淆：行列式的本质是算式，可以通过计算得出结果，而矩阵是一种数表，是由行和列组成的元素集合，其本身不能计算；行列式要求行数和列数必须相等，而矩阵则没有这一限制，矩阵的行数和列数可以不相等，也可以相等.此外，行列式和矩阵的表示符号也是不同的，行列式两边是两条竖直线，而矩阵两边用圆括号或中括号表示.

（二）方阵

行数和列数都是 n 的矩阵 $\boldsymbol{A}$ 称为 n **阶方阵**，记为 $\boldsymbol{A}_n$，即

$$\boldsymbol{A}_n=\begin{pmatrix}a_{11}&a_{12}&\cdots&a_{1n}\\a_{21}&a_{22}&\cdots&a_{2n}\\\vdots&\vdots&&\vdots\\a_{n1}&a_{n2}&\cdots&a_{nn}\end{pmatrix}.$$

方阵 $\boldsymbol{A}_n$ 的元素按原有位置排列而成的 n 阶行列式称为 $\boldsymbol{A}_n$ **的行列式**，记为$|\boldsymbol{A}_n|$，或 $\det\boldsymbol{A}_n$，即

$$|\boldsymbol{A}_n|=\begin{vmatrix}a_{11}&a_{12}&\cdots&a_{1n}\\a_{21}&a_{22}&\cdots&a_{2n}\\\vdots&\vdots&&\vdots\\a_{n1}&a_{n2}&\cdots&a_{nn}\end{vmatrix}.$$

例如，方阵$\begin{pmatrix}1&0&2\\3&-1&1\\1&-2&1\end{pmatrix}$的行列式是$|\boldsymbol{A}|=\begin{vmatrix}1&0&2\\3&-1&1\\1&-2&1\end{vmatrix}$.

方阵 $\boldsymbol{A}$ 的行列式$|\boldsymbol{A}|$的主对角线和副对角线也分别被看作方阵 $\boldsymbol{A}$ 的主对角线和副对角线.

以下是几种特殊的方阵：

（1）如果一个方阵主对角线下（或上）方的元素均为 0，那么称这个方阵为**上（或下）三角矩阵**，上三角矩阵和下三角矩阵统称为**三角矩阵**.

例如，$\begin{pmatrix}1&2&1\\0&1&2\\0&0&1\end{pmatrix}$是一个上三角矩阵，$\begin{pmatrix}1&0&0\\1&1&0\\2&1&1\end{pmatrix}$是一个下三角矩阵.

（2）除主对角线上的元素外，其余元素均为 0 的方阵称为**对角矩阵**.

例如，$\begin{pmatrix}1&0&0\\0&-1&0\\0&0&1\end{pmatrix}$是一个三阶对角矩阵.

（3）主对角线上的所有元素都是 1 的 n 阶对角矩阵称为**单位矩阵**，记作 $\boldsymbol{E}$ 或 $\boldsymbol{E}_n$.

例如，$\begin{pmatrix}1&0&0\\0&1&0\\0&0&1\end{pmatrix}$是一个三阶单位矩阵.

二 矩阵的基本运算

如果矩阵 $\boldsymbol{A}$ 和 $\boldsymbol{B}$ 的行数和列数分别相等，那么称 $\boldsymbol{A}$，$\boldsymbol{B}$ 是**同型矩阵**.例如，矩阵

$$\boldsymbol{A}=\begin{pmatrix}1&2&0&1\\-1&0&2&2\\3&1&0&1\end{pmatrix},\boldsymbol{B}=\begin{pmatrix}0&0&0&0\\1&1&1&2\\1&2&1&0\end{pmatrix}$$

都是 3×4 矩阵，$\boldsymbol{A}$ 和 $\boldsymbol{B}$ 是同型矩阵.

如果两个同型矩阵对应位置的元素都相同，那么称这两个**矩阵相等**.

举一反三

所有的零矩阵都是相等的，这句话对吗？为什么？

（一）矩阵的数乘

用数 k 乘矩阵 $\boldsymbol{A}$ 的所有元素得到的矩阵记作 $k\boldsymbol{A}$，即

$$k\boldsymbol{A}=(ka_{ij})_{m\times n}=\begin{pmatrix}ka_{11}&ka_{12}&\cdots&ka_{1n}\\ka_{21}&ka_{22}&\cdots&ka_{2n}\\\vdots&\vdots&&\vdots\\ka_{m1}&ka_{m2}&\cdots&ka_{mn}\end{pmatrix}.$$

特别地，记$(-1)\boldsymbol{A}=-\boldsymbol{A}$，称$-\boldsymbol{A}$ 为 $\boldsymbol{A}$ 的**负矩阵**.

例如，矩阵 $\boldsymbol{A}=\begin{pmatrix}1&-1&0\\1&1&-2\\-1&1&1\end{pmatrix}$的负矩阵为$-\boldsymbol{A}=\begin{pmatrix}-1&1&0\\-1&-1&2\\1&-1&-1\end{pmatrix}$.

（二）矩阵的加法

设两个 $m\times n$ 矩阵 $\boldsymbol{A}=(a_{ij})$，$\boldsymbol{B}=(b_{ij})$，则 $\boldsymbol{A}$ 和 $\boldsymbol{B}$ 相加的和记为 $\boldsymbol{A}+\boldsymbol{B}=(a_{ij}+$

b_{ij})，即

$$A+B=\begin{pmatrix} a_{11}+b_{11} & a_{12}+b_{12} & \cdots & a_{1n}+b_{1n} \\ a_{21}+b_{21} & a_{22}+b_{22} & \cdots & a_{2n}+b_{2n} \\ \vdots & \vdots & & \vdots \\ a_{m1}+b_{m1} & a_{m2}+b_{m2} & \cdots & a_{mn}+b_{mn} \end{pmatrix}.$$

$\boldsymbol{A}$ **和** $\boldsymbol{B}$ **相减**的差记为 $\boldsymbol{A}-\boldsymbol{B}=\boldsymbol{A}+(-\boldsymbol{B})$.

根据定义，只有同型矩阵才能进行加减运算，且**矩阵的加法满足交换律**.

例 1　设 $\boldsymbol{A}=\begin{pmatrix} 1 & -1 & 2 \\ 2 & 4 & 1 \end{pmatrix}$，$\boldsymbol{B}=\begin{pmatrix} 2 & 1 & 3 \\ 1 & 1 & -1 \end{pmatrix}$，求 $\boldsymbol{A}+\boldsymbol{B}$，$\boldsymbol{A}-\boldsymbol{B}$.

解　$\boldsymbol{A}+\boldsymbol{B}=\begin{pmatrix} 1 & -1 & 2 \\ 2 & 4 & 1 \end{pmatrix}+\begin{pmatrix} 2 & 1 & 3 \\ 1 & 1 & -1 \end{pmatrix}=\begin{pmatrix} 1+2 & -1+1 & 2+3 \\ 2+1 & 4+1 & 1+(-1) \end{pmatrix}$

$=\begin{pmatrix} 3 & 0 & 5 \\ 3 & 5 & 0 \end{pmatrix}$，

$\boldsymbol{A}-\boldsymbol{B}=\begin{pmatrix} 1 & -1 & 2 \\ 2 & 4 & 1 \end{pmatrix}+\begin{pmatrix} -2 & -1 & -3 \\ -1 & -1 & 1 \end{pmatrix}=\begin{pmatrix} -1 & -2 & -1 \\ 1 & 3 & 2 \end{pmatrix}$.

例 2　设 $\boldsymbol{A}=\begin{pmatrix} 1 & 1 \\ 3 & 1 \\ 2 & -2 \end{pmatrix}$，$\boldsymbol{B}=\begin{pmatrix} 1 & 2 \\ 1 & 1 \\ -1 & 3 \end{pmatrix}$，求 $2\boldsymbol{A}-3\boldsymbol{B}$.

解　$2\boldsymbol{A}-3\boldsymbol{B}=2\times\begin{pmatrix} 1 & 1 \\ 3 & 1 \\ 2 & -2 \end{pmatrix}-3\times\begin{pmatrix} 1 & 2 \\ 1 & 1 \\ -1 & 3 \end{pmatrix}=\begin{pmatrix} 2 & 2 \\ 6 & 2 \\ 4 & -4 \end{pmatrix}-\begin{pmatrix} 3 & 6 \\ 3 & 3 \\ -3 & 9 \end{pmatrix}=\begin{pmatrix} -1 & -4 \\ 3 & -1 \\ 7 & -13 \end{pmatrix}$.

含有未知矩阵的等式称为**矩阵方程**.

例 3　设 $\boldsymbol{A}=\begin{pmatrix} 0 & 1 & 3 \\ 3 & 2 & 1 \end{pmatrix}$，$\boldsymbol{B}=\begin{pmatrix} -4 & 3 & 5 \\ 5 & 8 & 7 \end{pmatrix}$，求矩阵方程 $\boldsymbol{A}+2\boldsymbol{X}=\boldsymbol{B}$ 的解.

解　由 $\boldsymbol{A}+2\boldsymbol{X}=\boldsymbol{B}$ 得 $\boldsymbol{X}=\frac{1}{2}(\boldsymbol{B}-\boldsymbol{A})$，所以

$$\boldsymbol{X}=\frac{1}{2}\left[\begin{pmatrix} -4 & 3 & 5 \\ 5 & 8 & 7 \end{pmatrix}-\begin{pmatrix} 0 & 1 & 3 \\ 3 & 2 & 1 \end{pmatrix}\right]=\frac{1}{2}\begin{pmatrix} -4 & 2 & 2 \\ 2 & 6 & 6 \end{pmatrix}=\begin{pmatrix} -2 & 1 & 1 \\ 1 & 3 & 3 \end{pmatrix}.$$

例 4　某企业总部的主要产品有两种：甲产品和乙产品.每种产品的生产成本都包括原料、人工、场地三类，见表 2-1.

表 2-1　某企业总部甲、乙产品生产成本　　(单位：元/件)

类别	原料	人工	场地
甲产品	1	3	1
乙产品	2	5	1

(1) 将表 2-1 中数据用矩阵表示；

(2) 该企业希望在郊区建立分厂，如果郊区的原料、人工、场地费用均比总部便宜

10%，用矩阵表示分厂甲、乙产品的生产成本.

解 （1）表 2-1 中数据用矩阵表示为$\begin{pmatrix}1 & 3 & 1\\2 & 5 & 1\end{pmatrix}$.

（2）分厂甲、乙产品的生产成本用矩阵表示为

$$0.9\times\begin{pmatrix}1 & 3 & 1\\2 & 5 & 1\end{pmatrix}=\begin{pmatrix}0.9 & 2.7 & 0.9\\1.8 & 4.5 & 0.9\end{pmatrix}.$$

（三）矩阵的乘法

例 5 在例 4 中，该企业总部今年 9、10 月份甲、乙产品的产量计划见表 2-2.

表 2-2 某企业总部今年 9、10 月份甲、乙产品的产量计划

月份	甲产品/件	乙产品/件
9 月	200	150
10 月	180	220

用矩阵表示上述数据，并计算该企业总部今年 9、10 月份生产甲、乙产品所需各类成本.

解 该企业总部今年 9、10 月份生产甲、乙产品所需各类成本见表 2-3.

表 2-3 该企业总部今年 9、10 月份甲、乙产品的生产成本

月份	原料/元	人工/元	场地/元
9 月	200×1+150×2=500	200×3+150×5=1 350	200×1+150×1=350
10 月	180×1+220×2=620	180×3+220×5=1 640	180×1+220×1=400

如果将计划产量表示为矩阵

$$\boldsymbol{A}=\begin{pmatrix}200 & 150\\180 & 220\end{pmatrix},$$

由例 4 知成本矩阵为

$$\boldsymbol{B}=\begin{pmatrix}1 & 3 & 1\\2 & 5 & 1\end{pmatrix},$$

则 9、10 月份生产甲、乙产品所需各类成本表示为矩阵

$$\boldsymbol{C}=\begin{pmatrix}200\times1+150\times2 & 200\times3+150\times5 & 200\times1+150\times1\\180\times1+220\times2 & 180\times3+220\times5 & 180\times1+220\times1\end{pmatrix}.$$

不难发现，矩阵 $\boldsymbol{C}$ 的元素 c_{ij} 是矩阵 $\boldsymbol{A}$ 的第 i 行和矩阵 $\boldsymbol{B}$ 的第 j 列对应元素相乘后的和，其中 $i=1,2;j=1,2,3$.

一般地，如果有 $m\times s$ 矩阵 $\boldsymbol{A}=(a_{ij})_{m\times s}$，$s\times n$ 矩阵 $\boldsymbol{B}=(b_{ij})_{s\times n}$，那么称 $m\times n$ 矩阵 $\boldsymbol{C}_{m\times n}$ 为**矩阵 $\boldsymbol{A}$ 与 $\boldsymbol{B}$ 的乘积**，记作 $\boldsymbol{C}=\boldsymbol{AB}$，其中

$$c_{ij}=\sum_{k=1}^{s}a_{ik}b_{kj}=a_{i1}b_{1j}+a_{i2}b_{2j}+\cdots+a_{is}b_{sj}\,(i=1,2,\cdots,m;j=1,2,\cdots,n).$$

如图 2-9,矩阵乘法的计算步骤如下：

① 可行性判断:观察横向排列的两个矩阵的行数和列数,若左矩阵的列数等于右矩阵的行数,则两个矩阵可乘;

② 确定乘积矩阵的行数和列数:乘积矩阵的行数为左矩阵的行数,列数为右矩阵的列数;

③ 乘积矩阵元素的计算规则：元素 c_{ij} 的值由左矩阵 $\boldsymbol{A}$ 第 i 行的元素和右矩阵 $\boldsymbol{B}$ 第 j 列的对应元素相乘后求和得到,简称“左行乘右列”.

例如,矩阵 $\boldsymbol{A}=\begin{pmatrix}2 & 1\\ 3 & -2\end{pmatrix}$,$\boldsymbol{B}=\begin{pmatrix}1 & 2\\ -1 & -3\end{pmatrix}$,如图 2-10,先判断 $\boldsymbol{AB}$ 存在,且乘积矩阵为 2×2 矩阵.接下来确定乘积矩阵 $\boldsymbol{AB}$ 的元素,得

$$\boldsymbol{AB}=\begin{pmatrix}2\times1+1\times(-1) & 2\times2+1\times(-3)\\ 3\times1+(-2)\times(-1) & 3\times2+(-2)\times(-3)\end{pmatrix}=\begin{pmatrix}1 & 1\\ 5 & 12\end{pmatrix}.$$

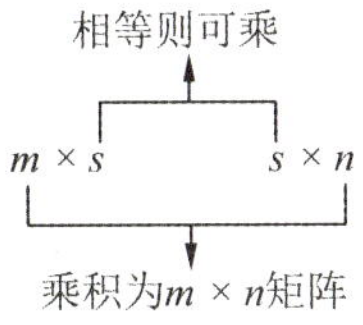

图 2-9

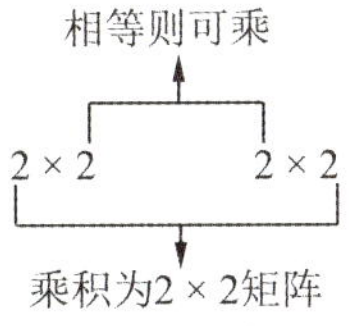

图 2-10

例 6 设矩阵 $\boldsymbol{A}=\begin{pmatrix}1 & 0 & 3\\ 2 & 1 & -1\end{pmatrix}$,$\boldsymbol{B}=\begin{pmatrix}1 & 0\\ -2 & 1\\ 1 & -1\end{pmatrix}$,求 $\boldsymbol{AB}$ 和 $\boldsymbol{BA}$.

解 $\boldsymbol{AB}=\begin{pmatrix}1\times1+0\times(-2)+3\times1 & 1\times0+0\times1+3\times(-1)\\ 2\times1+1\times(-2)+(-1)\times1 & 2\times0+1\times1+(-1)\times(-1)\end{pmatrix}=\begin{pmatrix}4 & -3\\ -1 & 2\end{pmatrix}$,

$$\boldsymbol{BA}=\begin{pmatrix}1\times1+0\times2 & 1\times0+0\times1 & 1\times3+0\times(-1)\\ (-2)\times1+1\times2 & (-2)\times0+1\times1 & (-2)\times3+1\times(-1)\\ 1\times1+(-1)\times2 & 1\times0+(-1)\times1 & 1\times3+(-1)\times(-1)\end{pmatrix}=\begin{pmatrix}1 & 0 & 3\\ 0 & 1 & -7\\ -1 & -1 & 4\end{pmatrix}.$$

可见,**矩阵的乘法不满足交换律.**

举一反三

设矩阵 $\boldsymbol{A}$,$\boldsymbol{B}$,如果 $\boldsymbol{AB}$ 存在,那么 $\boldsymbol{BA}$ 也存在.这个判断正确吗？为什么？

例 7 设 $\boldsymbol{A}=\begin{pmatrix}-2 & 4\\ 1 & -2\end{pmatrix}$,$\boldsymbol{B}=\begin{pmatrix}2 & 4\\ -3 & -6\end{pmatrix}$,求 $\boldsymbol{AB}$ 和 $\boldsymbol{BA}$.

解 $\boldsymbol{AB}=\begin{pmatrix}-4+(-12) & -8+(-24)\\ 2+6 & 4+12\end{pmatrix}=\begin{pmatrix}-16 & -32\\ 8 & 16\end{pmatrix}$,

$\boldsymbol{BA}=\begin{pmatrix}-4+4 & 8+(-8)\\ 6+(-6) & -12+12\end{pmatrix}=\begin{pmatrix}0 & 0\\ 0 & 0\end{pmatrix}$.

可见,**两个非零矩阵的乘积可能是零矩阵.**

举一反三

设矩阵 $\boldsymbol{A}$,$\boldsymbol{B}$,如果 $\boldsymbol{AB}=\boldsymbol{O}$,那么 $\boldsymbol{A}=\boldsymbol{O}$ 或 $\boldsymbol{B}=\boldsymbol{O}$.这个判断正确吗?为什么?

例 8 设 $\boldsymbol{A}=\begin{pmatrix}1&0\\0&0\end{pmatrix}$,$\boldsymbol{B}=\begin{pmatrix}1&2\\0&1\end{pmatrix}$,$\boldsymbol{C}=\begin{pmatrix}1&2\\0&2\end{pmatrix}$,求 $\boldsymbol{AB}$,$\boldsymbol{AC}$.

解 $\boldsymbol{AB}=\begin{pmatrix}1&0\\0&0\end{pmatrix}\begin{pmatrix}1&2\\0&1\end{pmatrix}=\begin{pmatrix}1&2\\0&0\end{pmatrix}$,$\boldsymbol{AC}=\begin{pmatrix}1&0\\0&0\end{pmatrix}\begin{pmatrix}1&2\\0&2\end{pmatrix}=\begin{pmatrix}1&2\\0&0\end{pmatrix}$.

在例 8 中,$\boldsymbol{AB}=\boldsymbol{AC}$,且 $\boldsymbol{A}\neq\boldsymbol{O}$,但是 $\boldsymbol{B}\neq\boldsymbol{C}$,说明**矩阵的乘法不满足消去律**.

例 9 设 $\boldsymbol{A}=\begin{pmatrix}1&3\\-2&1\end{pmatrix}$,求 $\boldsymbol{AE}$,$\boldsymbol{EA}$.

解 $\boldsymbol{AE}=\begin{pmatrix}1&3\\-2&1\end{pmatrix}\begin{pmatrix}1&0\\0&1\end{pmatrix}=\begin{pmatrix}1&3\\-2&1\end{pmatrix}$,$\boldsymbol{EA}=\begin{pmatrix}1&0\\0&1\end{pmatrix}\begin{pmatrix}1&3\\-2&1\end{pmatrix}=\begin{pmatrix}1&3\\-2&1\end{pmatrix}$.

关于单位矩阵 $\boldsymbol{E}$ 有下列结论:

$$\boldsymbol{E}_m\boldsymbol{A}_{m\times n}=\boldsymbol{A}_{m\times n},\boldsymbol{B}_{m\times n}\boldsymbol{E}_n=\boldsymbol{B}_{m\times n},\boldsymbol{A}_n\boldsymbol{E}_n=\boldsymbol{E}_n\boldsymbol{A}_n=\boldsymbol{A}_n.$$

例 10 已知方阵 $\boldsymbol{A}=\begin{pmatrix}1&2\\-1&3\end{pmatrix}$,$\boldsymbol{B}=\begin{pmatrix}2&3\\-2&-2\end{pmatrix}$,求 $|\boldsymbol{A}|$,$|\boldsymbol{B}|$ 和 $|\boldsymbol{AB}|$.

解 $|\boldsymbol{A}|=\begin{vmatrix}1&2\\-1&3\end{vmatrix}=5$,$|\boldsymbol{B}|=\begin{vmatrix}2&3\\-2&-2\end{vmatrix}=2$,

$\boldsymbol{AB}=\begin{pmatrix}1&2\\-1&3\end{pmatrix}\begin{pmatrix}2&3\\-2&-2\end{pmatrix}=\begin{pmatrix}-2&-1\\-8&-9\end{pmatrix}$,

$|\boldsymbol{AB}|=\begin{vmatrix}-2&-1\\-8&-9\end{vmatrix}=10.$

一般地,如果 $\boldsymbol{A}$,$\boldsymbol{B}$ 是任意两个 n 阶方阵,那么

$$|\boldsymbol{AB}|=|\boldsymbol{A}||\boldsymbol{B}|.$$

(四) 方阵的幂

根据矩阵乘法的定义,同型方阵总是可以相乘的.规定:如果 $\boldsymbol{A}$ 为 n 阶方阵,记

$$\boldsymbol{A}^1=\boldsymbol{A},\boldsymbol{A}^2=\boldsymbol{A}^1\boldsymbol{A}^1,\cdots,\boldsymbol{A}^m=\boldsymbol{A}^{m-1}\boldsymbol{A}^1,$$

称 $\boldsymbol{A}^m$ 为**方阵 $\boldsymbol{A}$ 的 m 次幂**,其中 m 是正整数.当 $m=0$ 时,规定 $\boldsymbol{A}^0=\boldsymbol{E}$.

可以证明,对任意 n 阶方阵 $\boldsymbol{A}$ 和任意非负正整数 m,n,有

$$\boldsymbol{A}^m\boldsymbol{A}^n=\boldsymbol{A}^{m+n},(\boldsymbol{A}^m)^n=\boldsymbol{A}^{mn}.$$

例 11 已知矩阵 $\boldsymbol{A}=\begin{pmatrix}1&1&0\\0&1&1\\0&0&1\end{pmatrix}$,求 $\boldsymbol{A}^3$.

解 $\boldsymbol{A}^2=\begin{pmatrix}1&1&0\\0&1&1\\0&0&1\end{pmatrix}\begin{pmatrix}1&1&0\\0&1&1\\0&0&1\end{pmatrix}=\begin{pmatrix}1&2&1\\0&1&2\\0&0&1\end{pmatrix}$,于是

$$A^3=\begin{pmatrix}1&2&1\\0&1&2\\0&0&1\end{pmatrix}\begin{pmatrix}1&1&0\\0&1&1\\0&0&1\end{pmatrix}=\begin{pmatrix}1&3&3\\0&1&3\\0&0&1\end{pmatrix}.$$

例 12　已知 $A=\begin{pmatrix}1&1\\0&2\end{pmatrix}$，$B=\begin{pmatrix}1&0\\1&2\end{pmatrix}$，求 A^2B^2 和 $(AB)^2$.

解　$A^2=\begin{pmatrix}1&1\\0&2\end{pmatrix}\begin{pmatrix}1&1\\0&2\end{pmatrix}=\begin{pmatrix}1&3\\0&4\end{pmatrix}$，$B^2=\begin{pmatrix}1&0\\1&2\end{pmatrix}\begin{pmatrix}1&0\\1&2\end{pmatrix}=\begin{pmatrix}1&0\\3&4\end{pmatrix}$，则

$$A^2B^2=\begin{pmatrix}1&3\\0&4\end{pmatrix}\begin{pmatrix}1&0\\3&4\end{pmatrix}=\begin{pmatrix}10&12\\12&16\end{pmatrix}.$$

又因为 $AB=\begin{pmatrix}1&1\\0&2\end{pmatrix}\begin{pmatrix}1&0\\1&2\end{pmatrix}=\begin{pmatrix}2&2\\2&4\end{pmatrix}$，所以 $(AB)^2=\begin{pmatrix}2&2\\2&4\end{pmatrix}\begin{pmatrix}2&2\\2&4\end{pmatrix}=\begin{pmatrix}8&12\\12&20\end{pmatrix}$.

举一反三

结论 $(AB)^k=A^kB^k$ 成立吗？

（五）矩阵的转置

将 $m\times n$ 矩阵 A 的行换成相应的列得到的 $n\times m$ 矩阵，称为矩阵 A 的**转置矩阵**，记作 A^{T}.

例如，如果 $A=\begin{pmatrix}1&-2&3\\3&1&2\end{pmatrix}$，那么 $A^{\mathrm{T}}=\begin{pmatrix}1&3\\-2&1\\3&2\end{pmatrix}$，$(A^{\mathrm{T}})^{\mathrm{T}}=\begin{pmatrix}1&-2&3\\3&1&2\end{pmatrix}$.

显然，$(A^{\mathrm{T}})^{\mathrm{T}}=A$.

例 13　已知 $A=\begin{pmatrix}1&2&3\\2&0&-1\end{pmatrix}$，$B=\begin{pmatrix}-2&0&1\\3&2&1\end{pmatrix}$，求 $A^{\mathrm{T}}+B^{\mathrm{T}}$ 和 $(A+B)^{\mathrm{T}}$.

解　$A^{\mathrm{T}}+B^{\mathrm{T}}=\begin{pmatrix}1&2\\2&0\\3&-1\end{pmatrix}+\begin{pmatrix}-2&3\\0&2\\1&1\end{pmatrix}=\begin{pmatrix}-1&5\\2&2\\4&0\end{pmatrix}$，

$$(A+B)^{\mathrm{T}}=\left[\begin{pmatrix}1&2&3\\2&0&-1\end{pmatrix}+\begin{pmatrix}-2&0&1\\3&2&1\end{pmatrix}\right]^{\mathrm{T}}=\begin{pmatrix}-1&2&4\\5&2&0\end{pmatrix}^{\mathrm{T}}=\begin{pmatrix}-1&5\\2&2\\4&0\end{pmatrix}.$$

对于同型矩阵 A，B，有结论：$(A+B)^{\mathrm{T}}=A^{\mathrm{T}}+B^{\mathrm{T}}$.

例 14　已知 $A=\begin{pmatrix}1&1&3\\-1&0&2\end{pmatrix}$，$B=\begin{pmatrix}2&-1\\0&1\\4&3\end{pmatrix}$，求 $A^{\mathrm{T}}B^{\mathrm{T}}$，$B^{\mathrm{T}}A^{\mathrm{T}}$ 和 $(AB)^{\mathrm{T}}$.

解　$A^{\mathrm{T}}B^{\mathrm{T}}=\begin{pmatrix}1&-1\\1&0\\3&2\end{pmatrix}\begin{pmatrix}2&0&4\\-1&1&3\end{pmatrix}=\begin{pmatrix}3&-1&1\\2&0&4\\4&2&18\end{pmatrix}$，

$$B^{\mathrm{T}}A^{\mathrm{T}}=\begin{pmatrix}2 & 0 & 4\\ -1 & 1 & 3\end{pmatrix}\begin{pmatrix}1 & -1\\ 1 & 0\\ 3 & 2\end{pmatrix}=\begin{pmatrix}14 & 6\\ 9 & 7\end{pmatrix},$$

$$AB=\begin{pmatrix}1 & 1 & 3\\ -1 & 0 & 2\end{pmatrix}\begin{pmatrix}2 & -1\\ 0 & 1\\ 4 & 3\end{pmatrix}=\begin{pmatrix}14 & 9\\ 6 & 7\end{pmatrix},(AB)^{\mathrm{T}}=\begin{pmatrix}14 & 6\\ 9 & 7\end{pmatrix}.$$

一般地，如果矩阵 AB 存在，那么 $(AB)^{\mathrm{T}}=B^{\mathrm{T}}A^{\mathrm{T}}$.

三 逆矩阵

（一）逆矩阵的概念与性质

对于 n 阶方阵 A，如果存在 n 阶方阵 B，使得 $AB=BA=E$，那么称 A **是可逆的**，称 B 是 A 的**逆矩阵**，记作 A^{-1}，即 $A^{-1}=B$.

如果 B 是 A 的逆矩阵，那么 A 也是 B 的逆矩阵，即 A 与 B 是互逆的.

如果方阵 A 不存在逆矩阵，那么称方阵 A 不可逆.

例 15 设方阵 $A=\begin{pmatrix}1 & 2\\ 2 & 3\end{pmatrix}$，证明方阵 $B=\begin{pmatrix}-3 & 2\\ 2 & -1\end{pmatrix}$是 A 的逆矩阵.

证 因为

$$AB=\begin{pmatrix}1 & 2\\ 2 & 3\end{pmatrix}\begin{pmatrix}-3 & 2\\ 2 & -1\end{pmatrix}=\begin{pmatrix}1 & 0\\ 0 & 1\end{pmatrix},BA=\begin{pmatrix}-3 & 2\\ 2 & -1\end{pmatrix}\begin{pmatrix}1 & 2\\ 2 & 3\end{pmatrix}=\begin{pmatrix}1 & 0\\ 0 & 1\end{pmatrix},$$

即 $AB=BA=E$，所以方阵 A 是可逆的，A 与 B 互为逆矩阵.

单位矩阵是可逆的，且 $E^{-1}=E$.这是因为 $EE=E$.

举一反三

零矩阵是否可逆？为什么？

矩阵的逆具有如下性质：

性质 1 如果 A 可逆，那么 A^{-1}是唯一的.

性质 2 如果 A 可逆，那么 A^{-1}也可逆，且 $(A^{-1})^{-1}=A$.

性质 3 如果 A 可逆，那么 A^{T} 也可逆，且 $(A^{\mathrm{T}})^{-1}=(A^{-1})^{\mathrm{T}}$.

性质 4 如果 n 阶矩阵 A 与 B 都可逆，那么 AB 也可逆，且 $(AB)^{-1}=B^{-1}A^{-1}$.

（二）逆矩阵的求法

1. 可逆的必要条件

零矩阵 $O_{n\times n}$不可逆.因为对任意 n 阶方阵 A，都有 $O_{n\times n}A=AO_{n\times n}=O_{n\times n}\neq E$.

非零方阵并非都是可逆的.例如，$A=\begin{pmatrix}1 & 1\\ 0 & 0\end{pmatrix}$不可逆，因为对于任意二阶非零矩阵 B，AB 的第二行都是零行，所以 AB 不可能是单位矩阵.

一般地，假设方阵 A 可逆，则存在 A^{-1}，使得 $AA^{-1}=E$.那么

$$|AA^{-1}|=|A|\cdot|A^{-1}|=|E|=1,$$

所以 $|\boldsymbol{A}|\neq 0$.

因此有结论：如果 n 阶方阵 $\boldsymbol{A}$ 可逆，那么 $|\boldsymbol{A}|\neq 0$. 所以 $|\boldsymbol{A}|\neq 0$ 是 $\boldsymbol{A}$ 可逆的必要条件.

例如，方阵 $\boldsymbol{A}=\begin{pmatrix}1 & 1\\ 0 & 0\end{pmatrix}$ 的行列式 $\begin{vmatrix}1 & 1\\ 0 & 0\end{vmatrix}=0$，因此方阵 $\boldsymbol{A}$ 不可逆.

2. 利用伴随矩阵求逆矩阵

设有 n 阶方阵

$$\boldsymbol{A}=\begin{pmatrix}a_{11} & a_{12} & \cdots & a_{1n}\\ a_{21} & a_{22} & \cdots & a_{2n}\\ \vdots & \vdots & & \vdots\\ a_{n1} & a_{n2} & \cdots & a_{nn}\end{pmatrix},$$

则由 $\boldsymbol{A}$ 的行列式 $|\boldsymbol{A}|$ 的所有元素 a_{ij} 的代数余子式 A_{ij} 构成的 n 阶方阵

$$\begin{pmatrix}A_{11} & A_{21} & \cdots & A_{n1}\\ A_{12} & A_{22} & \cdots & A_{n2}\\ \vdots & \vdots & & \vdots\\ A_{1n} & A_{2n} & \cdots & A_{nn}\end{pmatrix}$$

称为 $\boldsymbol{A}$ 的**伴随矩阵**，记为 $\boldsymbol{A}^*$.

对于 n 阶方阵 $\boldsymbol{A}$，如果 $|\boldsymbol{A}|\neq 0$，那么 $\boldsymbol{A}$ 可逆，且 $\boldsymbol{A}^{-1}=\dfrac{1}{|\boldsymbol{A}|}\boldsymbol{A}^*$.

这说明 n 阶方阵 $\boldsymbol{A}$ 可逆的必要条件 $|\boldsymbol{A}|\neq 0$，也是方阵 $\boldsymbol{A}$ 可逆的充分条件，因此有结论：

n 阶方阵 $\boldsymbol{A}$ 可逆的充分必要条件是 $|\boldsymbol{A}|\neq 0$.

例 16　方阵 $\boldsymbol{A}=\begin{pmatrix}2 & 3\\ -1 & 1\end{pmatrix}$ 是否可逆？如果可逆，求 $\boldsymbol{A}^{-1}$.

解　因为 $|\boldsymbol{A}|=\begin{vmatrix}2 & 3\\ -1 & 1\end{vmatrix}=5\neq 0$，所以方阵 $\boldsymbol{A}$ 可逆. 又因为

$$A_{11}=1, A_{12}=1, A_{21}=-3, A_{22}=2,$$

所以 $\boldsymbol{A}^{-1}=\dfrac{1}{5}\begin{pmatrix}1 & -3\\ 1 & 2\end{pmatrix}=\begin{pmatrix}\dfrac{1}{5} & -\dfrac{3}{5}\\ \dfrac{1}{5} & \dfrac{2}{5}\end{pmatrix}$.

一般地，对于可逆的二阶方阵 $\boldsymbol{A}=\begin{pmatrix}a_{11} & a_{12}\\ a_{21} & a_{22}\end{pmatrix}$，有 $\boldsymbol{A}^{-1}=\dfrac{1}{|\boldsymbol{A}|}\begin{pmatrix}a_{22} & -a_{12}\\ -a_{21} & a_{11}\end{pmatrix}$.

例 17　方阵 $\boldsymbol{A}=\begin{pmatrix}2 & 0 & 0\\ 0 & 3 & 0\\ 0 & 0 & 4\end{pmatrix}$ 是否可逆？如果可逆，求 $\boldsymbol{A}^{-1}$.

解 因为$|\boldsymbol{A}|=\begin{vmatrix}2&0&0\\0&3&0\\0&0&4\end{vmatrix}=24\neq0$,所以方阵 $\boldsymbol{A}$ 可逆.又因为

$$A_{11}=12,A_{22}=8,A_{33}=6,A_{12}=A_{13}=A_{21}=A_{23}=A_{31}=A_{32}=0,$$

所以

$$\boldsymbol{A}^{-1}=\frac{1}{24}\begin{pmatrix}12&0&0\\0&8&0\\0&0&6\end{pmatrix}=\begin{pmatrix}\frac{1}{2}&0&0\\0&\frac{1}{3}&0\\0&0&\frac{1}{4}\end{pmatrix}.$$

举一反三

计算 n 阶对角矩阵$\boldsymbol{A}=\begin{pmatrix}\lambda_1&0&\cdots&0\\0&\lambda_2&\cdots&0\\\vdots&\vdots&&\vdots\\0&0&\cdots&\lambda_n\end{pmatrix}$的逆矩阵.

例 18 方阵$\boldsymbol{A}=\begin{pmatrix}1&1&-1\\2&-1&0\\1&0&1\end{pmatrix}$是否可逆？如果可逆,求 $\boldsymbol{A}^{-1}$.

解 因为$|\boldsymbol{A}|=\begin{vmatrix}1&1&-1\\2&-1&0\\1&0&1\end{vmatrix}=-4\neq0$,所以方阵 $\boldsymbol{A}$ 可逆.又因为

$$A_{11}=-1,A_{12}=-2,A_{13}=1,A_{21}=-1,A_{22}=2,$$
$$A_{23}=1,A_{31}=-1,A_{32}=-2,A_{33}=-3,$$

所以

$$\boldsymbol{A}^{-1}=-\frac{1}{4}\begin{pmatrix}-1&-1&-1\\-2&2&-2\\1&1&-3\end{pmatrix}=\begin{pmatrix}\frac{1}{4}&\frac{1}{4}&\frac{1}{4}\\\frac{1}{2}&-\frac{1}{2}&\frac{1}{2}\\-\frac{1}{4}&-\frac{1}{4}&\frac{3}{4}\end{pmatrix}.$$

（三）解矩阵方程

对于矩阵方程 $\boldsymbol{AX}=\boldsymbol{B}$,当 $\boldsymbol{A}$ 是可逆方阵时,用 $\boldsymbol{A}^{-1}$左乘 $\boldsymbol{AX}=\boldsymbol{B}$ 的两边,得

$$\boldsymbol{A}^{-1}\boldsymbol{AX}=\boldsymbol{A}^{-1}\boldsymbol{B},\text{即 }\boldsymbol{EX}=\boldsymbol{A}^{-1}\boldsymbol{B},\text{所以 }\boldsymbol{X}=\boldsymbol{A}^{-1}\boldsymbol{B}.$$

例 19 解矩阵方程 $\boldsymbol{AX}=\boldsymbol{B}$,其中 $\boldsymbol{A}=\begin{pmatrix}1&2\\0&1\end{pmatrix}$,$\boldsymbol{B}=\begin{pmatrix}3&1\\2&1\end{pmatrix}$.

解 因为$|\boldsymbol{A}|=\begin{vmatrix}1&2\\0&1\end{vmatrix}=1\neq0$，所以方阵 $\boldsymbol{A}$ 可逆，且 $\boldsymbol{A}^*=\begin{pmatrix}1&-2\\0&1\end{pmatrix}$，则 $\boldsymbol{A}^{-1}=\begin{pmatrix}1&-2\\0&1\end{pmatrix}$，所以

$$\boldsymbol{X}=\boldsymbol{A}^{-1}\boldsymbol{B}=\begin{pmatrix}1&-2\\0&1\end{pmatrix}\begin{pmatrix}3&1\\2&1\end{pmatrix}=\begin{pmatrix}-1&-1\\2&1\end{pmatrix}.$$

例 20 求解线性方程组$\begin{cases}x+2y+z=3,\\2x-y+z=2,\\-x-y-z=-3.\end{cases}$

解 设

$$\boldsymbol{A}=\begin{pmatrix}1&2&1\\2&-1&1\\-1&-1&-1\end{pmatrix},\boldsymbol{X}=\begin{pmatrix}x\\y\\z\end{pmatrix},\boldsymbol{B}=\begin{pmatrix}3\\2\\-3\end{pmatrix},$$

则此线性方程组可表示为矩阵方程 $\boldsymbol{AX}=\boldsymbol{B}$，且

$$|\boldsymbol{A}|=\begin{vmatrix}1&2&1\\2&-1&1\\-1&-1&-1\end{vmatrix}=1\neq0,\boldsymbol{A}^*=\begin{pmatrix}2&1&3\\1&0&1\\-3&-1&-5\end{pmatrix},$$

所以

$$\boldsymbol{A}^{-1}=\begin{pmatrix}2&1&3\\1&0&1\\-3&-1&-5\end{pmatrix},$$

所以

$$\boldsymbol{X}=\boldsymbol{A}^{-1}\boldsymbol{B}=\begin{pmatrix}2&1&3\\1&0&1\\-3&-1&-5\end{pmatrix}\begin{pmatrix}3\\2\\-3\end{pmatrix}=\begin{pmatrix}-1\\0\\4\end{pmatrix}.$$

一般地，记

$$\boldsymbol{A}=\begin{pmatrix}a_{11}&a_{12}&\cdots&a_{1n}\\a_{21}&a_{22}&\cdots&a_{2n}\\\vdots&\vdots&&\vdots\\a_{m1}&a_{m2}&\cdots&a_{mn}\end{pmatrix},\boldsymbol{X}=\begin{pmatrix}x_1\\x_2\\\vdots\\x_n\end{pmatrix},\boldsymbol{B}=\begin{pmatrix}b_1\\b_2\\\vdots\\b_m\end{pmatrix},$$

则 n 元线性方程组

$$\begin{cases}a_{11}x_1+a_{12}x_2+\cdots+a_{1n}x_n=b_1,\\a_{21}x_1+a_{22}x_2+\cdots+a_{2n}x_n=b_2,\\\qquad\vdots\\a_{m1}x_1+a_{m2}x_2+\cdots+a_{mn}x_n=b_m\end{cases}$$

可以表示为矩阵形式 $\boldsymbol{AX}=\boldsymbol{B}$；

n 元齐次线性方程组

$$\begin{cases}a_{11}x_1+a_{12}x_2+\cdots+a_{1n}x_n=0,\\a_{21}x_1+a_{22}x_2+\cdots+a_{2n}x_n=0,\\\quad\vdots\\a_{m1}x_1+a_{m2}x_2+\cdots+a_{mn}x_n=0\end{cases}$$

可以表示为矩阵形式 $\boldsymbol{AX}=\boldsymbol{0}$.

编程实验室

矩阵的运算

在 SymPy 中，Matrix 类封装了与矩阵相关的功能，用于创建矩阵对象.使用时，只需调用 SymPy 库，并向 sympy.Matrix 传入一个二维列表作为矩阵元素，即可创建一个矩阵对象.

矩阵对象的属性和方法支持多种强大的矩阵操作，如矩阵的转置、行列式、求逆等.

（一）矩阵的基本运算

在 SymPy 中，矩阵的加法、减法、数乘、乘法以及方阵的幂运算均使用 Python 的基本运算符表示.例如，已知矩阵 A 和 B，则“A＋B”表示矩阵 A 和矩阵 B 相加，“A * B”表示 A 左乘 B.如果 A 是一个方阵，那么“A * * 3”表示方阵 A 的三次幂.而矩阵 A 的转置，则通过“A.T”属性来获取.

例 21 设矩阵 $\boldsymbol{A}=\begin{pmatrix}1&-2&2\\3&1&-1\end{pmatrix}$，$\boldsymbol{B}=\begin{pmatrix}2&0&-1\\1&-3&4\end{pmatrix}$，编写代码计算 $2\boldsymbol{A}-\boldsymbol{B}$，$\boldsymbol{A}^{\mathrm{T}}+\boldsymbol{B}^{\mathrm{T}}$.

解 代码如下：

```
import sympy as sp
A = sp.Matrix([[1, -2, 2], [3, 1, -1]])
B = sp.Matrix([[2, 0, -1], [1,-3, 4]])
C1 = 2 * A - B
C2 = A.T + B.T
print("2A-B=", C1)
print('A^T+B^T=',C2)
```

运行结果如下：

```
2A - B = Matrix([[0, -4, 5], [5, 5, -6]])
A^T + B^T = Matrix([[3, 4], [-2, -2],[1, 3]])
```

例 22 设矩阵 $\boldsymbol{A}=\begin{pmatrix}1&2&3\\2&-1&1\end{pmatrix}$，$\boldsymbol{B}=\begin{pmatrix}1&2&1\\2&1&1\\1&1&2\end{pmatrix}$，编写代码计算 $\boldsymbol{AB}$，$|\boldsymbol{B}|$，$\boldsymbol{B}^3$.

解　代码如下：

```
import sympy as sp
A = sp.Matrix([[1, 2, 3], [2, -1, 1]])
B = sp.Matrix([[1, 2, 1], [2, 1, 1],[1,1,2]])
C = A * B
detB = sp.det(B)
power_B = B ** 3
print('AB=', C)
print('矩阵B的行列式的值是', detB)
print('矩阵B的三次幂是', power_B)
```

运行结果如下：

```
AB = Matrix([[8, 7, 9], [1, 4, 3]])
矩阵 B 的行列式的值是 - 4
矩阵 B 的三次幂是 Matrix([[21, 22, 21], [22, 21, 21], [21, 21, 22]])
```

如果输入的矩阵不满足可乘条件或进行幂运算的矩阵不是方阵，在执行矩阵乘法或幂运算时将引发错误.

（二）求逆矩阵

在 SymPy 中，通常使用以下三种方法求逆矩阵：

(1) 调用 A.inv()方法求逆矩阵，其中 A 是一个矩阵对象.该方法直接应用于矩阵对象，返回其逆矩阵.

(2) 使用 sympy.inv_quick()函数求逆矩阵，该函数接受矩阵对象作为参数.

(3) 将矩阵 A 的逆矩阵视作 A^{-1}(A ** (−1))求解.

如果输入的矩阵不可逆，会引发错误.

例 23　已知矩阵 $\begin{pmatrix}1 & 1 & 2\\ 2 & -2 & -1\\ 3 & 1 & -2\end{pmatrix}$，编写代码求该矩阵的逆矩阵.

解　代码如下：

```
import sympy as sp
A = sp.Matrix([[1, 1, 2], [2, -2, -1], [3, 1, -2]])
inv_A = A.inv()
inv_q_A = sp.inv_quick(A)
power_A = A ** (-1)
print(inv_A)
print(inv_q_A)
print(power_A)
```

运行结果如下：

```
Matrix([[5/22, 2/11, 3/22], [1/22, -4/11, 5/22],[4/11,1/11,-2/11]])
Matrix([[5/22, 2/11, 3/22], [1/22, -4/11, 5/22],[4/11,1/11,-2/11]])
Matrix([[5/22, 2/11, 3/22], [1/22, -4/11, 5/22],[4/11,1/11,-2/11]])
```

例 24 解矩阵方程 $\boldsymbol{AX}=\boldsymbol{B}$，其中

$$\boldsymbol{A}=\begin{pmatrix}1 & 2 & 1\\ 2 & -1 & 1\\ -1 & -1 & -1\end{pmatrix},\boldsymbol{B}=\begin{pmatrix}3\\ 2\\ -3\end{pmatrix}.$$

解 因为 $\boldsymbol{AX}=\boldsymbol{B}$，所以 $\boldsymbol{X}=\boldsymbol{A}^{-1}\boldsymbol{B}$，编写代码如下：

```python
import sympy as sp
A = sp.Matrix([[1, 2, 1], [2, -1, 1],[ -1, -1, -1]])
B = sp.Matrix([[3] , [2] , [-3]])
inv_A = A.inv()
X = (inv_A) * B
print("矩阵方程的解是", X)
```

运行结果如下：

```
矩阵方程的解是 Matrix([[-1], [0], [4]])
```

习题 2.2

1. 选择题：

(1) 下列各式成立的是 （　　）

A. $3\begin{pmatrix}1 & -1\\ 2 & 3\end{pmatrix}=\begin{pmatrix}3 & -3\\ 2 & 3\end{pmatrix}$　　B. $3\begin{pmatrix}1 & -1\\ 2 & 3\end{pmatrix}=\begin{pmatrix}3 & -3\\ 6 & 9\end{pmatrix}$

C. $3\begin{vmatrix}1 & -1\\ 2 & 3\end{vmatrix}=\begin{vmatrix}3 & -3\\ 6 & 9\end{vmatrix}$　　D. $3\begin{pmatrix}1 & -1\\ 2 & 3\end{pmatrix}=\begin{pmatrix}3 & -1\\ 6 & 3\end{pmatrix}$

(2) 下列关于单位矩阵的说法错误的是 （　　）

A. 单位矩阵一定是方阵　　B. 单位矩阵一定存在逆矩阵

C. 如果 $\boldsymbol{E}$ 是单位矩阵，那么 $\boldsymbol{AE}=\boldsymbol{EA}$　　D. 单位矩阵是唯一的

(3) 下列关于零矩阵的说法正确的是 （　　）

A. 零矩阵一定是方阵　　B. 零矩阵的逆矩阵还是零矩阵

C. 如果 $\boldsymbol{O}$ 是零矩阵，那么 $\boldsymbol{AO}=\boldsymbol{OA}$　　D. 零矩阵是唯一的

(4) 下列关于矩阵 $\boldsymbol{A}$ 及其转置矩阵 $\boldsymbol{A}^{\mathrm{T}}$ 的判断错误的是 （　　）

A. $\boldsymbol{A}$ 与 $\boldsymbol{A}^{\mathrm{T}}$ 可以相加　　B. $\boldsymbol{A}$ 与 $\boldsymbol{A}^{\mathrm{T}}$ 可以相乘

C. $\boldsymbol{A}=(\boldsymbol{A}^{\mathrm{T}})^{\mathrm{T}}$　　D. 如果 $\boldsymbol{A}$ 是方阵，那么 $|\boldsymbol{A}|=|\boldsymbol{A}^{\mathrm{T}}|$

(5) 设 $\boldsymbol{A},\boldsymbol{B}$ 是 n 阶方阵，下列命题正确的是 （　　）

A. $|\boldsymbol{AB}|=|\boldsymbol{A}||\boldsymbol{B}|$　　B. $(\boldsymbol{AB})^{\mathrm{T}}=\boldsymbol{A}^{\mathrm{T}}\boldsymbol{B}^{\mathrm{T}}$

C. $(\boldsymbol{AB})^{-1}=\boldsymbol{A}^{-1}\boldsymbol{B}^{-1}$　　D. $|\boldsymbol{A}+\boldsymbol{B}|=|\boldsymbol{A}|+|\boldsymbol{B}|$

2. 填空题：

(1) 设 $\boldsymbol{A}=\begin{pmatrix}1 & -1\\ a & 2\end{pmatrix}$，当 $a\neq$________时，矩阵 $\boldsymbol{A}$ 可逆.

(2) 设矩阵 $\boldsymbol{A}_{2\times k}$ 与矩阵 $\boldsymbol{B}_{3\times 5}$ 可以相乘，则 $k=$________，乘积矩阵是________×________矩阵.

(3) $(1\quad 2)\begin{pmatrix}3\\ -2\end{pmatrix}=$________.

(4) 设 $\boldsymbol{A}=\begin{pmatrix}1 & 4\\ 2 & 3\end{pmatrix}$，则 $\boldsymbol{A}$ 的伴随矩阵 $\boldsymbol{A}^*=$________.

(5) 设 $\boldsymbol{A}=\begin{pmatrix}-1 & 0\\ 0 & 3\end{pmatrix}$，则 $\boldsymbol{A}^3=$________.

3. 设 $\boldsymbol{A}=\begin{pmatrix}x+y & -1 & 3\\ 4 & 2 & 1\end{pmatrix}$，$\boldsymbol{B}=\begin{pmatrix}2 & -1 & 3\\ 4 & 2 & x-y\end{pmatrix}$，已知 $\boldsymbol{A}=\boldsymbol{B}$，求 x,y.

4. 设 $\boldsymbol{A}=\begin{pmatrix}1 & -1 & 1\\ 1 & 1 & -1\end{pmatrix}$，$\boldsymbol{B}=\begin{pmatrix}1 & 2 & 3\\ -1 & -2 & -4\end{pmatrix}$，求 $\boldsymbol{A}+2\boldsymbol{B}$，$\boldsymbol{A}^{\mathrm{T}}-2\boldsymbol{B}^{\mathrm{T}}$.

5. 计算：

(1) $\begin{pmatrix}1 & -2\\ 3 & 1\end{pmatrix}\begin{pmatrix}1 & 0 & -1\\ 2 & 1 & 2\end{pmatrix}$；

(2) $\begin{pmatrix}2 & 1 & 1\\ 3 & -2 & 0\end{pmatrix}\begin{pmatrix}1 & -1\\ 0 & 2\\ 2 & 3\end{pmatrix}$；

(3) $\begin{pmatrix}1\\ -1\\ 2\end{pmatrix}(3\quad 0\quad 2)$；

(4) $\begin{pmatrix}a_{11} & a_{12} & a_{13}\\ a_{21} & a_{22} & a_{23}\\ a_{31} & a_{32} & a_{33}\end{pmatrix}\begin{pmatrix}x_1\\ x_2\\ x_3\end{pmatrix}$；

(5) $\begin{pmatrix}1 & 2\\ 0 & -1\end{pmatrix}^3$；

(6) $\begin{pmatrix}2 & 0 & 1\\ 1 & -1 & 3\\ -2 & 1 & 1\end{pmatrix}^2$.

6. 求下列矩阵的逆矩阵：

(1) $\begin{pmatrix}-2 & -5\\ 1 & 3\end{pmatrix}$；

(2) $\begin{pmatrix}2 & 1 & 1\\ 3 & 1 & 2\\ 1 & -1 & 0\end{pmatrix}$.

7. 解下列矩阵方程：

(1) $\begin{pmatrix}2 & 1\\ 1 & 2\end{pmatrix}\boldsymbol{X}=\begin{pmatrix}1 & 2\\ 1 & 4\end{pmatrix}$；

(2) $\begin{pmatrix}1 & -1 & -1\\ 2 & -1 & -3\\ 3 & 2 & -5\end{pmatrix}\boldsymbol{X}=\begin{pmatrix}2\\ 1\\ 0\end{pmatrix}$；

(3) $\boldsymbol{X}\begin{pmatrix}1 & 3\\ 5 & 2\end{pmatrix}=\begin{pmatrix}0 & 1\\ 1 & 0\end{pmatrix}$；

(4) $\boldsymbol{X}\begin{pmatrix}2 & 1 & -1\\ 2 & 1 & 0\\ 1 & -1 & 1\end{pmatrix}=\begin{pmatrix}1 & -1 & 3\\ 4 & 3 & 2\end{pmatrix}$.

8. 编写代码计算：

(1) 设 $\boldsymbol{A}=\begin{pmatrix}1 & 2 & -1\\ 3 & -2 & 1\\ 1 & -1 & -1\end{pmatrix}$，求 $\boldsymbol{A}^{-1}$；　　(2) $\begin{pmatrix}2 & -1 & 3\\ 5 & 4 & 1\\ 1 & -2 & 1\end{pmatrix}\begin{pmatrix}1 & 1\\ 2 & 1\\ 3 & -2\end{pmatrix}$.

9. 编写代码解矩阵方程 $\boldsymbol{AXB}=\boldsymbol{C}$，其中

$$\boldsymbol{A}=\begin{pmatrix}1 & 2\\ 2 & 3\end{pmatrix},\boldsymbol{B}=\begin{pmatrix}2 & 2 & 3\\ 1 & -1 & 0\\ -1 & 2 & 1\end{pmatrix},\boldsymbol{C}=\begin{pmatrix}1 & 0 & 2\\ -1 & 2 & 3\end{pmatrix}.$$

10. Google 的创始人 Larry Page 和 Sergey Brin 于 1996 年在斯坦福大学发明了 PageRank 网页排名算法，其核心思想是：第一，如果一个网页被许多其他网页链接，说明它受到普遍的认可和信任，因此它更重要，排名也就更高；第二，质量高的网页会向其链接的网页传递更多的权重，即指向网页 A 的网页质量越高，网页 A 就越重要.

图 2-11 所示为一个简易的网页排名模型，图中的每个箭头表示箭头出发点的网页链接了箭头指向的网页.比如，A 有一个箭头指向 C，表示 A 链接了 C，称为 A 的一个出链或 C 的一个入链.例如，在图 2-11 中，A 有两个入链、三个出链.

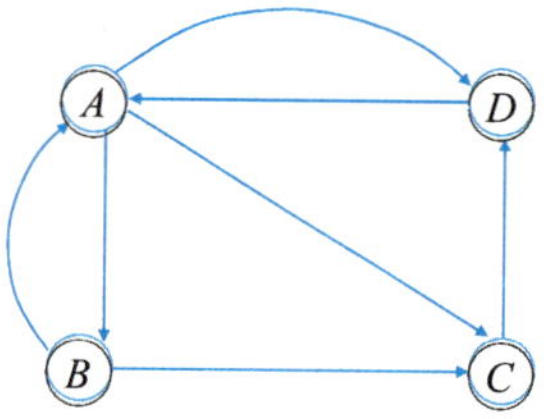

图 2-11

记网页 X 的 PR 值(PageRank)为 $R(X)$.图 2-11 中网页 A 的两个入链分别来自网页 B 和网页 D，其中网页 B 同时还链接了网页 C，用户从网页 B 跳转到网页 A 和网页 C 的机会是均等的，即网页 B 的 PR 值平均分给了网页 A 和网页 C，各为 $\frac{1}{2}$.因此，图 2-11 中四个网页的链接关系矩阵为

$$\boldsymbol{M}=\begin{pmatrix}0 & \frac{1}{2} & 0 & 1\\ \frac{1}{3} & 0 & 0 & 0\\ \frac{1}{3} & \frac{1}{2} & 0 & 0\\ \frac{1}{3} & 0 & 1 & 0\end{pmatrix}.$$

PageRank 算法设置初始状态时四个网页的 PR 值都是相同的，均为 $\frac{1}{4}$.因此，初始

状态的 PR 值矩阵为

$$w_0=\begin{pmatrix}\frac{1}{4}\\\frac{1}{4}\\\frac{1}{4}\\\frac{1}{4}\end{pmatrix}.$$

进行第一次链接后，各网页的排名矩阵为两个矩阵的乘积，即

$$w_1=Mw_0=\begin{pmatrix}0&\frac{1}{2}&0&1\\\frac{1}{3}&0&0&0\\\frac{1}{3}&\frac{1}{2}&0&0\\\frac{1}{3}&0&1&0\end{pmatrix}\begin{pmatrix}\frac{1}{4}\\\frac{1}{4}\\\frac{1}{4}\\\frac{1}{4}\end{pmatrix}.$$

接下来计算 Mw_1，得到 w_2，直到第 n 次迭代后，w_n 趋于稳定，对应着 A，B，C，D 四个页面最终平衡状态下的排名.

请编写代码，计算经过三次迭代后四个网页的 PR 值.

思维训练营

一 题型精析

矩阵的概念与运算的基本知识如下(图 2-12)：

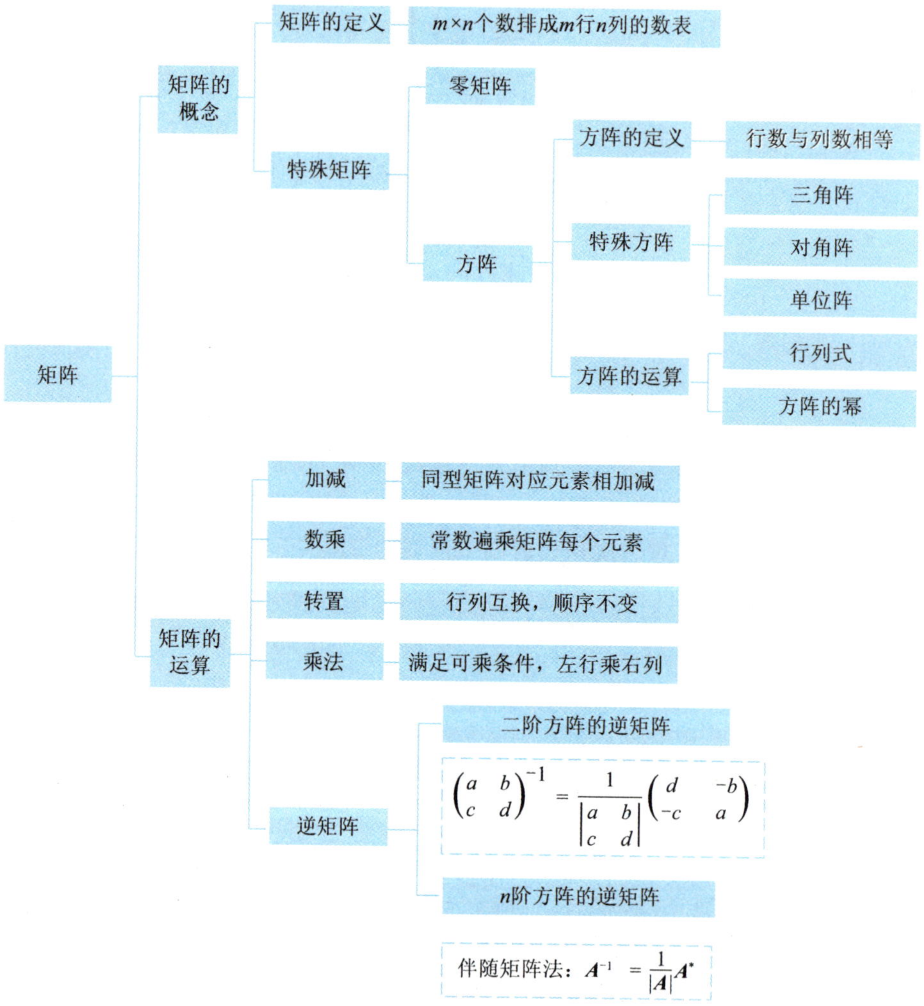

图 2-12

例 25 已知 $\boldsymbol{A}=(x,y,z)$，$\boldsymbol{B}=\begin{pmatrix} a_{11} & a_{12} & a_{13} \\ a_{21} & a_{22} & a_{23} \\ a_{31} & a_{32} & a_{33} \end{pmatrix}$，求 $\boldsymbol{ABA}^{\mathrm{T}}$.

解 $\boldsymbol{ABA}^{\mathrm{T}}=(x,y,z)\begin{pmatrix} a_{11} & a_{12} & a_{13} \\ a_{21} & a_{22} & a_{23} \\ a_{31} & a_{32} & a_{33} \end{pmatrix}\begin{pmatrix} x \\ y \\ z \end{pmatrix}=(x,y,z)\begin{pmatrix} a_{11}x+a_{12}y+a_{13}z \\ a_{21}x+a_{22}y+a_{23}z \\ a_{31}x+a_{32}y+a_{33}z \end{pmatrix}$

$$=a_{11}x^2+a_{12}xy+a_{13}xz+a_{21}xy+a_{22}y^2+a_{23}yz+a_{31}xz+a_{32}yz+a_{33}z^2$$
$$=(a_{11}x^2+a_{22}y^2+a_{33}z^2)+(a_{12}+a_{21})xy+(a_{13}+a_{31})xz+(a_{23}+a_{32})yz.$$

矩阵乘法满足结合律，因此，例 25 中有$(\boldsymbol{AB})\boldsymbol{A}^{\mathrm{T}}=\boldsymbol{A}(\boldsymbol{BA}^{\mathrm{T}})$.

例 26 设 $\boldsymbol{A}=\begin{pmatrix}0&3&2\\0&0&4\\0&0&0\end{pmatrix}$，求 $\boldsymbol{A}^n$.

解 $\boldsymbol{A}^2=\begin{pmatrix}0&3&2\\0&0&4\\0&0&0\end{pmatrix}\begin{pmatrix}0&3&2\\0&0&4\\0&0&0\end{pmatrix}=\begin{pmatrix}0&0&12\\0&0&0\\0&0&0\end{pmatrix}$,

$\boldsymbol{A}^3=\begin{pmatrix}0&0&12\\0&0&0\\0&0&0\end{pmatrix}\begin{pmatrix}0&3&2\\0&0&4\\0&0&0\end{pmatrix}=\begin{pmatrix}0&0&0\\0&0&0\\0&0&0\end{pmatrix}$,

因此，当 $n>3$ 时，$\boldsymbol{A}^n=\boldsymbol{O}_{3\times3}$.

计算方阵 $\boldsymbol{A}$ 的 n 次幂，通常先计算 $\boldsymbol{A}^2,\boldsymbol{A}^3$，观察规律后归纳得到 $\boldsymbol{A}^n$.

例 27 设 $\boldsymbol{A}=\begin{pmatrix}1&-1&-1&-1\\-1&1&-1&-1\\-1&-1&1&-1\\-1&-1&-1&1\end{pmatrix}$，求 $\boldsymbol{A}^n$.

解 $\boldsymbol{A}^2=\begin{pmatrix}1&-1&-1&-1\\-1&1&-1&-1\\-1&-1&1&-1\\-1&-1&-1&1\end{pmatrix}\begin{pmatrix}1&-1&-1&-1\\-1&1&-1&-1\\-1&-1&1&-1\\-1&-1&-1&1\end{pmatrix}=\begin{pmatrix}4&0&0&0\\0&4&0&0\\0&0&4&0\\0&0&0&4\end{pmatrix}$

$=4\boldsymbol{E}=2^2\boldsymbol{E}$.

因此，当 $n=2k(k\in\mathbf{Z}_+)$时，$\boldsymbol{A}^n=(\boldsymbol{A}^2)^k=(2^2\boldsymbol{E})^k=2^{2k}\boldsymbol{E}=2^n\boldsymbol{E}$；

当 $n=2k+1(k\in\mathbf{Z}_+)$时，$\boldsymbol{A}^n=\boldsymbol{A}^{2k+1}=\boldsymbol{AA}^{2k}=\boldsymbol{A}(2^{2k}\boldsymbol{E})=2^{n-1}\boldsymbol{AE}=2^{n-1}\boldsymbol{A}$.

例 28 设 $\boldsymbol{A}=\begin{pmatrix}1&1&1\\0&1&1\\0&0&1\end{pmatrix}$，求 $\boldsymbol{A}^n$.

解 $\boldsymbol{A}=\begin{pmatrix}1&1&1\\0&1&1\\0&0&1\end{pmatrix}=\begin{pmatrix}1&0&0\\0&1&0\\0&0&1\end{pmatrix}+\begin{pmatrix}0&1&1\\0&0&1\\0&0&0\end{pmatrix}$，记 $\boldsymbol{B}=\begin{pmatrix}0&1&1\\0&0&1\\0&0&0\end{pmatrix}$，即 $\boldsymbol{A}=\boldsymbol{E}+\boldsymbol{B}$.

因为

$$\boldsymbol{B}^2=\begin{pmatrix}0&1&1\\0&0&1\\0&0&0\end{pmatrix}\begin{pmatrix}0&1&1\\0&0&1\\0&0&0\end{pmatrix}=\begin{pmatrix}0&0&1\\0&0&0\\0&0&0\end{pmatrix},\boldsymbol{B}^3=\cdots=\boldsymbol{B}^n=\boldsymbol{O}_{3\times3},$$

根据二项式定理，得

$$\boldsymbol{A}^n=(\boldsymbol{E}+\boldsymbol{B})^n=\boldsymbol{E}^n+\mathrm{C}_n^1\boldsymbol{E}^{n-1}\boldsymbol{B}+\mathrm{C}_n^2\boldsymbol{E}^{n-2}\boldsymbol{B}^2+\cdots+\boldsymbol{B}^n=\boldsymbol{E}^n+\mathrm{C}_n^1\boldsymbol{E}^{n-1}\boldsymbol{B}+\mathrm{C}_n^2\boldsymbol{E}^{n-2}\boldsymbol{B}^2$$

$$=E+nB+\frac{n(n-1)}{2}B^2=\begin{pmatrix}1&0&0\\0&1&0\\0&0&1\end{pmatrix}+\begin{pmatrix}0&n&n\\0&0&n\\0&0&0\end{pmatrix}+\begin{pmatrix}0&0&\frac{n(n-1)}{2}\\0&0&0\\0&0&0\end{pmatrix}$$

$$=\begin{pmatrix}1&n&\frac{n(n+1)}{2}\\0&1&n\\0&0&1\end{pmatrix}.$$

在例 28 中,将矩阵 A 拆成单位矩阵和矩阵 B 之和,由于 $B^k=O(k\geqslant 3)$,使用二项式定理展开计算较为简单.

例 29 设 n 阶方阵 A,B 满足 $AB=E$(或 $BA=E$),证明 A 与 B 均可逆,且 $B=A^{-1},A=B^{-1}$.

证 由 $AB=E$(或 $BA=E$),有 $|AB|=|A||B|=|E|=1$,所以 A,B 均可逆,且

$$B=EB=(A^{-1}A)B=A^{-1}(AB)=A^{-1}E=A^{-1}.$$

同理可得 $A=B^{-1}$.

一般地,验证 n 阶方阵 B 是不是 n 阶方阵 A 的逆矩阵,只需验证 $AB=E$ 或者 $BA=E$ 中的一个式子成立即可.

例 30 求矩阵 $A=\begin{pmatrix}3&5\\1&2\end{pmatrix}$ 和 $B=\begin{pmatrix}1&1&1\\2&1&1\\1&2&1\end{pmatrix}$ 的逆矩阵.

解 方阵 A 与 B 的阶数较低,可使用伴随矩阵法求其逆矩阵.

因为 $|A|=\begin{vmatrix}3&5\\1&2\end{vmatrix}=1\neq 0$,所以方阵 A 可逆,且 $A^{-1}=\begin{pmatrix}2&-5\\-1&3\end{pmatrix}$.

因为 $|B|=\begin{vmatrix}1&1&1\\2&1&1\\1&2&1\end{vmatrix}=\begin{vmatrix}-1&0&0\\2&1&1\\1&2&1\end{vmatrix}=(-1)\cdot(-1)^{1+1}\begin{vmatrix}1&1\\2&1\end{vmatrix}=1\neq 0$,所以方阵 B 可逆,且

$$B_{11}=-1,B_{12}=-1,B_{13}=3,B_{21}=1,B_{22}=0,B_{23}=-1,B_{31}=0,B_{32}=1,B_{33}=-1,$$

所以有 $B^{-1}=\begin{pmatrix}-1&1&0\\-1&0&1\\3&-1&-1\end{pmatrix}$.

对于阶数比较高的矩阵 A,可以将其看作由若干个低阶的矩阵组成:用横线和纵线将矩阵 A 分成若干个低阶的矩阵,每个低阶的矩阵称为矩阵 A 的一个子块.以子块为元素的矩阵称为**分块矩阵**.

例如,矩阵 $A=\left(\begin{array}{cc:cc}a_{11}&a_{12}&a_{13}&a_{14}\\ \hdashline a_{21}&a_{22}&a_{23}&a_{24}\\a_{31}&a_{32}&a_{33}&a_{34}\end{array}\right)$ 被横线和纵线分为四个子块,记

$$\boldsymbol{A}_{11}=(a_{11}\quad a_{12}),\boldsymbol{A}_{12}=(a_{13}\quad a_{14}),\boldsymbol{A}_{21}=\begin{pmatrix}a_{21}&a_{22}\\a_{31}&a_{32}\end{pmatrix},\boldsymbol{A}_{22}=\begin{pmatrix}a_{23}&a_{24}\\a_{33}&a_{34}\end{pmatrix},$$

则矩阵 $\boldsymbol{A}=\begin{pmatrix}\boldsymbol{A}_{11}&\boldsymbol{A}_{12}\\\boldsymbol{A}_{21}&\boldsymbol{A}_{22}\end{pmatrix}$.

若矩阵 $\boldsymbol{A}=\begin{pmatrix}a_{11}&a_{12}&a_{13}&a_{14}\\a_{21}&a_{22}&a_{23}&a_{24}\\a_{31}&a_{32}&a_{33}&a_{34}\end{pmatrix}$分为两个子块,记

$$\boldsymbol{A}_{11}=\begin{pmatrix}a_{11}&a_{12}&a_{13}\\a_{21}&a_{22}&a_{23}\\a_{31}&a_{32}&a_{33}\end{pmatrix},\boldsymbol{A}_{12}=\begin{pmatrix}a_{14}\\a_{24}\\a_{34}\end{pmatrix},$$

则矩阵 $\boldsymbol{A}=(\boldsymbol{A}_{11}\quad\boldsymbol{A}_{12})$.

同一个矩阵可以根据需要划分成不同的子块,构成不同的分块矩阵.选择合适的划分,能够使得矩阵的结构更加清晰.

例如,矩阵 $\boldsymbol{A}=\left(\begin{array}{cc:cc}1&2&0&0\\-1&3&0&0\\\hdashline 0&0&2&-1\\0&0&1&3\end{array}\right)$分为四个子块,记 $\boldsymbol{A}_1=\begin{pmatrix}1&2\\-1&3\end{pmatrix}$, $\boldsymbol{A}_2=\begin{pmatrix}2&-1\\1&3\end{pmatrix}$,则 $\boldsymbol{A}=\begin{pmatrix}\boldsymbol{A}_1&\boldsymbol{O}\\\boldsymbol{O}&\boldsymbol{A}_2\end{pmatrix}$.

如果方阵 $\boldsymbol{A}$ 的分块矩阵只在主对角线上有非零子块,这些非零子块都是方阵,其余子块都是零矩阵,那么称这样的方阵为**分块对角矩阵**,即

$$\boldsymbol{A}=\begin{pmatrix}\boldsymbol{A}_1&\boldsymbol{O}&\cdots&\boldsymbol{O}\\\boldsymbol{O}&\boldsymbol{A}_2&\cdots&\boldsymbol{O}\\\vdots&\vdots&&\vdots\\\boldsymbol{O}&\boldsymbol{O}&\cdots&\boldsymbol{A}_s\end{pmatrix}.$$

如果 $\boldsymbol{A}_i(i=1,2,\cdots,s)$都有逆矩阵,那么

$$\boldsymbol{A}^{-1}=\begin{pmatrix}\boldsymbol{A}_1^{-1}&\boldsymbol{O}&\cdots&\boldsymbol{O}\\\boldsymbol{O}&\boldsymbol{A}_2^{-1}&\cdots&\boldsymbol{O}\\\vdots&\vdots&&\vdots\\\boldsymbol{O}&\boldsymbol{O}&\cdots&\boldsymbol{A}_s^{-1}\end{pmatrix}.$$

例 31　求矩阵 $\boldsymbol{A}=\begin{pmatrix}1&2&0&0\\1&3&0&0\\0&0&2&-3\\0&0&-1&1\end{pmatrix}$的逆矩阵.

解　已知 $\boldsymbol{A}=\begin{pmatrix}\boldsymbol{A}_1&\boldsymbol{O}\\\boldsymbol{O}&\boldsymbol{A}_2\end{pmatrix}$,其中 $\boldsymbol{A}_1=\begin{pmatrix}1&2\\1&3\end{pmatrix}$,$\boldsymbol{A}_2=\begin{pmatrix}2&-3\\-1&1\end{pmatrix}$,且

$$A_1^{-1}=\frac{1}{\begin{vmatrix}1&2\\1&3\end{vmatrix}}\begin{pmatrix}3&-2\\-1&1\end{pmatrix}=\begin{pmatrix}3&-2\\-1&1\end{pmatrix},A_2^{-1}=\frac{1}{\begin{vmatrix}2&-3\\-1&1\end{vmatrix}}\begin{pmatrix}1&3\\1&2\end{pmatrix}=\begin{pmatrix}-1&-3\\-1&-2\end{pmatrix},$$

所以

$$A^{-1}=\begin{pmatrix}3&-2&0&0\\-1&1&0&0\\0&0&-1&-3\\0&0&-1&-2\end{pmatrix}.$$

如果分块矩阵 $A=\begin{pmatrix}O&A_1\\A_2&O\end{pmatrix}$,那么 $A^{-1}=\begin{pmatrix}O&A_2^{-1}\\A_1^{-1}&O\end{pmatrix}$.

例 32 求矩阵 $A=\begin{pmatrix}0&1&2\\0&3&5\\4&0&0\end{pmatrix}$ 的逆矩阵.

解 将 A 分块:

$$A=\left(\begin{array}{c:cc}0&1&2\\0&3&5\\ \hdashline 4&0&0\end{array}\right)=\begin{pmatrix}O&A_1\\A_2&O\end{pmatrix}.$$

其中

$$A_1=\begin{pmatrix}1&2\\3&5\end{pmatrix},A_2=(4),$$

$$A_1^{-1}=\frac{1}{\begin{vmatrix}1&2\\3&5\end{vmatrix}}\begin{pmatrix}5&-2\\-3&1\end{pmatrix}=\begin{pmatrix}-5&2\\3&-1\end{pmatrix},A_2^{-1}=\left(\frac{1}{4}\right),$$

所以

$$A^{-1}=\begin{pmatrix}0&0&\frac{1}{4}\\-5&2&0\\3&-1&0\end{pmatrix}.$$

二 解题训练

1. 选择题:

(1) 设 A,B 均为 n 阶方阵,k 为常数,则下列命题正确的是 ( )

A. $|A+B|=|A|+|B|$　　B. $|kA|=|k||A|$

C. $|A|^{\mathrm T}=|A^{\mathrm T}|$　　D. $|AB|=|BA|$

(2) 设 A 为 n 阶方阵,以下命题正确的是 ( )

A. 如果 $|A|=0$,那么 $A=O$　　B. 如果 $A^2=O$,那么 $A=O$

C. 如果 $A=O$,那么 $A^{-1}=O$　　D. 对任意 n 阶零矩阵 O,有 $AO=O$

(3) 设 $\boldsymbol{A}$ 为 n 阶可逆矩阵，$\boldsymbol{A}^*$ 是 $\boldsymbol{A}$ 的伴随矩阵，以下命题正确的是 ( )

A. $|\boldsymbol{A}^*|=|\boldsymbol{A}|$　　B. $|\boldsymbol{A}^*|=|\boldsymbol{A}^{-1}|$　　C. $|\boldsymbol{A}^*|=|\boldsymbol{A}|^n$　　D. $|\boldsymbol{A}^*|=|\boldsymbol{A}|^{n-1}$

(4) 设 $\boldsymbol{A},\boldsymbol{B},\boldsymbol{C}$ 均为 n 阶方阵，且 $\boldsymbol{A}$ 可逆，下列命题正确的是 ( )

A. 如果 $\boldsymbol{AC}=\boldsymbol{BC}$，那么 $\boldsymbol{A}=\boldsymbol{B}$　　B. 如果 $\boldsymbol{BC}=\boldsymbol{O}$，那么 $\boldsymbol{B}=\boldsymbol{O}$

C. 如果 $\boldsymbol{BA}=\boldsymbol{CA}$，那么 $\boldsymbol{B}=\boldsymbol{C}$　　D. 如果 $\boldsymbol{A}^{-1}\boldsymbol{B}=\boldsymbol{CA}^{-1}$，那么 $\boldsymbol{B}=\boldsymbol{C}$

(5) 下列命题正确的是 ( )

A. 如果 $\boldsymbol{A},\boldsymbol{B}$ 都是 n 阶方阵，且 $\boldsymbol{A}\neq\boldsymbol{B}$，那么 $|\boldsymbol{A}|\neq|\boldsymbol{B}|$

B. $(\boldsymbol{A}+\boldsymbol{B})^2=\boldsymbol{A}^2+2\boldsymbol{AB}+\boldsymbol{B}^2$

C. 如果 $\boldsymbol{A},\boldsymbol{B}$ 都是三角矩阵，那么 $\boldsymbol{A}+\boldsymbol{B}$ 也是三角矩阵

D. $\boldsymbol{A}^2-\boldsymbol{E}^2=(\boldsymbol{A}+\boldsymbol{E})(\boldsymbol{A}-\boldsymbol{E})$

(6) 设矩阵 $\boldsymbol{A}=\begin{pmatrix} a_{11} & a_{12} & a_{13} \\ a_{21} & a_{22} & a_{23} \\ a_{31} & a_{32} & a_{33} \end{pmatrix}$，下列对矩阵 $\boldsymbol{A}$ 的分块错误的是 ( )

A. $\boldsymbol{A}=\left(\begin{array}{c:cc} a_{11} & a_{12} & a_{13} \\ \hdashline a_{21} & a_{22} & a_{23} \\ a_{31} & a_{32} & a_{33} \end{array}\right)$　　B. $\boldsymbol{A}=\left(\begin{array}{cc:c} a_{11} & a_{12} & a_{13} \\ \hdashline a_{21} & a_{22} & a_{23} \\ a_{31} & a_{32} & a_{33} \end{array}\right)$

C. $\boldsymbol{A}=\left(\begin{array}{ccc} a_{11} & a_{12} & a_{13} \\ \hdashline a_{21} & a_{22} & a_{23} \\ \hdashline a_{31} & a_{32} & a_{33} \end{array}\right)$　　D. $\boldsymbol{A}=\left(\begin{array}{cccc} a_{11} & a_{12} & & a_{13} \\ \hdashline a_{21} & a_{22} & \vdots & a_{23} \\ a_{31} & a_{32} & \vdots & a_{33} \end{array}\right)$

2. 填空题：

(1) 设 $\boldsymbol{A},\boldsymbol{B}$ 均为 3 阶方阵，且 $|\boldsymbol{A}|=4$，$\boldsymbol{AB}=\begin{pmatrix} 2 & 1 & 0 \\ 1 & 3 & 0 \\ 0 & 0 & 4 \end{pmatrix}$，则 $|\boldsymbol{B}|=$________.

(2) 设 $\boldsymbol{A},\boldsymbol{B}$ 均为 n 阶方阵，且 $|\boldsymbol{A}|=2$，$|\boldsymbol{B}|=-3$，则 $|2\boldsymbol{AB}^{-1}|=$________.

(3) 设 $\boldsymbol{A}=\begin{pmatrix} 1 & 1 & 1 \\ a & b & c \\ a^2 & b^2 & c^2 \end{pmatrix}$，则 $|\boldsymbol{AA}^{\mathrm{T}}|=$________.

(4) 设 $\boldsymbol{A}=\begin{pmatrix} 3 & 0 & 0 \\ -2 & 3 & 0 \\ 1 & -1 & 4 \end{pmatrix}$，则 $(\boldsymbol{A}-2\boldsymbol{E})^{-1}=$________.

(5) 设 $\boldsymbol{A}=\begin{pmatrix} -1 & 0 & 0 \\ 0 & 2 & 0 \\ 0 & 0 & 3 \end{pmatrix}$，则 $\boldsymbol{A}^n=$________.

(6) 设 $\boldsymbol{A}=(a\quad b\quad c\quad d)$，则 $\boldsymbol{AA}^{\mathrm{T}}=$__________.

3. 计算题：

(1) 设 $\boldsymbol{A}=\begin{pmatrix} 0 & 1 & 1 \\ 2 & 2 & 2 \\ -1 & -1 & -1 \end{pmatrix}$，求矩阵 $\boldsymbol{X}$，使得 $\boldsymbol{AX}=\boldsymbol{A}-\boldsymbol{X}$.

(2) 设 $\boldsymbol{A}=\begin{pmatrix} a & b \\ 0 & a \end{pmatrix}$，求 $\boldsymbol{A}^n$.

(3) 设 $\boldsymbol{A}=\begin{pmatrix} 2 & 5 & 0 & 0 & 0 \\ 1 & 3 & 0 & 0 & 0 \\ 0 & 0 & 4 & 0 & 0 \\ 0 & 0 & 0 & -2 & -3 \\ 0 & 0 & 0 & 2 & 5 \end{pmatrix}$，用矩阵分块的方法求 $\boldsymbol{A}^{-1}$.

(4) 设 $f(x)=a_0x^n+a_1x^{n-1}+\cdots+a_{n-1}x+a_n(a_i\in\mathbf{R},x\in\mathbf{R},i=0,1,2,\cdots,n)$，如果 $\boldsymbol{A}$ 是一个 n 阶方阵，称 $f(\boldsymbol{A})=a_0\boldsymbol{A}^n+a_1\boldsymbol{A}^{n-1}+\cdots+a_{n-1}\boldsymbol{A}+a_n\boldsymbol{E}$ 为矩阵 $\boldsymbol{A}$ 的多项式.

已知 $\boldsymbol{A}=\begin{pmatrix} 1 & 0 & 0 \\ 1 & 1 & 0 \\ 0 & 1 & 1 \end{pmatrix}$，$f(x)=x^2-2x+1$，求 $f(\boldsymbol{A})$.

4. 证明题：

如果 $\boldsymbol{AB}=\boldsymbol{O}$，且 $\boldsymbol{A}$ 为可逆矩阵，那么 $\boldsymbol{B}=\boldsymbol{O}$.

第三节　矩阵的初等行变换

数学理论场

《九章算术》中方程术所使用的直除法，实质上是通过“偏乘”和“直除”操作实现消元，其原理与 19 世纪初高斯提出的消元法一致.方程术使用算筹表示方程组的系数和常数项，并将其放置于特定的位置，恰好构成了线性方程组的增广矩阵.而“偏乘”和“直除”，实质上是对增广矩阵进行的一系列变换，包括将某一行乘一个常数，以及用某行加或减另一行的常数倍，这与现代矩阵理论中的初等行变换不谋而合.值得注意的是，这些现代数学知识早在约公元 1 世纪就已经被我国古代数学家掌握，他们深邃的智慧与前瞻性令人赞叹.

一　矩阵的初等行变换的概念

线性方程组

$$\begin{cases} a_{11}x_1+a_{12}x_2+\cdots+a_{1n}x_n=b_1, \\ a_{21}x_1+a_{22}x_2+\cdots+a_{2n}x_n=b_2, \\ \qquad\qquad\vdots \\ a_{m1}x_1+a_{m2}x_2+\cdots+a_{mn}x_n=b_m \end{cases}$$

有一一对应的增广矩阵

$$\bar{\boldsymbol{A}}=\begin{pmatrix} a_{11} & a_{12} & \cdots & a_{1n} & b_1 \\ a_{21} & a_{22} & \cdots & a_{2n} & b_2 \\ \vdots & \vdots & & \vdots & \vdots \\ a_{m1} & a_{m2} & \cdots & a_{mn} & b_m \end{pmatrix}.$$

应用高斯消元法求解线性方程组，通常涉及对方程组的方程进行三种基本的同解变换，这些变换在增广矩阵中体现为相应的行操作：

(1) 交换方程组中第 i 个方程和第 j 个方程的位置，对应增广矩阵中第 i 行和第 j 行的互换；

(2) 将方程组中第 i 个方程两边乘非零常数 k，对应增广矩阵中第 i 行每个元素乘 k；

(3) 将方程组中第 i 个方程两边乘常数 k 后加到第 j 个方程上，对应增广矩阵中第 i 行的 k 倍加到第 j 行上.

例 1　解线性方程组：

$$\begin{cases} x_2-x_3=-1, \\ x_1+2x_2-x_3=3, \\ 2x_1-x_2-x_3=3. \end{cases}$$

增广矩阵

$$\bar{\boldsymbol{A}}=\begin{pmatrix} 0 & 1 & -1 & -1 \\ 1 & 2 & -1 & 3 \\ 2 & -1 & -1 & 3 \end{pmatrix}.$$

解　第一个方程和第二个方程交换位置：

$$\begin{cases} x_1+2x_2-x_3=3, \\ x_2-x_3=-1, \\ 2x_1-x_2-x_3=3. \end{cases}$$

$\bar{\boldsymbol{A}}$ 的第一行和第二行交换位置：

$$\begin{pmatrix} 1 & 2 & -1 & 3 \\ 0 & 1 & -1 & -1 \\ 2 & -1 & -1 & 3 \end{pmatrix}.$$

用 -2 乘第一个方程加到第三个方程上：

$$\begin{cases} x_1+2x_2-x_3=3, \\ x_2-x_3=-1, \\ -5x_2+x_3=-3. \end{cases}$$

用 -2 遍乘 $\bar{\boldsymbol{A}}$ 的第一行加到第三行上：

$$\begin{pmatrix} 1 & 2 & -1 & 3 \\ 0 & 1 & -1 & -1 \\ 0 & -5 & 1 & -3 \end{pmatrix}.$$

用 5 乘第二个方程加到第三个方程上：

$$\begin{cases} x_1+2x_2-x_3=3, \\ x_2-x_3=-1, \\ -4x_3=-8. \end{cases}$$

用 5 遍乘 $\bar{\boldsymbol{A}}$ 的第二行加到第三行上：

$$\begin{pmatrix} 1 & 2 & -1 & 3 \\ 0 & 1 & -1 & -1 \\ 0 & 0 & -4 & -8 \end{pmatrix}.$$

用 $-\frac{1}{4}$ 乘第三个方程：

$$\begin{cases} x_1+2x_2-x_3=3, \\ x_2-x_3=-1, \\ x_3=2. \end{cases}$$

用 $-\frac{1}{4}$ 遍乘 $\bar{\boldsymbol{A}}$ 的第三行：

$$\begin{pmatrix} 1 & 2 & -1 & 3 \\ 0 & 1 & -1 & -1 \\ 0 & 0 & 1 & 2 \end{pmatrix}.$$

将第三个方程加到第二个方程上：

$$\begin{cases} x_1+2x_2-x_3=3, \\ x_2=1, \\ x_3=2. \end{cases}$$

将第三个方程加到第一个方程上：

$$\begin{cases} x_1+2x_2=5, \\ x_2=1, \\ x_3=2. \end{cases}$$

用-2乘第二个方程加到第一个方程上：

$$\begin{cases} x_1=3, \\ x_2=1, \\ x_3=2. \end{cases}$$

将$\bar{A}$的第三行加到第二行的对应元素上：

$$\begin{pmatrix} 1 & 2 & -1 & 3 \\ 0 & 1 & 0 & 1 \\ 0 & 0 & 1 & 2 \end{pmatrix}.$$

将$\bar{A}$的第三行加到第一行的对应元素上：

$$\begin{pmatrix} 1 & 2 & 0 & 5 \\ 0 & 1 & 0 & 1 \\ 0 & 0 & 1 & 2 \end{pmatrix}.$$

用-2遍乘$\bar{A}$的第二行加到第一行上：

$$\begin{pmatrix} 1 & 0 & 0 & 3 \\ 0 & 1 & 0 & 1 \\ 0 & 0 & 1 & 2 \end{pmatrix}.$$

对增广矩阵的行进行的这些操作，就是**矩阵的初等行变换**.

矩阵的初等行变换有以下形式：

(1) 互换矩阵的第 i 行和第 j 行，记为 $r_i \leftrightarrow r_j$；

(2) 用常数 $k(k\neq 0)$乘矩阵的第 i 行，记为 kr_i；

(3) 用常数 k 乘矩阵第 i 行加到第 j 行，记为 r_j+kr_i.

用高斯消元法求解线性方程组，就是对方程组对应的增广矩阵施行初等行变换.

二 矩阵的秩

在例 1 中，当增广矩阵化为

$$B_1=\begin{pmatrix} 1 & 2 & -1 & 3 \\ 0 & 1 & -1 & -1 \\ 0 & 0 & 1 & 2 \end{pmatrix}$$

时，已经解得方程组的一个未知数.当增广矩阵进一步变换为

$$B_2=\begin{pmatrix} 1 & 0 & 0 & 3 \\ 0 & 1 & 0 & 1 \\ 0 & 0 & 1 & 2 \end{pmatrix}$$

时，方程组的所有未知数都已经解出.

观察矩阵 B_1，如图 2-13 所示，依次在矩阵每一行的主元(也称为首非零元，即非零行的第一个非零元)下画一条横线，并用竖线将这些横线连接起来，就会形成“阶梯”：每级台阶的高度只有一行，且每级台阶的起始位置是这一行的主元，台阶下的元素都是零.

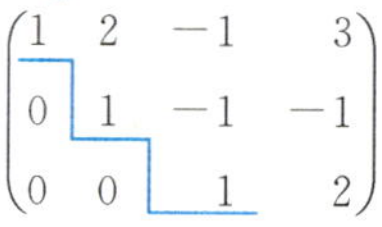

图 2-13

行阶梯形矩阵是指满足以下条件的矩阵：

(1) 如果矩阵有零行(所有元素全为零的行)，那么零行都位于矩阵最下方；

(2) 各非零行的主元的列标随着行标的递增而严格增大.

例如，$\begin{pmatrix}1&-2&0&4\\0&3&1&-3\\0&0&2&7\end{pmatrix}$和$\begin{pmatrix}1&0&4&-6\\0&2&-1&1\\0&0&0&3\\0&0&0&0\end{pmatrix}$都是行阶梯形矩阵.

矩阵 $\boldsymbol{B}_2$ 是一个行阶梯形矩阵.且 $\boldsymbol{B}_2$ 的所有主元都是 1，主元所在列的其余元素都是 0.

行简化阶梯形矩阵是指满足以下条件的行阶梯形矩阵：

(1) 非零行的主元都是 1；

(2) 主元所在列的其他元素都为零.

例如，矩阵$\begin{pmatrix}1&0&0&4\\0&0&1&-1\end{pmatrix}$是一个行简化阶梯形矩阵.

任何矩阵都可以经过有限次初等行变换化为行阶梯形矩阵和行简化阶梯形矩阵.

例 2 将矩阵 $\boldsymbol{A}=\begin{pmatrix}1&2&-3&4&0\\0&1&2&1&1\\-1&-1&5&-3&1\end{pmatrix}$化为行阶梯形矩阵.

解
$$\boldsymbol{A}=\begin{pmatrix}1&2&-3&4&0\\0&1&2&1&1\\-1&-1&5&-3&1\end{pmatrix}\xrightarrow{r_3+r_1}\begin{pmatrix}1&2&-3&4&0\\0&1&2&1&1\\0&1&2&1&1\end{pmatrix}$$
$$\xrightarrow{r_3-r_2}\begin{pmatrix}1&2&-3&4&0\\0&1&2&1&1\\0&0&0&0&0\end{pmatrix}.$$

例 2 中的矩阵 $\boldsymbol{A}$ 看起来有 3 行非零行，但是在化为阶梯形矩阵后，其非零行却只有 2 行.

一个矩阵 $\boldsymbol{A}$ 的阶梯形矩阵形式不是唯一的，但是其阶梯形矩阵的非零行的行数是唯一的，这个行数等于**矩阵的秩**，记为 $r(\boldsymbol{A})$.

例如，在例 2 中，矩阵 $\boldsymbol{A}$ 的秩 $r(\boldsymbol{A})=2$.

秩是矩阵的重要特征之一，在线性方程组的求解中有重要应用.将矩阵转化为阶梯形矩阵后得到其非零行的行数，是求矩阵的秩的常用方法.

例 3 求矩阵 $\boldsymbol{A}=\begin{pmatrix}1&-1&1\\2&3&3\\1&1&2\end{pmatrix}$的秩.

解
$$\begin{pmatrix}1&-1&1\\2&3&3\\1&1&2\end{pmatrix}\xrightarrow[r_3-r_1]{r_2-2r_1}\begin{pmatrix}1&-1&1\\0&5&1\\0&2&1\end{pmatrix}\xrightarrow{\frac{1}{5}r_2}\begin{pmatrix}1&-1&1\\0&1&\frac{1}{5}\\0&2&1\end{pmatrix}\xrightarrow{r_3-2r_2}\begin{pmatrix}1&-1&1\\0&1&\frac{1}{5}\\0&0&\frac{3}{5}\end{pmatrix},$$

因此 $r(\boldsymbol{A})=3$.

例 4 求矩阵 $\boldsymbol{A}$ 的秩，其中 $\boldsymbol{A}=\begin{pmatrix}2&1&1&2\\1&3&1&5\\1&1&5&-7\\2&3&-3&14\end{pmatrix}$.

解

$$\begin{pmatrix}2&1&1&2\\1&3&1&5\\1&1&5&-7\\2&3&-3&14\end{pmatrix}\xrightarrow{r_1\leftrightarrow r_3}\begin{pmatrix}1&1&5&-7\\1&3&1&5\\2&1&1&2\\2&3&-3&14\end{pmatrix}\xrightarrow[r_4-2r_1]{\substack{r_2-r_1\\r_3-2r_1}}\begin{pmatrix}1&1&5&-7\\0&2&-4&12\\0&-1&-9&16\\0&1&-13&28\end{pmatrix}$$

$$\xrightarrow[r_4-\frac{1}{2}r_2]{r_3+\frac{1}{2}r_2}\begin{pmatrix}1&1&5&-7\\0&2&-4&12\\0&0&-11&22\\0&0&-11&22\end{pmatrix}\xrightarrow{r_4-r_3}\begin{pmatrix}1&1&5&-7\\0&2&-4&12\\0&0&-11&22\\0&0&0&0\end{pmatrix},$$

因此 $r(\boldsymbol{A})=3$.

三 用矩阵的初等行变换解线性方程组

求解线性方程组，就是用初等行变换将方程组的增广矩阵转化为行简化阶梯形矩阵.

例 5 解线性方程组 $\begin{cases}x_1+2x_2-3x_3=4,\\2x_1+3x_2+x_3=12,\\2x_1+5x_2-4x_3=13.\end{cases}$

解 对方程组的增广矩阵施行初等行变换，将其化为行简化阶梯形矩阵：

$$\bar{\boldsymbol{A}}=\begin{pmatrix}1&2&-3&4\\2&3&1&12\\2&5&-4&13\end{pmatrix}\xrightarrow[r_3-2r_1]{r_2-2r_1}\begin{pmatrix}1&2&-3&4\\0&-1&7&4\\0&1&2&5\end{pmatrix}\xrightarrow{r_3+r_2}\begin{pmatrix}1&2&-3&4\\0&-1&7&4\\0&0&9&9\end{pmatrix}$$

$$\xrightarrow{\frac{1}{9}r_3}\begin{pmatrix}1&2&-3&4\\0&-1&7&4\\0&0&1&1\end{pmatrix}\xrightarrow[r_1+3r_3]{r_2-7r_3}\begin{pmatrix}1&2&0&7\\0&-1&0&-3\\0&0&1&1\end{pmatrix}$$

$$\xrightarrow{r_1+2r_2}\begin{pmatrix}1&0&0&1\\0&-1&0&-3\\0&0&1&1\end{pmatrix}\xrightarrow{-r_2}\begin{pmatrix}1&0&0&1\\0&1&0&3\\0&0&1&1\end{pmatrix}.$$

方程组的解为

$$\begin{cases}x_1=1,\\x_2=3,\\x_3=1.\end{cases}$$

在例 5 中，方程组的系数矩阵 $\boldsymbol{A}$ 的秩、增广矩阵 $\bar{\boldsymbol{A}}$ 的秩，以及方程组中未知数的个数 n 都相等，即 $r(\boldsymbol{A})=r(\bar{\boldsymbol{A}})=n$.

例 6　解线性方程组

$$\begin{cases}x_1-x_2+x_3-x_4=0,\\2x_1-x_2+3x_3-2x_4=-1,\\3x_1-2x_2-x_3+2x_4=4.\end{cases}$$

解　对方程组的增广矩阵施行初等行变换，将其化为行简化阶梯形矩阵：

$$\overline{\boldsymbol{A}}=\begin{pmatrix}1&-1&1&-1&0\\2&-1&3&-2&-1\\3&-2&-1&2&4\end{pmatrix}\xrightarrow[r_3-3r_1]{r_2-2r_1}\begin{pmatrix}1&-1&1&-1&0\\0&1&1&0&-1\\0&1&-4&5&4\end{pmatrix}$$

$$\xrightarrow{r_3-r_2}\begin{pmatrix}1&-1&1&-1&0\\0&1&1&0&-1\\0&0&-5&5&5\end{pmatrix}\xrightarrow{-\frac{1}{5}r_3}\begin{pmatrix}1&-1&1&-1&0\\0&1&1&0&-1\\0&0&1&-1&-1\end{pmatrix}$$

$$\xrightarrow[r_1-r_3]{r_2-r_3}\begin{pmatrix}1&-1&0&0&1\\0&1&0&1&0\\0&0&1&-1&-1\end{pmatrix}\xrightarrow{r_1+r_2}\begin{pmatrix}1&0&0&1&1\\0&1&0&1&0\\0&0&1&-1&-1\end{pmatrix}.$$

行简化阶梯形矩阵对应的线性方程组为

$$\begin{cases}x_1+x_4=1,\\x_2+x_4=0,\\x_3-x_4=-1,\end{cases}$$

整理，得

$$\begin{cases}x_1=1-x_4,\\x_2=-x_4,\\x_3=x_4-1.\end{cases}$$

未知量 x_4 可以任意取值，因此称 x_4 为**自由未知量**.任意取定一个 x_4 的值，即可求得相应的一组方程组的解.令 $x_4=c$（c 为任意常数），得到线性方程组的解为

$$\begin{cases}x_1=1-c,\\x_2=-c,\\x_3=c-1,\\x_4=c.\end{cases}$$

由于 x_4 取值的任意性，所以方程组有无穷多个解.

在例 6 中，线性方程组的系数矩阵 $\boldsymbol{A}$ 与其增广矩阵 $\overline{\boldsymbol{A}}$ 具有相同的秩，即 $r(\boldsymbol{A})=r(\overline{\boldsymbol{A}})$，并且这个秩小于未知数的数量.这表明方程组中的方程数量不足以对所有未知数施加独立的约束，即至少存在一个自由未知量，在方程组中没有对应的独立方程确定它的值，它取任意值时方程组中的任一方程都成立.因此，方程组具有无穷多解.

一般地，对于 n 元线性方程组

$$\begin{cases}a_{11}x_1+a_{12}x_2+\cdots+a_{1n}x_n=b_1,\\a_{21}x_1+a_{22}x_2+\cdots+a_{2n}x_n=b_2,\\\quad\vdots\\a_{m1}x_1+a_{m2}x_2+\cdots+a_{mn}x_n=b_m,\end{cases}$$

如果 $r(\boldsymbol{A})=r(\bar{\boldsymbol{A}})=r<n$，那么方程组有 $n-r$ 个自由未知量.

例 7 解线性方程组 $\begin{cases}x_1+2x_2-x_3=4,\\2x_1+4x_2+3x_3=5,\\-x_1-2x_2+6x_3=8.\end{cases}$

解 对增广矩阵施行初等行变换，使其化为行简化阶梯形矩阵：

$$\begin{pmatrix}1&2&-1&4\\2&4&3&5\\-1&-2&6&8\end{pmatrix}\xrightarrow[r_3+r_1]{r_2-2r_1}\begin{pmatrix}1&2&-1&4\\0&0&5&-3\\0&0&5&12\end{pmatrix}\xrightarrow{r_3-r_2}\begin{pmatrix}1&2&-1&4\\0&0&5&-3\\0&0&0&15\end{pmatrix}.$$

行简化阶梯形矩阵对应的线性方程组为

$$\begin{cases}x_1+2x_2-x_3=4,\\5x_3=-3,\\0=15.\end{cases}$$

显然，方程组无解.

在例 7 中，方程组的系数矩阵 $\boldsymbol{A}$ 的秩小于增广矩阵$\bar{\boldsymbol{A}}$的秩，即 $r(\boldsymbol{A})<r(\bar{\boldsymbol{A}})$.系数矩阵的第三行所有元素都是零，而增广矩阵$\bar{\boldsymbol{A}}$的第三行第四列为非零元 15，说明行简化阶梯形矩阵对应的方程组中出现了矛盾方程 $0=15$，因此，该线性方程组无解.

综上所述，可以得到以下结论：

线性方程组 $\begin{cases}a_{11}x_1+a_{12}x_2+\cdots+a_{1n}x_n=b_1,\\a_{21}x_1+a_{22}x_2+\cdots+a_{2n}x_n=b_2,\\\quad\vdots\\a_{m1}x_1+a_{m2}x_2+\cdots+a_{mn}x_n=b_m\end{cases}$ 有解的充分必要条件是 $r(\boldsymbol{A})=r(\bar{\boldsymbol{A}})$.如果 $r(\boldsymbol{A})=r(\bar{\boldsymbol{A}})=r$，那么

(1) 当 $r=n$ 时，线性方程组 $\boldsymbol{AX}=\boldsymbol{B}$ 有唯一解；

(2) 当 $r<n$ 时，线性方程组 $\boldsymbol{AX}=\boldsymbol{B}$ 有无穷多解.

例 8 求当 a,b 取何值时，方程组 $\begin{cases}x_1-2x_2-x_3=1,\\3x_1-x_2-3x_3=2,\\2x_1+x_2+ax_3=b\end{cases}$ (1) 有唯一解；(2) 有无穷多解；(3) 无解.

解 对方程组的增广矩阵施行初等行变换：

$$\bar{\boldsymbol{A}}=\begin{pmatrix}1&-2&-1&1\\3&-1&-3&2\\2&1&a&b\end{pmatrix}\xrightarrow[r_3-2r_1]{r_2-3r_1}\begin{pmatrix}1&-2&-1&1\\0&5&0&-1\\0&5&a+2&b-2\end{pmatrix}$$

$$\xrightarrow{r_3-r_2}\begin{pmatrix}1 & -2 & -1 & 1\\ 0 & 5 & 0 & -1\\ 0 & 0 & a+2 & b-1\end{pmatrix}.$$

(1) 当 $a+2\neq 0$，即 $a\neq -2$ 时，$r(\mathbf{A})=r(\overline{\mathbf{A}})=3$，方程组有唯一解；

(2) 当 $a+2=0$ 且 $b-1=0$，即 $a=-2$ 且 $b=1$ 时，$r(\mathbf{A})=r(\overline{\mathbf{A}})=2<3$，方程组有无穷多解；

(3) 当 $a+2=0$ 且 $b-1\neq 0$，即 $a=-2$ 且 $b\neq 1$ 时，$r(\mathbf{A})=2$，$r(\overline{\mathbf{A}})=3$，$r(\mathbf{A})<r(\overline{\mathbf{A}})$，方程组无解.

例 9　解线性方程组

$$\begin{cases}x_1+2x_2+3x_3=0,\\ 2x_1+3x_2+x_3=0,\\ 3x_1+5x_2+4x_3=0.\end{cases}$$

解　这是一个齐次线性方程组，对它的增广矩阵施行初等行变换，化为行简化阶梯形矩阵：

$$\overline{\mathbf{A}}=\begin{pmatrix}1 & 2 & 3 & 0\\ 2 & 3 & 1 & 0\\ 3 & 5 & 4 & 0\end{pmatrix}\xrightarrow[r_3-3r_1]{r_2-2r_1}\begin{pmatrix}1 & 2 & 3 & 0\\ 0 & -1 & -5 & 0\\ 0 & -1 & -5 & 0\end{pmatrix}\xrightarrow{r_3-r_2}\begin{pmatrix}1 & 2 & 3 & 0\\ 0 & -1 & -5 & 0\\ 0 & 0 & 0 & 0\end{pmatrix}$$

$$\xrightarrow{r_1+2r_2}\begin{pmatrix}1 & 0 & -7 & 0\\ 0 & -1 & -5 & 0\\ 0 & 0 & 0 & 0\end{pmatrix}\xrightarrow{-r_2}\begin{pmatrix}1 & 0 & -7 & 0\\ 0 & 1 & 5 & 0\\ 0 & 0 & 0 & 0\end{pmatrix}.$$

因为 $r(\mathbf{A})=r(\overline{\mathbf{A}})=2<3$，所以方程组有无穷多解.行简化阶梯形矩阵对应线性方程组

$$\begin{cases}x_1-7x_3=0,\\ x_2+5x_3=0.\end{cases}$$

整理，得

$$\begin{cases}x_1=7x_3,\\ x_2=-5x_3.\end{cases}$$

取 x_3 为任意常数 c，得线性方程组的解为

$$\begin{cases}x_1=7c,\\ x_2=-5c,\\ x_3=c.\end{cases}$$

n 元齐次线性方程组的增广矩阵最后一列元素都是 0，因此，其系数矩阵 $\mathbf{A}$ 的秩 $r(\mathbf{A})$ 和增广矩阵 $\overline{\mathbf{A}}$ 的秩 $r(\overline{\mathbf{A}})$ 相等，即 $r(\mathbf{A})=r(\overline{\mathbf{A}})$.根据线性方程组有解的充分必要条件，可以得到以下结论：

(1) n 元齐次线性方程组必定有解；

(2) 如果 $r(\mathbf{A})=r(\overline{\mathbf{A}})=n$，零解是 n 元齐次线性方程组的唯一解；

(3) 如果 $r(\mathbf{A})=r(\overline{\mathbf{A}})<n$，$n$ 元齐次线性方程组有无穷多解.

例 10 当 k 取何值时，齐次线性方程组 $\begin{cases} kx_1+x_2+x_3=0, \\ x_1+kx_2+x_3=0, \\ x_1+x_2+kx_3=0 \end{cases}$ 有非零解？

解 因为

$$A=\begin{pmatrix} k & 1 & 1 \\ 1 & k & 1 \\ 1 & 1 & k \end{pmatrix} \xrightarrow{r_1 \leftrightarrow r_3} \begin{pmatrix} 1 & 1 & k \\ 1 & k & 1 \\ k & 1 & 1 \end{pmatrix} \xrightarrow[r_2-r_1]{r_3-kr_1} \begin{pmatrix} 1 & 1 & k \\ 0 & k-1 & 1-k \\ 0 & 1-k & 1-k^2 \end{pmatrix}$$

$$\xrightarrow{r_3+r_2} \begin{pmatrix} 1 & 1 & k \\ 0 & k-1 & 1-k \\ 0 & 0 & 2-k-k^2 \end{pmatrix},$$

所以，当 $2-k-k^2=0$ 或 $k-1=0$，即 $k=-2$ 或 $k=1$ 时，该方程组有非零解.

四 用矩阵的初等行变换求矩阵的逆

设 A 是一个 n 阶可逆方阵，构造一个 $n\times 2n$ 矩阵 $(A \vdots E)$，其中 E 是 n 阶单位矩阵.通过对这个 $n\times 2n$ 矩阵施行初等行变换，使得左侧的矩阵 A 化为单位矩阵 E.相应地，右边的单位矩阵 E 将同步变换，最终化为 A 的逆矩阵 A^{-1}.

$$(A \vdots E) \xrightarrow{\text{初等行变换}} (E \vdots A^{-1}).$$

例 11 设 $A=\begin{pmatrix} 1 & -3 & 4 \\ 2 & -3 & 4 \\ 0 & 1 & -1 \end{pmatrix}$，求 A^{-1}.

解 $(A \vdots E)=\begin{pmatrix} 1 & -3 & 4 & 1 & 0 & 0 \\ 2 & -3 & 4 & 0 & 1 & 0 \\ 0 & 1 & -1 & 0 & 0 & 1 \end{pmatrix} \xrightarrow{r_2-2r_1} \begin{pmatrix} 1 & -3 & 4 & 1 & 0 & 0 \\ 0 & 3 & -4 & -2 & 1 & 0 \\ 0 & 1 & -1 & 0 & 0 & 1 \end{pmatrix}$

$$\xrightarrow{r_1+r_2} \begin{pmatrix} 1 & 0 & 0 & -1 & 1 & 0 \\ 0 & 3 & -4 & -2 & 1 & 0 \\ 0 & 1 & -1 & 0 & 0 & 1 \end{pmatrix} \xrightarrow{r_2 \leftrightarrow r_3} \begin{pmatrix} 1 & 0 & 0 & -1 & 1 & 0 \\ 0 & 1 & -1 & 0 & 0 & 1 \\ 0 & 3 & -4 & -2 & 1 & 0 \end{pmatrix}$$

$$\xrightarrow{r_3-3r_2} \begin{pmatrix} 1 & 0 & 0 & -1 & 1 & 0 \\ 0 & 1 & -1 & 0 & 0 & 1 \\ 0 & 0 & -1 & -2 & 1 & -3 \end{pmatrix} \xrightarrow{-r_3} \begin{pmatrix} 1 & 0 & 0 & -1 & 1 & 0 \\ 0 & 1 & -1 & 0 & 0 & 1 \\ 0 & 0 & 1 & 2 & -1 & 3 \end{pmatrix}$$

$$\xrightarrow{r_2+r_3} \begin{pmatrix} 1 & 0 & 0 & -1 & 1 & 0 \\ 0 & 1 & 0 & 2 & -1 & 4 \\ 0 & 0 & 1 & 2 & -1 & 3 \end{pmatrix}.$$

因此

$$A^{-1}=\begin{pmatrix} -1 & 1 & 0 \\ 2 & -1 & 4 \\ 2 & -1 & 3 \end{pmatrix}.$$

这种方法同样适用于求解矩阵方程.设矩阵 $\boldsymbol{A}$ 可逆,且已知矩阵方程 $\boldsymbol{AX}=\boldsymbol{B}$ 的解为 $\boldsymbol{X}=\boldsymbol{A}^{-1}\boldsymbol{B}$,构造 $n\times 2n$ 矩阵$(\boldsymbol{A}\vdots\boldsymbol{B})$,对这个 $n\times 2n$ 矩阵施行初等行变换,直到左侧的矩阵 $\boldsymbol{A}$ 转化为单位矩阵 $\boldsymbol{E}$.在这个过程中,右侧的单位矩阵 $\boldsymbol{E}$ 同步变换,最终转化为 $\boldsymbol{A}^{-1}\boldsymbol{B}$,即方程的解.

例 12　求解矩阵方程 $\boldsymbol{AX}=\boldsymbol{B}$,其中 $\boldsymbol{A}=\begin{pmatrix}1&2&-1\\2&1&1\\-1&1&0\end{pmatrix}$,$\boldsymbol{B}=\begin{pmatrix}1\\-1\\2\end{pmatrix}$.

解　$$(\boldsymbol{A}\vdots\boldsymbol{B})=\begin{pmatrix}1&2&-1&1\\2&1&1&-1\\-1&1&0&2\end{pmatrix}\xrightarrow[r_3+r_1]{r_2-2r_1}\begin{pmatrix}1&2&-1&1\\0&-3&3&-3\\0&3&-1&3\end{pmatrix}$$

$$\xrightarrow{r_3+r_2}\begin{pmatrix}1&2&-1&1\\0&-3&3&-3\\0&0&2&0\end{pmatrix}\xrightarrow[\frac{1}{2}r_3]{-\frac{1}{3}r_2}\begin{pmatrix}1&2&-1&1\\0&1&-1&1\\0&0&1&0\end{pmatrix}$$

$$\xrightarrow[r_1+r_3]{r_2+r_3}\begin{pmatrix}1&2&0&1\\0&1&0&1\\0&0&1&0\end{pmatrix}\xrightarrow{r_1-2r_2}\begin{pmatrix}1&0&0&-1\\0&1&0&1\\0&0&1&0\end{pmatrix}.$$

因此 $\boldsymbol{X}=\boldsymbol{A}^{-1}\boldsymbol{B}=\begin{pmatrix}-1\\1\\0\end{pmatrix}$.

编程实验室

矩阵的初等行变换

(一) 将矩阵化为行阶梯形矩阵和行简化阶梯形矩阵

1. 判断矩阵是否为行阶梯形矩阵

访问矩阵对象 A 的 A.is_echelon 属性,可以判断矩阵 A 是否为行阶梯形矩阵.

例 13　设矩阵

$$\boldsymbol{A}=\begin{pmatrix}1&0&1&1\\0&1&2&3\\0&-1&1&0\end{pmatrix},$$

编写代码判断 $\boldsymbol{A}$ 是否为行阶梯形矩阵.

解 代码如下：

```
import sympy as sp
A = sp.Matrix([[1, 0, 1, 1],
               [0, 1, 2, 3],
               [0, -1, 1, 0]])
is_echelon = A.is_echelon
print(is_echelon)
```

运行结果为 False，说明该矩阵不是行阶梯形矩阵.

2. 将矩阵化为行阶梯形矩阵或行简化阶梯形矩阵

调用矩阵对象 A 的 A.echelon_form()方法可以将矩阵对象 A 化为行阶梯形矩阵，调用 A.rref()方法则可以将矩阵 A 化为行简化阶梯形矩阵.

A.rref()方法返回两个值：矩阵 A 的行简化阶梯形矩阵和主元位置.使用“_”可以忽略第二个返回值，只保留第一个，即行简化阶梯形矩阵.这种做法称为解包，常用于不需要第二个返回值的情况.

例 14 将矩阵 $\boldsymbol{A}=\begin{pmatrix}1 & 2 & -3 & 4 & 0\\ 0 & 1 & 2 & 1 & 1\\ -1 & -1 & 5 & -3 & 1\end{pmatrix}$化为行阶梯形矩阵和行简化阶梯形矩阵.

解 代码如下：

```
import sympy as sp
A = sp.Matrix([[1, 2, -3, 4, 0],
               [0, 1, 2, 1, 1],
               [-1, -1, 5, -3, 1]])
ech_A = A.echelon_form()
rre_A, _ = A.rref()
print('矩阵A化为行阶梯形矩阵是')
print(ech_A)
print('矩阵A化为行简化阶梯形矩阵是')
print(rre_A)
```

运行结果如下：

```
矩阵 A 化为行阶梯形矩阵是
Matrix([[1, 2, -3, 4, 0], [0, 1, 2, 1, 1], [0, 0, 0, 0, 0]])
矩阵 A 化为行简化阶梯形矩阵是
Matrix([[1, 0, -7, 2, -2], [0, 1, 2, 1, 1], [0, 0, 0, 0, 0]])
```

(二) 求矩阵的秩

调用矩阵对象 A 的 A.rank()方法可以求得矩阵的秩.

例 15 求矩阵 $\boldsymbol{A}=\begin{pmatrix}1 & 1 & 2 & 2 & 1\\ 0 & 2 & 1 & 5 & -1\\ 2 & 0 & 3 & -1 & 3\\ 1 & 1 & 0 & 4 & -1\end{pmatrix}$ 的秩.

解 代码如下：

```python
import sympy as sp
A = sp.Matrix([[1, 1, 2, 2, 1],
               [0, 2, 1, 5, -1],
               [2, 0, 3, -1, 3],
               [1, 1, 0, 4, -1]])
A_rank = A.rank()
print('矩阵A的秩是', A_rank)
```

运行结果如下：

```
矩阵 A 的秩是 3
```

（三）求线性方程组的解

在 SymPy 中，通常使用 sympy.solve() 函数求解线性方程组.其语法格式为

sympy.solve([func1,func2,…],[variable1,variable2,…]).

其中第一个参数是一个列表，包含方程组中所有方程的左侧表达式（将方程所有非零项移至左侧），第二个参数也是一个列表，包含方程组中所有未知量.

例 16 解线性方程组 $\begin{cases}x_1+2x_2-3x_3=4,\\ 2x_1+3x_2+x_3=12,\\ 2x_1+5x_2-4x_3=13,\\ 2x_1+6x_2+2x_3=22.\end{cases}$

解 代码如下：

```python
import sympy as sp
x1, x2, x3 = sp.symbols('x1 x2 x3')
y1 = x1 + 2 * x2 - 3 * x3 - 4
y2 = 2 * x1 + 3 * x2 + x3 - 12
y3 = 2 * x1 + 5 * x2 - 4 * x3 - 13
y4 = 2 * x1 + 6 * x2 + 2 * x3 - 22
print(sp.solve([y1, y2 ,y3, y4], [x1, x2, x3]))
```

运行结果如下：

```
{x1: 1, x2: 3, x3: 1}
```

例 17 解线性方程组 $\begin{cases}2x_1-x_2-x_3+x_4=2,\\x_1+x_2-2x_3+x_4=4,\\4x_1-6x_2+2x_3-2x_4=4,\\3x_1+6x_2-9x_3+7x_4=9.\end{cases}$

解 代码如下：

```
import sympy as sp
x1, x2, x3, x4 = sp.symbols('x1 x2 x3 x4')
y1 = 2 * x1 - x2 - x3 + x4 - 2
y2 = x1 +  x2 - 2 * x3 + x4 - 4
y3 = 4 * x1 - 6 * x2 + 2 * x3 - 2 * x4 - 4
y4 = 3 * x1 + 6 * x2 - 9 * x3 + 7 * x4 - 9
print(sp.solve([y1, y2 ,y3, y4], [x1, x2, x3, x4]))
```

运行结果如下：

```
{x1: x3 + 4, x2: x3 + 3, x4: - 3}
```

说明此方程组有无穷多解，x_3 为自由未知量.

习题 2.3

1. 选择题：

(1) 以下不属于矩阵的初等行变换的是 （　　）

A. 将矩阵的第一行除以 2　　B. 将矩阵的第二行加到第三行

C. 将矩阵转置　　D. 将矩阵的第一行和第二行互换位置

(2) 设线性方程组 $\boldsymbol{A}_{4\times4}\boldsymbol{X}_{4\times1}=\boldsymbol{B}$ 有唯一解，则 $r(\boldsymbol{A})=$ （　　）

A. 4　　B. 3　　C. 2　　D. 1

(3) 如果方程组 $\boldsymbol{AX}=\boldsymbol{0}$ 中，方程个数小于未知数个数，那么以下判断正确的是 （　　）

A. $\boldsymbol{AX}=\boldsymbol{0}$ 必有无穷多解　　B. $\boldsymbol{AX}=\boldsymbol{0}$ 必有唯一解

C. $\boldsymbol{AX}=\boldsymbol{0}$ 仅有零解　　D. $\boldsymbol{AX}=\boldsymbol{0}$ 一定无解

(4) 下列矩阵是行阶梯形矩阵的是 （　　）

A. $\begin{pmatrix}1&1&2&-1\\0&0&3&0\\0&0&1&-2\end{pmatrix}$　　B. $\begin{pmatrix}0&-1&0&3\\0&0&1&0\\0&0&0&-2\end{pmatrix}$

C. $\begin{pmatrix}1&1&2&-1\\0&0&0&0\\0&0&1&-2\\0&0&0&3\end{pmatrix}$　　D. $\begin{pmatrix}2&1&2&-1\\0&1&3&0\\1&0&0&-2\\0&0&0&0\end{pmatrix}$

(5) 下列矩阵是行简化阶梯形矩阵的是　　(　　)

A. $\begin{pmatrix}1&0&2&0\\0&1&0&0\\0&0&1&-2\end{pmatrix}$　　B. $\begin{pmatrix}1&0&0&3\\0&1&0&1\\0&0&-1&-2\end{pmatrix}$

C. $\begin{pmatrix}1&0&0&-1\\0&1&0&-2\\0&0&1&3\\0&0&0&0\end{pmatrix}$　　D. $\begin{pmatrix}1&0&0&1\\0&1&0&0\\0&0&1&0\\0&0&0&1\end{pmatrix}$

2. 判断题：

(1) 对矩阵 $\boldsymbol{A}$ 施行初等行变换 r_1+r_2 与 r_2+r_1，所得结果是一样的.

(2) 矩阵的秩等于矩阵的非零行的行数.

(3) 所有的线性方程组都一定有零解.

(4) 任何一个矩阵都能经过有限次初等行变换化为唯一的行阶梯形矩阵.

(5) 行简化阶梯形矩阵一定是行阶梯形矩阵.

3. 求下列矩阵的秩：

(1) $\begin{pmatrix}3&1&0&2\\1&-1&2&-1\\1&3&-4&4\end{pmatrix}$；　　(2) $\begin{pmatrix}1&0&1&1\\1&1&0&1\\0&1&1&1\\1&1&-2&0\end{pmatrix}$；

(3) $\begin{pmatrix}1&2&3&0\\2&-1&1&-5\\-1&0&-1&2\\0&1&1&1\\3&-1&2&-7\end{pmatrix}$；　　(4) $\begin{pmatrix}1&1&2&2&1\\0&2&1&5&-1\\2&0&3&-1&3\\1&1&0&4&-1\end{pmatrix}$.

4. 解下列线性方程组：

(1) $\begin{cases}x_1-x_2+2x_3=3,\\x_1+x_2+x_3=3,\\2x_1+2x_2+x_3=-6;\end{cases}$　　(2) $\begin{cases}x_1+x_2-3x_3=-1,\\2x_1+x_2-2x_3=1,\\x_1+2x_2-3x_3=1,\\x_1+x_2+x_3=100;\end{cases}$

(3) $\begin{cases}2x_1+x_2-x_3+x_4=1,\\4x_1+2x_2-2x_3+x_4=2,\\2x_1+x_2-x_3-x_4=1;\end{cases}$　　(4) $\begin{cases}x_1-x_2-3x_3+x_4=1,\\x_1-x_2+2x_3-x_4=3,\\4x_1-4x_2+3x_3-2x_4=10,\\2x_1-2x_2-11x_3+4x_4=0;\end{cases}$

(5) $\begin{cases}x_1+x_2-2x_3-x_4=0,\\2x_1+x_2+x_3-x_4=0,\\2x_1+2x_2+x_3+2x_4=0;\end{cases}$　　(6) $\begin{cases}3x_1+4x_2-5x_3+7x_4=0,\\2x_1-3x_2+3x_3-2x_4=0,\\4x_1+11x_2-13x_3+16x_4=0,\\7x_1-2x_2+x_3+3x_4=0.\end{cases}$

5. 已知矩阵 $\boldsymbol{A}=\begin{pmatrix}1 & 0 & -1 & 1\\ 1 & a & 1 & b\\ 1 & 1 & 0 & 1\end{pmatrix}$的秩 $r(\boldsymbol{A})=2$,求 a,b 的值.

6. 已知矩阵 $\boldsymbol{A}=\begin{pmatrix}1 & 2 & 4\\ 2 & \lambda & 1\\ 1 & 1 & 0\end{pmatrix}$,当 λ 为何值时,矩阵 $\boldsymbol{A}$ 的秩最小?

7. 求当 a 取何值时,线性方程组 $\begin{cases}x_1+x_2-x_3=-1,\\ 2x_1+3x_2+ax_3=3,\\ x_1+ax_2+3x_3=4\end{cases}$ (1) 有唯一解;(2) 无解;(3) 有无穷多解.

8. 求当 a,b 取何值时,线性方程组 $\begin{cases}x_1+2x_2+3x_3-x_4=1,\\ x_1+x_2+2x_3+3x_4=1,\\ 3x_1-x_2-x_3-2x_4=a,\\ 2x_1+3x_2-x_3+bx_4=-6\end{cases}$ (1) 有唯一解;(2) 无解;(3) 有无穷多解.

9. 无锡市新吴区吴都路的取名源于春秋吴国古都,是一条连接无锡南北的交通枢纽.吴都路宽近百米,双向 6 至 8 车道,南北两幅单向道路,中间是一条狭长的亲水景观带,沿线的尚贤河湿地公园清溪小桥、绿树飞檐掩映成趣,与赏樱胜地金匮公园连为一体,令众多市民流连忘返.图 2-14 所示为吴都路金匮公园附近交通网络.2024 年 4 月 2 日,为保障市民出游赏景,观山路、清舒道和立德道实行单向通行.图 2-14 中标记数字为上午 9 时测得的交通流量(每小时车辆数目).请先建立数学模型,再编写代码计算该交通网络的车流量 $x_i(i=1,2,\cdots,5)$.(提示:全部流入网络的流量等于全部流出网络的流量,全部流入某个节点的流量等于全部流出此节点的流量)

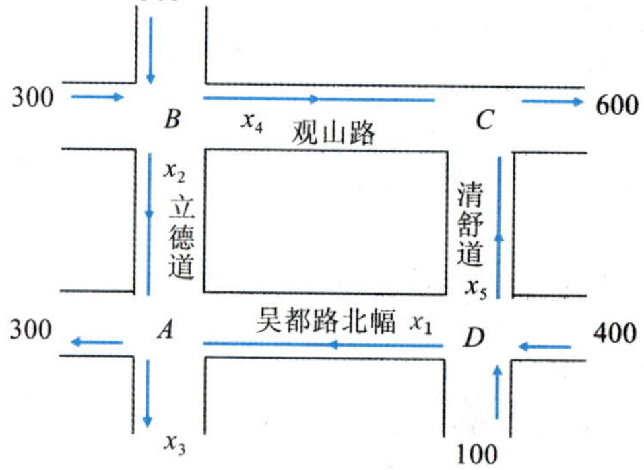

图 2-14

思维训练营

一 题型精析

矩阵的初等行变换及其应用如图 2-15 所示.

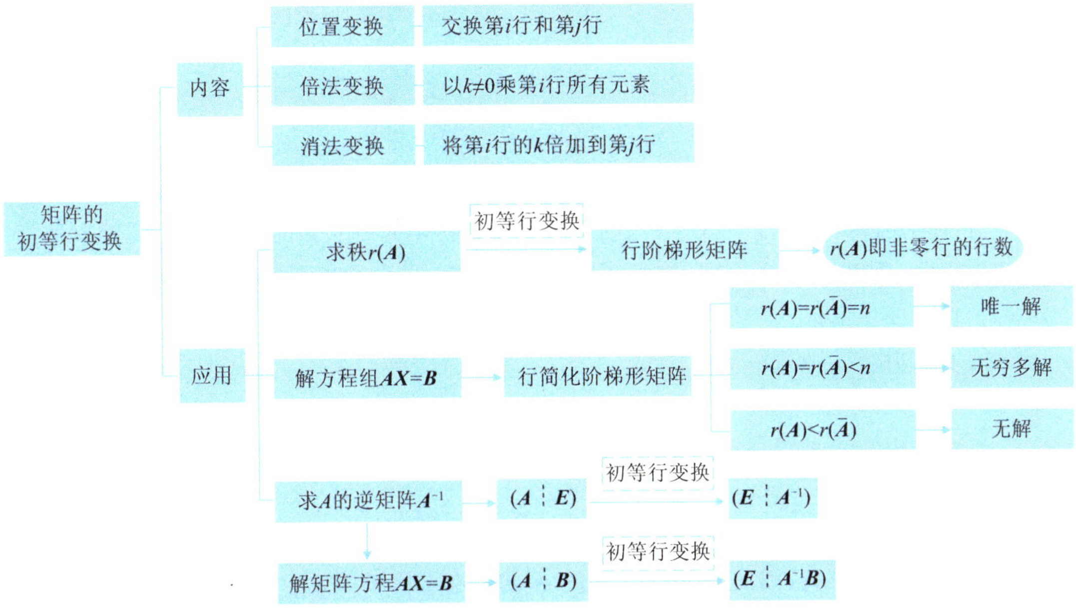

图 2-15

(一) 求矩阵的秩

设 $\boldsymbol{A}$ 是一个 $m\times n$ 矩阵,在 $\boldsymbol{A}$ 中任取 k 行 k 列,位于这些行和列交叉处的元素,按它们原来的次序组成一个 k 阶行列式,称为矩阵 $\boldsymbol{A}$ 的一个 k 阶子式.

例如,设矩阵

$$\boldsymbol{A}=\begin{pmatrix}2 & 1 & 5 & -2 & 1\\ 1 & 3 & 2 & 1 & -1\\ 1 & -1 & 0 & -2 & 4\\ 3 & 0 & 2 & -4 & 1\end{pmatrix},$$

取矩阵 $\boldsymbol{A}$ 的第一、三行与第二、四列相交处的元素组成 $\boldsymbol{A}$ 的一个二阶子式

$$\begin{vmatrix}1 & -2\\ -1 & -2\end{vmatrix};$$

取矩阵 $\boldsymbol{A}$ 的第一、二、四行与第二、三、五列相交处的元素组成 $\boldsymbol{A}$ 的一个三阶子式

$$\begin{vmatrix}1 & 5 & 1\\ 3 & 2 & -1\\ 0 & 2 & 1\end{vmatrix}.$$

矩阵 $\boldsymbol{A}$ 的非零子式的最高阶数 r 称为矩阵 $\boldsymbol{A}$ 的秩，记为 $r(\boldsymbol{A})$.

例如，设矩阵

$$\boldsymbol{A}=\begin{pmatrix}1&0&0&-1&1\\0&2&1&0&-1\\0&0&0&-1&2\\0&0&0&0&0\end{pmatrix},$$

取矩阵 $\boldsymbol{A}$ 的第一、二、三行与第一、二、四列相交处的元素组成一个 $\boldsymbol{A}$ 的三阶子式

$$\begin{vmatrix}1&0&-1\\0&2&0\\0&0&-1\end{vmatrix}=-2\neq0,$$

且矩阵 $\boldsymbol{A}$ 的任一四阶子式都必定含有零行，其值都是 0，所以矩阵 $\boldsymbol{A}$ 的秩 $r(\boldsymbol{A})=3$.

阶梯形矩阵的秩等于其非零行的行数.由于任何矩阵都可以通过初等行变换化为阶梯形矩阵，所以将矩阵化为阶梯形矩阵后，其非零行的行数等于矩阵的秩.

例 18 用定义求矩阵 $\boldsymbol{A}=\begin{pmatrix}1&-1&3&0\\-2&1&-2&1\\-1&-1&5&2\end{pmatrix}$ 的秩 $r(\boldsymbol{A})$.

解 取矩阵 $\boldsymbol{A}$ 的第一、二行与第三、四列相交处的元素组成 $\boldsymbol{A}$ 的一个二阶子式

$$\begin{vmatrix}3&0\\-2&1\end{vmatrix}=3\neq0.$$

矩阵 $\boldsymbol{A}$ 只有三行，因此 $r(\boldsymbol{A})\leqslant3$.矩阵 $\boldsymbol{A}$ 的所有三阶子式：

$$\begin{vmatrix}1&-1&3\\-2&1&-2\\-1&-1&5\end{vmatrix}=0,\quad\begin{vmatrix}1&-1&0\\-2&1&1\\-1&-1&2\end{vmatrix}=0,$$

$$\begin{vmatrix}1&3&0\\-2&-2&1\\-1&5&2\end{vmatrix}=0,\quad\begin{vmatrix}-1&3&0\\1&-2&1\\-1&5&2\end{vmatrix}=0.$$

所以 $r(\boldsymbol{A})=2$.

例 19 设矩阵 $\boldsymbol{A}=\begin{pmatrix}1&a&a\\a&1&a\\a&a&1\end{pmatrix}$，已知 $r(\boldsymbol{A})=2$，求常数 a 的值.

解 因为 $r(\boldsymbol{A})=2$，所以

$$\begin{vmatrix}1&a&a\\a&1&a\\a&a&1\end{vmatrix}=(1+2a)\begin{vmatrix}1&1&1\\a&1&a\\a&a&1\end{vmatrix}=(1+2a)\begin{vmatrix}1&1&1\\0&1-a&0\\0&0&1-a\end{vmatrix}$$

$$=(1+2a)(1-a)^2=0,$$

解得 $a=-\dfrac{1}{2}$ 或 $a=1$.

如果 $a=1$，那么矩阵 $\boldsymbol{A}=\begin{pmatrix}1&1&1\\1&1&1\\1&1&1\end{pmatrix}$，$r(\boldsymbol{A})=1$，与已知 $r(\boldsymbol{A})=2$ 矛盾.所以 $a=-\dfrac{1}{2}$.

（二）解矩阵方程

例 20 设 $\boldsymbol{A}=\begin{pmatrix}1&1\\1&2\end{pmatrix}$，$\boldsymbol{B}=\begin{pmatrix}1&1&1\\0&1&1\\0&0&1\end{pmatrix}$，$\boldsymbol{C}=\begin{pmatrix}1&3&4\\1&4&5\end{pmatrix}$，求矩阵 $\boldsymbol{X}$，使得 $\boldsymbol{AXB}=\boldsymbol{C}$.

解 因为 $\boldsymbol{AXB}=\boldsymbol{C}$，所以 $\boldsymbol{X}=\boldsymbol{A}^{-1}\boldsymbol{C}\boldsymbol{B}^{-1}$.

$$(\boldsymbol{A}\,\vdots\,\boldsymbol{E})=\begin{pmatrix}1&1&1&0\\1&2&0&1\end{pmatrix}\xrightarrow{r_2-r_1}\begin{pmatrix}1&1&1&0\\0&1&-1&1\end{pmatrix}\xrightarrow{r_1-r_2}\begin{pmatrix}1&0&2&-1\\0&1&-1&1\end{pmatrix},$$

所以 $\boldsymbol{A}^{-1}=\begin{pmatrix}2&-1\\-1&1\end{pmatrix}$.

$$(\boldsymbol{B}\,\vdots\,\boldsymbol{E})=\begin{pmatrix}1&1&1&1&0&0\\0&1&1&0&1&0\\0&0&1&0&0&1\end{pmatrix}\xrightarrow[r_1-r_3]{r_2-r_3}\begin{pmatrix}1&1&0&1&0&-1\\0&1&0&0&1&-1\\0&0&1&0&0&1\end{pmatrix}$$

$$\xrightarrow{r_1-r_2}\begin{pmatrix}1&0&0&1&-1&0\\0&1&0&0&1&-1\\0&0&1&0&0&1\end{pmatrix},$$

所以

$$\boldsymbol{B}^{-1}=\begin{pmatrix}1&-1&0\\0&1&-1\\0&0&1\end{pmatrix}.$$

于是

$$\boldsymbol{X}=\boldsymbol{A}^{-1}\boldsymbol{C}\boldsymbol{B}^{-1}=\begin{pmatrix}2&-1\\-1&1\end{pmatrix}\begin{pmatrix}1&3&4\\1&4&5\end{pmatrix}\begin{pmatrix}1&-1&0\\0&1&-1\\0&0&1\end{pmatrix}$$

$$=\begin{pmatrix}1&2&3\\0&1&1\end{pmatrix}\begin{pmatrix}1&-1&0\\0&1&-1\\0&0&1\end{pmatrix}=\begin{pmatrix}1&1&1\\0&1&0\end{pmatrix}.$$

例 21 设 $\boldsymbol{A}=\begin{pmatrix}0&1&1\\2&2&2\\-1&-1&-1\end{pmatrix}$，求矩阵 $\boldsymbol{X}$ 使得 $\boldsymbol{AX}=\boldsymbol{A}-\boldsymbol{X}$.

解 根据 $\boldsymbol{AX}=\boldsymbol{A}-\boldsymbol{X}$ 得到 $\boldsymbol{AX}+\boldsymbol{X}=\boldsymbol{A}$，即 $(\boldsymbol{A}+\boldsymbol{E})\boldsymbol{X}=\boldsymbol{A}$，所以 $\boldsymbol{X}=(\boldsymbol{A}+\boldsymbol{E})^{-1}\boldsymbol{A}$.

$$\boldsymbol{A}+\boldsymbol{E}=\begin{pmatrix}1&1&1\\2&3&2\\-1&-1&0\end{pmatrix}.$$

因为

$$|\boldsymbol{A}+\boldsymbol{E}|=\begin{vmatrix}1&1&1\\2&3&2\\-1&-1&0\end{vmatrix}=\begin{vmatrix}1&0&1\\2&1&2\\-1&0&0\end{vmatrix}=1\neq 0,$$

所以矩阵 $\boldsymbol{A}+\boldsymbol{E}$ 可逆,且

$$(\boldsymbol{A}+\boldsymbol{E}\ \vdots\ \boldsymbol{A})=\begin{pmatrix}1&1&1&0&1&1\\2&3&2&2&2&2\\-1&-1&0&-1&-1&-1\end{pmatrix}\xrightarrow[r_3+r_1]{r_2-2r_1}\begin{pmatrix}1&1&1&0&1&1\\0&1&0&2&0&0\\0&0&1&-1&0&0\end{pmatrix}$$

$$\xrightarrow[r_1-r_3]{r_1-r_2}\begin{pmatrix}1&0&0&-1&1&1\\0&1&0&2&0&0\\0&0&1&-1&0&0\end{pmatrix},$$

所以

$$\boldsymbol{X}=(\boldsymbol{A}+\boldsymbol{E})^{-1}\boldsymbol{A}=\begin{pmatrix}-1&1&1\\2&0&0\\-1&0&0\end{pmatrix}.$$

(三) 解线性方程组

例 22 求 a 为何值时,方程组 $\begin{cases}2x_1+ax_2=4,\\ax_1-x_2+x_3=2,\\5x_1-2x_2-x_3=-1\end{cases}$ (1) 有唯一解;(2) 无解;(3) 有无穷多解.

解 方程组的系数矩阵为

$$\boldsymbol{A}=\begin{pmatrix}2&a&0\\a&-1&1\\5&-2&-1\end{pmatrix}.$$

系数行列式为

$$|\boldsymbol{A}|=\begin{vmatrix}2&a&0\\a&-1&1\\5&-2&-1\end{vmatrix}=a^2+5a+6=(a+2)(a+3).$$

令 $|\boldsymbol{A}|=0$,解得 $a=-2$ 或 $a=-3$.所以

(1) 当 $a\neq-2$ 且 $a\neq-3$ 时,方程组的系数行列式 $|\boldsymbol{A}|\neq 0$,方程组有唯一解.

(2) 当 $a=-2$ 时,对方程组的增广矩阵 $\bar{\boldsymbol{A}}$ 施行初等行变换:

$$\bar{\boldsymbol{A}}=\begin{pmatrix}2&-2&0&4\\-2&-1&1&2\\5&-2&-1&-1\end{pmatrix}\xrightarrow{\frac{1}{2}r_1}\begin{pmatrix}1&-1&0&2\\-2&-1&1&2\\5&-2&-1&-1\end{pmatrix}$$

$$\xrightarrow[r_3-5r_1]{r_2+2r_1}\begin{pmatrix}1&-1&0&2\\0&-3&1&6\\0&3&-1&-11\end{pmatrix}\xrightarrow{r_3+r_2}\begin{pmatrix}1&-1&0&2\\0&-3&1&6\\0&0&0&-5\end{pmatrix}.$$

因为 $r(\boldsymbol{A})=2$,$r(\bar{\boldsymbol{A}})=3$,$r(\boldsymbol{A})<r(\bar{\boldsymbol{A}})$,所以方程组无解.

(3) 当 $a=-3$ 时，对方程组的增广矩阵$\overline{\boldsymbol{A}}$施行初等行变换：

$$\overline{\boldsymbol{A}}=\begin{pmatrix}2&-3&0&4\\-3&-1&1&2\\5&-2&-1&-1\end{pmatrix}\xrightarrow{r_3+r_2}\begin{pmatrix}2&-3&0&4\\-3&-1&1&2\\2&-3&0&1\end{pmatrix}\xrightarrow{r_3-r_1}\begin{pmatrix}2&-3&0&4\\-3&-1&1&2\\0&0&0&-3\end{pmatrix}$$

$$\xrightarrow{r_1+r_2}\begin{pmatrix}-1&-4&1&6\\-3&-1&1&2\\0&0&0&-5\end{pmatrix}\xrightarrow{r_2-3r_1}\begin{pmatrix}-1&-4&1&6\\0&11&-2&-16\\0&0&0&-5\end{pmatrix}.$$

因为 $r(\boldsymbol{A})=2, r(\overline{\boldsymbol{A}})=3, r(\boldsymbol{A})<r(\overline{\boldsymbol{A}})$，所以方程组无解.

(4) 对任意 $a\in\mathbf{R}$，方程组都不存在无穷多解.

二 解题训练

1. 选择题：

(1) 若矩阵 $\boldsymbol{A}=\begin{pmatrix}1&-1&0&2\\0&0&1&-1\\0&0&0&a\end{pmatrix}$ 的秩 $r(\boldsymbol{A})=2$，则常数 a 的值为 ( )

A. 0　　B. -2　　C. 2　　D. 4

(2) 矩阵 $\begin{pmatrix}1&1&1&1&1\\1&-1&2&-2&3\\1&1&4&4&9\\1&-1&8&-8&27\end{pmatrix}$ 的秩为

A. 1　　B. 2　　C. 3　　D. 4

(3) 齐次线性方程组 $\boldsymbol{A}_{3\times5}\boldsymbol{X}_{5\times1}=\mathbf{0}$ 的解的情况是 ( )

A. 无解　　B. 仅有零解

C. 必有非零解　　D. 可能有非零解，也可能没有非零解

(4) 已知矩阵 $\boldsymbol{A}$ 有 k 阶子式，下列说法正确的是 ( )

A. $\boldsymbol{A}$ 的 k 阶子式是在 $\boldsymbol{A}$ 中划去 k 行 k 列剩下的元素组成的

B. $\boldsymbol{A}$ 的 k 阶子式是在 $\boldsymbol{A}$ 中保留了 k 行 k 列的元素组成的

C. 矩阵 $\boldsymbol{A}$ 的 k 阶子式是一个 k 阶方阵

D. 矩阵 $\boldsymbol{A}$ 的 k 阶子式就是 $|\boldsymbol{A}|$ 的 k 阶余子式

(5) 设矩阵 $\boldsymbol{A}$ 是 3×4 矩阵，下列关于矩阵 $\boldsymbol{A}$ 的子式的说法正确的是 ( )

A. 矩阵 $\boldsymbol{A}$ 一定有 4 阶子式　　B. 矩阵 $\boldsymbol{A}$ 可能有 4 阶子式

C. 矩阵 $\boldsymbol{A}$ 一定有 3 阶子式　　D. 矩阵 $\boldsymbol{A}$ 可能有 3 阶子式

(6) 下列关于矩阵 $\boldsymbol{A}$ 的子式的说法正确的是 ( )

A. 如果矩阵 $\boldsymbol{A}$ 有 k 阶子式，那么这个 k 阶子式是唯一的

B. 如果矩阵 $\boldsymbol{A}$ 有多个 k 阶子式，那么 $\boldsymbol{A}$ 的所有 k 阶子式的值都相等

C. 如果矩阵 $\boldsymbol{A}$ 的秩是 k，那么 $\boldsymbol{A}$ 的所有 $k-1$ 阶子式的值是 0

D. 如果矩阵 $\boldsymbol{A}$ 的秩是 k，那么 $\boldsymbol{A}$ 的所有 $k+1$ 阶子式的值是 0

2. 填空题：

(1) 已知矩阵 $\boldsymbol{A}=\begin{pmatrix}2 & -1 & 1\\1 & 1 & 3\end{pmatrix}$，写出矩阵 $\boldsymbol{A}$ 的所有二阶子式：________.

(2) 已知矩阵 $\boldsymbol{A}=\begin{pmatrix}a_{11} & a_{12} & a_{13}\\a_{21} & a_{22} & a_{23}\\a_{31} & a_{32} & a_{33}\end{pmatrix}$ 的秩 $r(\boldsymbol{A})=2$，则 $|\boldsymbol{A}|=$________.

(3) 设矩阵 $\boldsymbol{A}_{3\times 4}$，则矩阵 $\boldsymbol{A}$ 的三阶子式一共有________个.

(4) 齐次线性方程组 $\begin{cases}3x_1-x_2=0,\\-6x_1+ax_2=0\end{cases}$ 有非零解，则 $a=$________.

(5) 设矩阵 $\boldsymbol{A}$ 的伴随矩阵 $\boldsymbol{A}^*=\begin{pmatrix}4 & -2 & 0 & 0\\-3 & 1 & 0 & 0\\0 & 0 & -4 & 0\\0 & 0 & 0 & -1\end{pmatrix}$，则 $\boldsymbol{A}=$________.

(6) 已知方阵 $\boldsymbol{A}$ 满足 $\boldsymbol{A}^2-\boldsymbol{A}-2\boldsymbol{E}=\boldsymbol{O}$，则 $\boldsymbol{A}^{-1}=$________.

3. 解答题：

(1) 用定义求矩阵 $\begin{pmatrix}3 & 1 & 0 & 2\\1 & -1 & 2 & -1\\1 & 3 & -4 & 4\end{pmatrix}$ 的秩.

(2) 已知矩阵 $\boldsymbol{A},\boldsymbol{B}$ 满足 $\boldsymbol{A}^2-\boldsymbol{AB}=\boldsymbol{E}$，其中 $\boldsymbol{A}=\begin{pmatrix}1 & 1 & -1\\0 & 1 & 1\\0 & 0 & -1\end{pmatrix}$，求矩阵 $\boldsymbol{B}$.

(3) 设 $\boldsymbol{A}=\begin{pmatrix}1 & -2 & 3k\\-1 & 2k & -3\\k & -2 & 3\end{pmatrix}$，求 k 取何值时，可使：

① $r(\boldsymbol{A})=1$； ② $r(\boldsymbol{A})=2$； ③ $r(\boldsymbol{A})=3$.

(4) 求当 λ 取何值时，线性方程组 $\begin{cases}x_1-2x_2=1,\\2x_1-3x_2+x_3=\lambda+1,\\x_1-x_2+x_3=\lambda^2\end{cases}$ 有解，并求其解.

第四节　向量代数与线性方程组

数学理论场

一　向量的概念

由 n 个数 $a_1,a_2,\cdots,a_n$ 组成的有序数组称为一个 n **维向量**，一般用希腊字母 $\boldsymbol{\alpha},\boldsymbol{\beta}$，

$\boldsymbol{\gamma}$,…或英文字母 $\boldsymbol{a}$,$\boldsymbol{b}$,$\boldsymbol{c}$,…表示.

$\boldsymbol{\alpha}=(a_1,a_2,\cdots,a_n)$称为 n 维行向量;$\boldsymbol{\beta}=\begin{pmatrix}a_1\\a_2\\\vdots\\a_n\end{pmatrix}$称为 n 维列向量.

n 维向量中第 i 个数称为该向量的第 i 个**分量**.

所有分量皆为 0 的向量称为**零向量**,记作 $\mathbf{0}$.

只有一个分量为 1,其余分量均为 0 的向量称为**单位向量**,记为 $\boldsymbol{e}$.

行向量和行矩阵、列向量和列矩阵,本质上是一样的概念,因此,n 维向量的运算,如向量的加、减、乘以及向量的数乘、转置,都和矩阵的相应运算一致.

习惯上将向量写作列向量的形式,为方便起见,将列向量表示为行向量的转置,如向量$\begin{pmatrix}1\\0\\-1\end{pmatrix}$表示为$(1,0,-1)^{\mathrm{T}}$.

已知线性方程组

$$\begin{cases}a_{11}x_1+a_{12}x_2+\cdots+a_{1n}x_n=b_1,\\a_{21}x_1+a_{22}x_2+\cdots+a_{2n}x_n=b_2,\\\qquad\vdots\\a_{m1}x_1+a_{m2}x_2+\cdots+a_{mn}x_n=b_m\end{cases}$$

可以表示为

$$\begin{pmatrix}a_{11}&a_{12}&\cdots&a_{1n}\\a_{21}&a_{22}&\cdots&a_{2n}\\\vdots&\vdots&&\vdots\\a_{m1}&a_{m2}&\cdots&a_{mn}\end{pmatrix}\begin{pmatrix}x_1\\x_2\\\vdots\\x_n\end{pmatrix}=\begin{pmatrix}b_1\\b_2\\\vdots\\b_m\end{pmatrix}.$$

将系数矩阵的每一列看作列向量,则该线性方程组可以表示为向量形式:

$$x_1\begin{pmatrix}a_{11}\\a_{21}\\\vdots\\a_{m1}\end{pmatrix}+x_2\begin{pmatrix}a_{12}\\a_{22}\\\vdots\\a_{m2}\end{pmatrix}+\cdots+x_n\begin{pmatrix}a_{1n}\\a_{2n}\\\vdots\\a_{mn}\end{pmatrix}=\begin{pmatrix}b_1\\b_2\\\vdots\\b_m\end{pmatrix}.$$

因此,求解线性方程组的问题,就是找到一组系数 $x_1,x_2,\cdots,x_n$,使得常数项组成的列向量和系数矩阵的列向量之间满足以上关系式.

二　向量的线性相关与线性无关

(一) 线性组合

对于向量 $\boldsymbol{\alpha}_1,\boldsymbol{\alpha}_2,\cdots,\boldsymbol{\alpha}_m$,如果有一组数 $k_1,k_2,\cdots,k_m$,使得 $\boldsymbol{\alpha}=k_1\boldsymbol{\alpha}_1+k_2\boldsymbol{\alpha}_2+\cdots+k_m\boldsymbol{\alpha}_m$,那么称向量 $\boldsymbol{\alpha}$ 是 $\boldsymbol{\alpha}_1,\boldsymbol{\alpha}_2,\cdots,\boldsymbol{\alpha}_m$ 的**线性组合**,或称 $\boldsymbol{\alpha}$ 可以由 $\boldsymbol{\alpha}_1,\boldsymbol{\alpha}_2,\cdots,\boldsymbol{\alpha}_m$ **线性表**

示，称 $k_1,k_2,\cdots,k_m$ 为该线性组合的系数.

例如，三维向量$(2,1,3)^T$是向量$(1,0,0)^T,(0,1,0)^T,(0,0,1)^T$的线性组合，因为

$$\begin{pmatrix}2\\1\\3\end{pmatrix}=2\begin{pmatrix}1\\0\\0\end{pmatrix}+\begin{pmatrix}0\\1\\0\end{pmatrix}+3\begin{pmatrix}0\\0\\1\end{pmatrix}.$$

例如，向量$\begin{pmatrix}3\\2\end{pmatrix}$不是向量$\begin{pmatrix}1\\0\end{pmatrix},\begin{pmatrix}-1\\0\end{pmatrix}$的线性组合，因为对于任意一组数 k_1,k_2，

$$k_1\begin{pmatrix}1\\0\end{pmatrix}+k_2\begin{pmatrix}-1\\0\end{pmatrix}=\begin{pmatrix}k_1-k_2\\0\end{pmatrix}\neq\begin{pmatrix}3\\2\end{pmatrix}.$$

例 1 零向量是否可以由任意一组向量 $\boldsymbol{\alpha}_1,\boldsymbol{\alpha}_2,\cdots,\boldsymbol{\alpha}_m$ 线性表示？

解 零向量可以由任意一组向量 $\boldsymbol{\alpha}_1,\boldsymbol{\alpha}_2,\cdots,\boldsymbol{\alpha}_m$ 线性表示，因为

$$\mathbf{0}=0\cdot\boldsymbol{\alpha}_1+0\cdot\boldsymbol{\alpha}_2+\cdots+0\cdot\boldsymbol{\alpha}_m.$$

例 2 判断向量 $\boldsymbol{\alpha}$ 是否可以由向量组 $\boldsymbol{\alpha}_1,\boldsymbol{\alpha}_2,\boldsymbol{\alpha}_3$ 线性表示，其中

$$\boldsymbol{\alpha}=(1,5,4)^T,\boldsymbol{\alpha}_1=(0,2,1)^T,\boldsymbol{\alpha}_2=(2,2,2)^T,\boldsymbol{\alpha}_3=(-1,3,2)^T.$$

解 判断向量 $\boldsymbol{\alpha}$ 是否可以由向量组 $\boldsymbol{\alpha}_1,\boldsymbol{\alpha}_2,\boldsymbol{\alpha}_3$ 线性表示，等价于判断是否存在一组数 x_1,x_2,x_3，使得

$$\begin{pmatrix}1\\5\\4\end{pmatrix}=x_1\begin{pmatrix}0\\2\\1\end{pmatrix}+x_2\begin{pmatrix}2\\2\\2\end{pmatrix}+x_3\begin{pmatrix}-1\\3\\2\end{pmatrix}.$$

也就是判断线性方程组

$$\begin{cases}2x_2-x_3=1,\\2x_1+2x_2+3x_3=5,\\x_1+2x_2+2x_3=4\end{cases}$$

是否有解.对这个线性方程组的增广矩阵$\bar{\mathbf{A}}$施行初等行变换：

$$\bar{\mathbf{A}}=\begin{pmatrix}0&2&-1&1\\2&2&3&5\\1&2&2&4\end{pmatrix}\xrightarrow{r_1\leftrightarrow r_3}\begin{pmatrix}1&2&2&4\\2&2&3&5\\0&2&-1&1\end{pmatrix}\xrightarrow{r_2-2r_1}\begin{pmatrix}1&2&2&4\\0&-2&-1&-3\\0&2&-1&1\end{pmatrix}$$

$$\xrightarrow{r_3+r_2}\begin{pmatrix}1&2&2&4\\0&-2&-1&-3\\0&0&-2&-2\end{pmatrix}.$$

由于 $r(\mathbf{A})=r(\bar{\mathbf{A}})=3=n$，方程组有唯一解，所以 $\boldsymbol{\alpha}$ 可以由向量组 $\boldsymbol{\alpha}_1,\boldsymbol{\alpha}_2,\boldsymbol{\alpha}_3$ 线性表示.

例 2 的分析适用于一般情形，因此有以下结论：

向量 $\boldsymbol{\alpha}$ 可以由向量组 $\boldsymbol{\alpha}_1,\boldsymbol{\alpha}_2,\cdots,\boldsymbol{\alpha}_s$ 线性表示的充分必要条件是：以 $\boldsymbol{\alpha}_1,\boldsymbol{\alpha}_2,\cdots,\boldsymbol{\alpha}_s$ 为系数列向量，以 $\boldsymbol{\alpha}$ 为常数项向量的线性方程组有解，且该线性方程组的一组解就是线性组合的一组系数.

例 3 设有向量组 A：

$$\boldsymbol{\alpha}_1=(2,3,-1)^T,\boldsymbol{\alpha}_2=(0,1,3)^T,\boldsymbol{\alpha}_3=(3,5,0)^T$$

和向量组 B：

$$\boldsymbol{\beta}_1=(1,2,1)^{\mathrm{T}},\boldsymbol{\beta}_2=(1,1,-2)^{\mathrm{T}}.$$

向量组 A 是否可以由向量组 B 线性表示？向量组 B 是否可以由向量组 A 线性表示？

解 因为 $\boldsymbol{\alpha}_1=\boldsymbol{\beta}_1+\boldsymbol{\beta}_2,\boldsymbol{\alpha}_2=\boldsymbol{\beta}_1-\boldsymbol{\beta}_2,\boldsymbol{\alpha}_3=2\boldsymbol{\beta}_1+\boldsymbol{\beta}_2$，所以向量组 A 可以由向量组 B 线性表示.

又因为 $\boldsymbol{\beta}_1=\boldsymbol{\alpha}_3-\boldsymbol{\alpha}_1,\boldsymbol{\beta}_2=\boldsymbol{\alpha}_3-\boldsymbol{\alpha}_1-\boldsymbol{\alpha}_2$，所以向量组 B 可以由向量组 A 线性表示.

设有两个向量组 A 和 B，如果向量组 A 中每个向量都能由向量组 B 中的向量线性表示，那么称向量组 A 可以由向量组 B 线性表示.如果向量组 A 可以由向量组 B 线性表示，且向量组 B 也可以由向量组 A 线性表示，那么称**向量组 A 与向量组 B 等价**.

(二) 线性相关与线性无关的定义

对于向量组 $\boldsymbol{\alpha}_1,\boldsymbol{\alpha}_2,\cdots,\boldsymbol{\alpha}_s$，如果存在 s 个不全为零的数 $k_1,k_2,\cdots,k_s$，使得

$$k_1\boldsymbol{\alpha}_1+k_2\boldsymbol{\alpha}_2+\cdots+k_s\boldsymbol{\alpha}_s=\mathbf{0},$$

那么称向量组 $\boldsymbol{\alpha}_1,\boldsymbol{\alpha}_2,\cdots,\boldsymbol{\alpha}_s$ 线性相关；否则，称向量组 $\boldsymbol{\alpha}_1,\boldsymbol{\alpha}_2,\cdots,\boldsymbol{\alpha}_s$ 线性无关.

例如，向量组 $\boldsymbol{\alpha}_1,\boldsymbol{\alpha}_2,\mathbf{0},\boldsymbol{\alpha}_3$ 是线性相关的，因为能够找到一组不全为零的系数 0,0,1,0 使得 $0\cdot\boldsymbol{\alpha}_1+0\cdot\boldsymbol{\alpha}_2+1\cdot\mathbf{0}+0\cdot\boldsymbol{\alpha}_3=\mathbf{0}$.

例 4 判断下列向量(组)线性相关还是线性无关：

(1) $\boldsymbol{\alpha}$ 是单独一个零向量，即 $\boldsymbol{\alpha}=\mathbf{0}$；

(2) $\boldsymbol{\beta}$ 是单独一个非零向量，即 $\boldsymbol{\beta}\neq\mathbf{0}$；

(3) 包含零向量的向量组 $\boldsymbol{\gamma}_1,\boldsymbol{\gamma}_2,\cdots,\boldsymbol{\gamma}_s,\mathbf{0}$.

解 (1) 对于任意 $k\neq0$，都有 $k\cdot\mathbf{0}=\mathbf{0}$，所以单独一个零向量线性相关.

(2) 对于任意 $k\neq0$，都有 $k\cdot\boldsymbol{\beta}\neq\mathbf{0}$，所以单独一个非零向量线性无关.

(3) 对于任意 $k\neq0$，都有 $0\cdot\boldsymbol{\gamma}_1+0\cdot\boldsymbol{\gamma}_2+\cdots+0\cdot\boldsymbol{\gamma}_s+k\cdot\mathbf{0}=\mathbf{0}$，所以包含零向量的向量组一定线性相关.

(三) 线性相关与线性无关的判别

对于向量组 $\boldsymbol{\alpha}_1,\boldsymbol{\alpha}_2,\cdots,\boldsymbol{\alpha}_s$，若齐次线性方程组

$$x_1\boldsymbol{\alpha}_1+x_2\boldsymbol{\alpha}_2+\cdots+x_s\boldsymbol{\alpha}_s=\mathbf{0}$$

有非零解，则向量组 $\boldsymbol{\alpha}_1,\boldsymbol{\alpha}_2,\cdots,\boldsymbol{\alpha}_s$ **线性相关**；若该方程组只有唯一的零解，则向量组 $\boldsymbol{\alpha}_1,\boldsymbol{\alpha}_2,\cdots,\boldsymbol{\alpha}_s$ **线性无关**.

齐次线性方程组有非零解的充分必要条件是系数矩阵的秩 $r(\mathbf{A})$ 小于方程组中未知数的个数 n，所以有以下结论：

对于向量组 $\boldsymbol{\alpha}_1,\boldsymbol{\alpha}_2,\cdots,\boldsymbol{\alpha}_s$，设矩阵 $\mathbf{A}=(\boldsymbol{\alpha}_1\quad\boldsymbol{\alpha}_2\quad\cdots\quad\boldsymbol{\alpha}_s)$.如果 $r(\mathbf{A})<s$，那么向量组 $\boldsymbol{\alpha}_1,\boldsymbol{\alpha}_2,\cdots,\boldsymbol{\alpha}_s$ 线性相关；如果 $r(\mathbf{A})=s$，那么向量组 $\boldsymbol{\alpha}_1,\boldsymbol{\alpha}_2,\cdots,\boldsymbol{\alpha}_s$ 线性无关.

例 5 判断下列向量组线性相关还是线性无关：

(1) $\boldsymbol{\alpha}_1=(2,1,-1)^{\mathrm{T}},\boldsymbol{\alpha}_2=(-1,0,3)^{\mathrm{T}},\boldsymbol{\alpha}_3=(4,3,3)^{\mathrm{T}}$；

(2) $\boldsymbol{\alpha}_1=(1,-3,2,0)^{\mathrm{T}},\boldsymbol{\alpha}_2=(2,3,4,-1)^{\mathrm{T}},\boldsymbol{\alpha}_3=(4,2,5,-2)^{\mathrm{T}}$；

(3) $\boldsymbol{\alpha}_1=(1,0,-1)^{\mathrm{T}},\boldsymbol{\alpha}_2=(2,1,3)^{\mathrm{T}},\boldsymbol{\alpha}_3=(-2,1,-1)^{\mathrm{T}},\boldsymbol{\alpha}_4=(4,2,-1)^{\mathrm{T}}$.

解 (1) $\boldsymbol{A}=\begin{pmatrix}2&-1&4\\1&0&3\\-1&3&3\end{pmatrix}\xrightarrow{r_1\leftrightarrow r_2}\begin{pmatrix}1&0&3\\2&-1&4\\-1&3&3\end{pmatrix}\xrightarrow[r_3+r_1]{r_2-2r_1}\begin{pmatrix}1&0&3\\0&-1&-2\\0&3&6\end{pmatrix}$

$$\xrightarrow{r_3+3r_2}\begin{pmatrix}1&0&3\\0&-1&-2\\0&0&0\end{pmatrix}.$$

因为 $r(\boldsymbol{A})=2<3$，所以向量组 $\boldsymbol{\alpha}_1,\boldsymbol{\alpha}_2,\boldsymbol{\alpha}_3$ 线性相关.

(2) $\boldsymbol{A}=\begin{pmatrix}1&2&4\\-3&3&2\\2&4&5\\0&-1&-2\end{pmatrix}\xrightarrow[r_3-2r_1]{r_2+3r_1}\begin{pmatrix}1&2&4\\0&9&14\\0&0&-3\\0&-1&-2\end{pmatrix}\xrightarrow[-\frac{1}{3}r_3]{r_2+9r_4}\begin{pmatrix}1&2&4\\0&0&-4\\0&0&1\\0&-1&-2\end{pmatrix}$

$$\xrightarrow{r_2+4r_3}\begin{pmatrix}1&2&4\\0&0&0\\0&0&1\\0&-1&-2\end{pmatrix}\xrightarrow{r_2\leftrightarrow r_4}\begin{pmatrix}1&2&4\\0&-1&-2\\0&0&1\\0&0&0\end{pmatrix}.$$

因为 $r(\boldsymbol{A})=3$，所以向量组 $\boldsymbol{\alpha}_1,\boldsymbol{\alpha}_2,\boldsymbol{\alpha}_3$ 线性无关.

(3) 因为 $\boldsymbol{A}=\begin{pmatrix}1&2&-2&4\\0&1&1&2\\-1&3&-1&-1\end{pmatrix}$，必定有 $r(\boldsymbol{A})<4$，所以向量组 $\boldsymbol{\alpha}_1,\boldsymbol{\alpha}_2,\boldsymbol{\alpha}_3,\boldsymbol{\alpha}_4$ 一定线性相关.

如果 n 维向量构成的向量组中向量的个数超过 n，那么该向量组一定线性相关.

例 6 已知向量组 $\boldsymbol{\alpha}_1=(a_1,a_2)^{\mathrm{T}},\boldsymbol{\alpha}_2=(b_1,b_2)^{\mathrm{T}}$ 线性无关，在每个向量中增加一个分量，得到向量组 $\boldsymbol{\beta}_1=(a_1,a_2,a_3)^{\mathrm{T}},\boldsymbol{\beta}_2=(b_1,b_2,b_3)^{\mathrm{T}}$，向量组 $\boldsymbol{\beta}_1,\boldsymbol{\beta}_2$ 是否线性相关？

解 因为向量组 $\boldsymbol{\alpha}_1=(a_1,a_2)^{\mathrm{T}},\boldsymbol{\alpha}_2=(b_1,b_2)^{\mathrm{T}}$ 线性无关，所以齐次线性方程组

$$\begin{cases}a_1x_1+b_1x_2=0,\\a_2x_1+b_2x_2=0\end{cases}$$

只有零解，且齐次线性方程组

$$\begin{cases}a_1x_1+b_1x_2=0,\\a_2x_1+b_2x_2=0,\\a_3x_1+b_3x_2=0\end{cases}$$

的每个解一定都是方程组 $\begin{cases}a_1x_1+b_1x_2=0,\\a_2x_1+b_2x_2=0\end{cases}$ 的解.因此，齐次线性方程组

$$\begin{cases}a_1x_1+b_1x_2=0,\\a_2x_1+b_2x_2=0,\\a_3x_1+b_3x_2=0\end{cases}$$

也只有零解.所以向量 $\boldsymbol{\beta}_1,\boldsymbol{\beta}_2$ 线性无关.

例 6 的结论可以推广到一般情况，即

如果一个 n 维向量组线性无关，那么在这个向量组的每个向量中添加 m 个分量，得到的 $n+m$ 维向量组也线性无关.

例 7　已知向量 $\boldsymbol{\beta}=(b_1,b_2,b_3)$ 可以由向量 $\boldsymbol{\alpha}_1=(a_1,a_2,a_3)^{\mathrm{T}},\boldsymbol{\alpha}_2=(c_1,c_2,c_3)^{\mathrm{T}},\boldsymbol{\alpha}_3=(d_1,d_2,d_3)^{\mathrm{T}}$ 线性表示，向量组 $\boldsymbol{\alpha}_1,\boldsymbol{\alpha}_2,\boldsymbol{\alpha}_3,\boldsymbol{\beta}$ 是否线性相关?

解　向量 $\boldsymbol{\beta}=(b_1,b_2,b_3)$ 可以由 $\boldsymbol{\alpha}_1=(a_1,a_2,a_3)^{\mathrm{T}},\boldsymbol{\alpha}_2=(c_1,c_2,c_3)^{\mathrm{T}},\boldsymbol{\alpha}_3=(d_1,d_2,d_3)^{\mathrm{T}}$ 线性表示，所以存在一组数 k_1,k_2,k_3，使得

$$k_1\boldsymbol{\alpha}_1+k_2\boldsymbol{\alpha}_2+k_3\boldsymbol{\alpha}_3=\boldsymbol{\beta},$$

则

$$k_1\boldsymbol{\alpha}_1+k_2\boldsymbol{\alpha}_2+k_3\boldsymbol{\alpha}_3-\boldsymbol{\beta}=\mathbf{0},$$

且 $k_1,k_2,k_3,-1$ 不全为零，所以向量组 $\boldsymbol{\alpha}_1,\boldsymbol{\alpha}_2,\boldsymbol{\alpha}_3,\boldsymbol{\beta}$ 线性相关.

反之，如果例 7 中已知向量组 $\boldsymbol{\alpha}_1,\boldsymbol{\alpha}_2,\boldsymbol{\alpha}_3,\boldsymbol{\beta}$ 线性相关，其中一个向量是否可以由其他向量线性表示?

事实上，因为向量组 $\boldsymbol{\beta},\boldsymbol{\alpha}_1,\boldsymbol{\alpha}_2,\boldsymbol{\alpha}_3$ 线性相关，所以存在一组不全为零的数 k_1,k_2,k_3,k_4，使得 $k_1\boldsymbol{\alpha}_1+k_2\boldsymbol{\alpha}_2+k_3\boldsymbol{\alpha}_3+k_4\boldsymbol{\beta}=\mathbf{0}$.不妨设 $k_4\neq0$，则

$$\boldsymbol{\beta}=-\frac{k_1}{k_4}\boldsymbol{\alpha}_1-\frac{k_2}{k_4}\boldsymbol{\alpha}_2-\frac{k_3}{k_4}\boldsymbol{\alpha}_3.$$

这说明向量 $\boldsymbol{\beta}=(b_1,b_2,b_3)$ 可以由向量组 $\boldsymbol{\alpha}_1=(a_1,a_2,a_3)^{\mathrm{T}},\boldsymbol{\alpha}_2=(c_1,c_2,c_3)^{\mathrm{T}},\boldsymbol{\alpha}_3=(d_1,d_2,d_3)^{\mathrm{T}}$ 线性表示.

例 7 的结论可以推广到一般情况，得到以下结论：

(1) 向量组 $\boldsymbol{\alpha}_1,\boldsymbol{\alpha}_2,\cdots,\boldsymbol{\alpha}_s(s\geqslant2)$ 线性相关的充分必要条件是：其中一个向量可以由其余向量线性表示.

(2) 向量组 $\boldsymbol{\alpha}_1,\boldsymbol{\alpha}_2,\cdots,\boldsymbol{\alpha}_s(s\geqslant2)$ 线性无关的充分必要条件是：其中任一向量都不能由其余向量线性表示.

（四）向量组的秩

如果向量组 S 中的部分向量 $\boldsymbol{\alpha}_1,\boldsymbol{\alpha}_2,\cdots,\boldsymbol{\alpha}_t$ 满足：

(1) $\boldsymbol{\alpha}_1,\boldsymbol{\alpha}_2,\cdots,\boldsymbol{\alpha}_t$ 线性无关；

(2) S 中任一向量都是 $\boldsymbol{\alpha}_1,\boldsymbol{\alpha}_2,\cdots,\boldsymbol{\alpha}_t$ 中向量的线性组合.

那么称部分向量组 $\boldsymbol{\alpha}_1,\boldsymbol{\alpha}_2,\cdots,\boldsymbol{\alpha}_t$ 为向量组 S 的一个**最大线性无关组**，简称**最大无关组**.

S 中任一向量都是 $\boldsymbol{\alpha}_1,\boldsymbol{\alpha}_2,\cdots,\boldsymbol{\alpha}_t$ 中向量的线性组合，说明 $\boldsymbol{\alpha}_1,\boldsymbol{\alpha}_2,\cdots,\boldsymbol{\alpha}_t$ 再添加 S 中的任何一个向量，这 $s+1$ 个向量都线性相关.

例如，向量组 $\boldsymbol{\alpha}_1=\begin{pmatrix}1\\2\end{pmatrix},\boldsymbol{\alpha}_2=\begin{pmatrix}3\\7\end{pmatrix},\boldsymbol{\alpha}_3=\begin{pmatrix}1\\3\end{pmatrix}$，$\boldsymbol{\alpha}_1,\boldsymbol{\alpha}_2$ 线性无关，而 $\boldsymbol{\alpha}_1,\boldsymbol{\alpha}_2,\boldsymbol{\alpha}_3$ 都是 $\boldsymbol{\alpha}_1,\boldsymbol{\alpha}_2$ 的线性组合：$\boldsymbol{\alpha}_1=1\cdot\boldsymbol{\alpha}_1+0\cdot\boldsymbol{\alpha}_2,\boldsymbol{\alpha}_2=0\cdot\boldsymbol{\alpha}_1+1\cdot\boldsymbol{\alpha}_2,\boldsymbol{\alpha}_3=(-2)\cdot\boldsymbol{\alpha}_1+1\cdot\boldsymbol{\alpha}_2$，所以向量组 $\boldsymbol{\alpha}_1,\boldsymbol{\alpha}_2$ 是向量组 $\boldsymbol{\alpha}_1,\boldsymbol{\alpha}_2,\boldsymbol{\alpha}_3$ 的一个最大无关组.

同理，$\boldsymbol{\alpha}_2,\boldsymbol{\alpha}_3$ 也是向量组 $\boldsymbol{\alpha}_1,\boldsymbol{\alpha}_2,\boldsymbol{\alpha}_3$ 的一个最大无关组.

可见，一个向量组可以有不止一个最大无关组，但是一个向量组的所有最大无关组

所包含的向量个数相同.

向量组的最大无关组所含向量的个数称为该**向量组的秩**.

例 8 已知阶梯形矩阵

$$\boldsymbol{A}=\begin{pmatrix} a_{11} & a_{12} & a_{13} & a_{14} & a_{15} & a_{16} \\ 0 & 0 & a_{23} & a_{24} & a_{25} & a_{26} \\ 0 & 0 & 0 & a_{34} & a_{35} & a_{36} \\ 0 & 0 & 0 & 0 & 0 & a_{46} \end{pmatrix},$$

求矩阵 $\boldsymbol{A}$ 的 6 个列向量构成的向量组的最大无关组,并指出该向量组的秩.

解 将矩阵 $\boldsymbol{A}$ 的列向量分别表示为

$$\boldsymbol{\alpha}_1=(a_{11},0,0,0)^{\mathrm{T}},\boldsymbol{\alpha}_2=(a_{12},0,0,0)^{\mathrm{T}},\boldsymbol{\alpha}_3=(a_{13},a_{23},0,0)^{\mathrm{T}},$$

$$\boldsymbol{\alpha}_4=(a_{14},a_{24},a_{34},0)^{\mathrm{T}},\boldsymbol{\alpha}_5=(a_{15},a_{25},a_{35},0)^{\mathrm{T}},\boldsymbol{\alpha}_6=(a_{16},a_{26},a_{36},a_{46})^{\mathrm{T}}.$$

显然向量组 $\boldsymbol{\alpha}_1,\boldsymbol{\alpha}_3,\boldsymbol{\alpha}_4,\boldsymbol{\alpha}_6$ 中任意一个向量都不能由其余三个线性表示,所以向量组 $\boldsymbol{\alpha}_1,\boldsymbol{\alpha}_3,\boldsymbol{\alpha}_4,\boldsymbol{\alpha}_6$ 线性无关.

添加 $\boldsymbol{\alpha}_2$ 或 $\boldsymbol{\alpha}_5$,得到的向量组 $\boldsymbol{\alpha}_1,\boldsymbol{\alpha}_2,\boldsymbol{\alpha}_3,\boldsymbol{\alpha}_4,\boldsymbol{\alpha}_6$ 或向量组 $\boldsymbol{\alpha}_1,\boldsymbol{\alpha}_3,\boldsymbol{\alpha}_4,\boldsymbol{\alpha}_5,\boldsymbol{\alpha}_6$ 都线性相关,所以向量组 $\boldsymbol{\alpha}_1,\boldsymbol{\alpha}_3,\boldsymbol{\alpha}_4,\boldsymbol{\alpha}_6$ 是矩阵 $\boldsymbol{A}$ 的列向量构成的向量组的一个最大无关组,即矩阵 $\boldsymbol{A}$ 的列向量构成的向量组的秩为 4.

矩阵的所有行向量构成的向量组的秩称为矩阵的行秩,矩阵的所有列向量构成的向量组的秩称为矩阵的列秩,且矩阵 $\boldsymbol{A}$ 的秩=矩阵 $\boldsymbol{A}$ 的列秩=矩阵 $\boldsymbol{A}$ 的行秩.

例 8 的结论适用于一般的阶梯形矩阵.当矩阵不是阶梯形矩阵时,求向量组的秩及其最大无关组的步骤如下:

(1) 以向量组中的向量为列向量构成矩阵 $\boldsymbol{A}$;

(2) 对矩阵 $\boldsymbol{A}$ 施行初等行变换,将其化为行阶梯形矩阵,非零行的数量即为向量组的秩;

(3) 每个主元所在列对应的向量构成向量组的一个最大无关组.

例 9 设向量组 $\boldsymbol{\alpha}_1=\begin{pmatrix}1\\-1\\2\\4\end{pmatrix},\boldsymbol{\alpha}_2=\begin{pmatrix}0\\3\\1\\2\end{pmatrix},\boldsymbol{\alpha}_3=\begin{pmatrix}3\\0\\7\\14\end{pmatrix},\boldsymbol{\alpha}_4=\begin{pmatrix}1\\-2\\2\\0\end{pmatrix}$,求向量组的秩,写出这个向量组的一个最大无关组,并用这个最大无关组表示向量组的各向量.

解 $$\boldsymbol{A}=\begin{pmatrix} 1 & 0 & 3 & 1 \\ -1 & 3 & 0 & -2 \\ 2 & 1 & 7 & 2 \\ 4 & 2 & 14 & 0 \end{pmatrix}\xrightarrow[r_4-4r_1]{\substack{r_2+r_1\\ r_3-2r_1}}\begin{pmatrix} 1 & 0 & 3 & 1 \\ 0 & 3 & 3 & -1 \\ 0 & 1 & 1 & 0 \\ 0 & 2 & 2 & -4 \end{pmatrix}\xrightarrow{\substack{r_2-3r_3\\ r_4-2r_3}}\begin{pmatrix} 1 & 0 & 3 & 1 \\ 0 & 0 & 0 & -1 \\ 0 & 1 & 1 & 0 \\ 0 & 0 & 0 & -4 \end{pmatrix}$$

$$\xrightarrow{r_4-4r_2}\begin{pmatrix} 1 & 0 & 3 & 1 \\ 0 & 0 & 0 & -1 \\ 0 & 1 & 1 & 0 \\ 0 & 0 & 0 & 0 \end{pmatrix}\xrightarrow{r_2\leftrightarrow r_3}\begin{pmatrix} 1 & 0 & 3 & 1 \\ 0 & 1 & 1 & 0 \\ 0 & 0 & 0 & -1 \\ 0 & 0 & 0 & 0 \end{pmatrix}.$$

因此向量组 $\boldsymbol{\alpha}_1,\boldsymbol{\alpha}_2,\boldsymbol{\alpha}_3,\boldsymbol{\alpha}_4$ 的秩为 3，一个最大无关组为 $\boldsymbol{\alpha}_1,\boldsymbol{\alpha}_2,\boldsymbol{\alpha}_4$.

继续对矩阵 $\boldsymbol{A}$ 施行初等行变换，将其化为行简化阶梯形矩阵

$$\begin{pmatrix} 1 & 0 & 3 & 0 \\ 0 & 1 & 1 & 0 \\ 0 & 0 & 0 & 1 \\ 0 & 0 & 0 & 0 \end{pmatrix},$$

所以

$$\boldsymbol{\alpha}_1=\boldsymbol{\alpha}_1+0\cdot\boldsymbol{\alpha}_2+0\cdot\boldsymbol{\alpha}_4,$$
$$\boldsymbol{\alpha}_2=0\cdot\boldsymbol{\alpha}_1+\boldsymbol{\alpha}_2+0\cdot\boldsymbol{\alpha}_4,$$
$$\boldsymbol{\alpha}_3=3\boldsymbol{\alpha}_1+\boldsymbol{\alpha}_2+0\cdot\boldsymbol{\alpha}_4,$$
$$\boldsymbol{\alpha}_4=0\cdot\boldsymbol{\alpha}_1+0\cdot\boldsymbol{\alpha}_2+\boldsymbol{\alpha}_4.$$

三 线性方程组解的结构

（一）齐次线性方程组的解的结构

关于 n 元齐次线性方程组 $\boldsymbol{AX}=\boldsymbol{0}$，已经有以下结论：

(1) 如果 $r(\boldsymbol{A})=n$，那么方程组 $\boldsymbol{AX}=\boldsymbol{0}$ 只有零解；

(2) 如果 $r(\boldsymbol{A})<n$，那么方程组 $\boldsymbol{AX}=\boldsymbol{0}$ 有无穷多解.

齐次线性方程组 $\boldsymbol{AX}=\boldsymbol{0}$ 的解有以下性质：

性质 1 若 ξ_1 和 ξ_2 为齐次线性方程组 $\boldsymbol{AX}=\boldsymbol{0}$ 的解，则 $\xi_1+\xi_2$ 也是该方程组的解.

性质 2 若 ξ 为齐次线性方程组的解，则对于任意实数 k，$k\xi$ 也是该方程组的解.

齐次线性方程组 $\boldsymbol{AX}=\boldsymbol{0}$ 的所有解组成一个向量组，若 $\xi_1,\xi_2,\cdots,\xi_s$ 是这个向量组的一个最大无关组，则称 $\xi_1,\xi_2,\cdots,\xi_s$ 为方程组 $\boldsymbol{AX}=\boldsymbol{0}$ 的一个**基础解系**.换言之，基础解系是满足以下两个条件的解向量组：

(1) 向量组 $\xi_1,\xi_2,\cdots,\xi_s$ 线性无关；

(2) 方程组 $\boldsymbol{AX}=\boldsymbol{0}$ 的任意解都可以表示为 $\xi_1,\xi_2,\cdots,\xi_s$ 的线性组合.

可见，确定了齐次线性方程组 $\boldsymbol{AX}=\boldsymbol{0}$ 的基础解系，就可以得到该方程组的所有解.因此，齐次线性方程组的求解步骤如下：

(1) 对系数矩阵 $\boldsymbol{A}$ 施行初等行变换，将其化为行简化阶梯形矩阵；

(2) 将行简化阶梯形矩阵中非主元列对应的未知量作为自由未知量，共有 $n-r$ 个（其中 n 是未知数个数，$r=r(\boldsymbol{A})$）；

(3) 分别令一个自由未知量为 1，其余为 0，求得 $n-r$ 个解向量，这些解向量构成 $\boldsymbol{AX}=\boldsymbol{0}$ 的基础解系；

(4) 该方程组的所有解可表示为

$$\boldsymbol{X}=k_1\xi_1+k_2\xi_2+\cdots+k_{n-r}\xi_{n-r},$$

其中 $k_1,k_2,\cdots,k_{n-r}$ 为任意常数，称 $\boldsymbol{X}$ 为齐次线性方程组 $\boldsymbol{AX}=\boldsymbol{0}$ 的**通解**.

例 10 求齐次线性方程组

$$\begin{cases}x_1+2x_2+x_3-x_4=0,\\3x_1+6x_2-x_3-3x_4=0,\\5x_1+10x_2+x_3-5x_4=0\end{cases}$$

的基础解系和通解.

解 $\boldsymbol{A}=\begin{pmatrix}1&2&1&-1\\3&6&-1&-3\\5&10&1&-5\end{pmatrix}\xrightarrow[r_3-5r_1]{r_2-3r_1}\begin{pmatrix}1&2&1&-1\\0&0&-4&0\\0&0&-4&0\end{pmatrix}\xrightarrow{r_3-r_2}\begin{pmatrix}1&2&1&-1\\0&0&-4&0\\0&0&0&0\end{pmatrix}$

$\xrightarrow{-\frac{1}{4}r_2}\begin{pmatrix}1&2&1&-1\\0&0&1&0\\0&0&0&0\end{pmatrix}\xrightarrow{r_1-r_2}\begin{pmatrix}1&2&0&-1\\0&0&1&0\\0&0&0&0\end{pmatrix}.$

因为 $r(\boldsymbol{A})=2<4$,所以方程组有无穷多解,有 2 个自由未知量.

令 $x_2=1,x_4=0$,得

$$\boldsymbol{\xi}_1=(-2,1,0,0)^{\mathrm{T}};$$

令 $x_2=0,x_4=1$,得

$$\boldsymbol{\xi}_2=(1,0,0,1)^{\mathrm{T}}.$$

于是所求方程组的基础解系为 $\boldsymbol{\xi}_1,\boldsymbol{\xi}_2$,通解为 $\boldsymbol{X}=k_1\boldsymbol{\xi}_1+k_2\boldsymbol{\xi}_2$($k_1,k_2$ 为任意常数).

应当注意的是,齐次线性方程组 $\boldsymbol{AX}=\boldsymbol{0}$ 的基础解系并不是唯一的,因此其通解的表示形式也可能不唯一.

(二) 非齐次线性方程组的解的结构

设有非齐次线性方程组 $\boldsymbol{AX}=\boldsymbol{b}$,其中 $\boldsymbol{b}\neq\boldsymbol{0}$,它具有以下性质:

性质 1 若 $\boldsymbol{\eta}_1,\boldsymbol{\eta}_2$ 都是方程组 $\boldsymbol{AX}=\boldsymbol{b}$ 的解,则 $\boldsymbol{\eta}_1-\boldsymbol{\eta}_2$ 是对应的齐次线性方程组 $\boldsymbol{AX}=\boldsymbol{0}$ 的解.

性质 2 若 $\boldsymbol{\eta}$ 是方程组 $\boldsymbol{AX}=\boldsymbol{b}$ 的解,$\boldsymbol{\xi}$ 是方程组 $\boldsymbol{AX}=\boldsymbol{0}$ 的解,则 $\boldsymbol{\xi}+\boldsymbol{\eta}$ 是方程组 $\boldsymbol{AX}=\boldsymbol{b}$ 的解.

根据上述两条性质,若求出非齐次线性方程组 $\boldsymbol{AX}=\boldsymbol{b}$ 的一个解 $\boldsymbol{\eta}^*$,且方程组 $\boldsymbol{AX}=\boldsymbol{0}$ 的通解是 $\bar{\boldsymbol{X}}=k_1\boldsymbol{\xi}_1+k_2\boldsymbol{\xi}_2+\cdots+k_{n-r}\boldsymbol{\xi}_{n-r}$,其中 $k_1,k_2,\cdots,k_{n-r}$ 为任意常数,则非齐次线性方程组 $\boldsymbol{AX}=\boldsymbol{b}$ 的任意一个解总可以表示为

$$\boldsymbol{X}=k_1\boldsymbol{\xi}_1+k_2\boldsymbol{\xi}_2+\cdots+k_{n-r}\boldsymbol{\xi}_{n-r}+\boldsymbol{\eta}^*.$$

这就是非齐次线性方程组 $\boldsymbol{AX}=\boldsymbol{b}$ 的通解,其中 $\boldsymbol{\xi}_1,\boldsymbol{\xi}_2,\cdots,\boldsymbol{\xi}_{n-r}$ 是 $\boldsymbol{AX}=\boldsymbol{0}$ 的基础解系,称 $\boldsymbol{\eta}^*$ 为非齐次线性方程组 $\boldsymbol{AX}=\boldsymbol{b}$ 的**特解**.

求解非齐次线性方程组 $\boldsymbol{AX}=\boldsymbol{b}$ 的步骤如下:

(1) 对增广矩阵 $\bar{\boldsymbol{A}}$ 施行初等行变换,将其化为行简化阶梯形矩阵;

(2) 如果 $r(\bar{\boldsymbol{A}})=r(\boldsymbol{A})=r$,将行简化阶梯形矩阵中非主元列对应的 $n-r$ 个未知量作为自由未知量;

(3) 令所有自由未知量为 0,求得 $\boldsymbol{AX}=\boldsymbol{b}$ 的一个特解 $\boldsymbol{\eta}^*$;

(4) 不计最后一列，分别令一个自由未知量为 1，其余自由未知量为 0，得到对应的齐次线性方程组 $\boldsymbol{AX}=\boldsymbol{0}$ 的基础解系$(\boldsymbol{\xi}_1,\boldsymbol{\xi}_1,\cdots,\boldsymbol{\xi}_n)$；

(5) 方程组 $\boldsymbol{AX}=\boldsymbol{b}$ 的通解可表示为

$$\boldsymbol{X}=k_1\boldsymbol{\xi}_1+k_2\boldsymbol{\xi}_2+\cdots+k_{n-r}\boldsymbol{\xi}_{n-r}+\boldsymbol{\eta}^*,$$

其中 $k_1,k_2,\cdots,k_{n-r}$ 为任意常数.

例 11　求解线性方程组

$$\begin{cases}x_1+2x_2-x_3+x_4=1,\\-2x_1-4x_2+x_3-3x_4=4,\\3x_1+6x_2-2x_3+4x_4=-3.\end{cases}$$

解　$\overline{\boldsymbol{A}}=(\boldsymbol{A}\ \vdots\ \boldsymbol{b})=\begin{pmatrix}1&2&-1&1&1\\-2&-4&1&-3&4\\3&6&-2&4&-3\end{pmatrix}\xrightarrow[r_3-3r_1]{r_2+2r_1}\begin{pmatrix}1&2&-1&1&1\\0&0&-1&-1&6\\0&0&1&1&-6\end{pmatrix}$

$$\xrightarrow{r_3+r_2}\begin{pmatrix}1&2&-1&1&1\\0&0&-1&-1&6\\0&0&0&0&0\end{pmatrix}\xrightarrow{r_1-r_2}\begin{pmatrix}1&2&0&2&-5\\0&0&-1&-1&6\\0&0&0&0&0\end{pmatrix}$$

$$\xrightarrow{-r_2}\begin{pmatrix}1&2&0&2&-5\\0&0&1&1&-6\\0&0&0&0&0\end{pmatrix}.$$

因为 $r(\boldsymbol{A})=2<4$，所以方程组有无穷多解，有 2 个自由未知量.

令 $x_2=0,x_4=0$，得

$$\boldsymbol{\eta}^*=(-5,0,-6,0)^{\mathrm{T}}.$$

不计最后一列，令 $x_2=1,x_4=0$，得

$$\boldsymbol{\xi}_1=(-2,1,0,0)^{\mathrm{T}}.$$

不计最后一列，令 $x_2=0,x_4=1$，得

$$\boldsymbol{\xi}_2=(-2,0,-1,1)^{\mathrm{T}}.$$

于是所求方程组的通解为

$$\boldsymbol{X}=k_1\boldsymbol{\xi}_1+k_2\boldsymbol{\xi}_2+\boldsymbol{\eta}^*,\text{其中 }k_1,k_2\text{ 为任意常数}.$$

编程实验室

计算齐次线性方程组的基础解系

(一) 向量组的最大无关组

首先将向量组中的向量组合构成矩阵 A，再调用 A.columnspace()方法，即可求出向量组的最大无关组.在此过程中，n 维列向量被视作 $1\times n$ 矩阵，由 Matrix 类创建.

例 12　设向量组 $\boldsymbol{\alpha}_1=(1,-1,2,4)^{\mathrm{T}},\boldsymbol{\alpha}_2=(0,3,1,2)^{\mathrm{T}},\boldsymbol{\alpha}_3=(3,0,7,14)^{\mathrm{T}},\boldsymbol{\alpha}_4=(2,1,5,6)^{\mathrm{T}},\boldsymbol{\alpha}_5=(1,-1,2,0)^{\mathrm{T}}$，编写代码求这个向量组的最大无关组.

解 代码如下：

```
import sympy as sp
A1 = sp.Matrix([[1], [-1], [2], [4]])
A2 = sp.Matrix([[0], [3], [1], [2]])
A3 = sp.Matrix([[3], [0], [7], [14]])
A4 = sp.Matrix([[2], [1], [5], [6]])
A5 = sp.Matrix([[1], [-1], [2], [0]])
A = sp.Matrix.hstack(A1, A2, A3, A4, A5)
A_col = A.columnspace()
print('最大无关组是', A_col)
```

运行结果如下：

```
最大无关组是 [Matrix([
[ 1],
[-1],
[ 2]
[ 4]]), Matrix([
[0],
[3],
[1],
[2]]), Matrix([
[2],
[1],
[5],
[6]])]
```

（二）齐次线性方程组的基础解系

齐次线性方程组的基础解系就是其解向量组的一个最大无关组.若齐次线性方程组的系数矩阵为 A，则调用 A.nullspace()方法，即可求出方程组的基础解系.

例 13 求齐次线性方程组 $\begin{cases}2x_1+x_2-x_3+x_4=0,\\4x_1+2x_2-2x_3+x_4=0,\\2x_1+x_2-x_3-x_4=0\end{cases}$ 的基础解系.

解 代码如下：

```
import sympy as sp
A = sp.Matrix([[2, 1, -1, 1],
              [4, 2, -2, 1],
              [2, 1, -1, -1]])
A_null = A.nullspace()
print(A_null)
```

运行结果如下：

```
[Matrix([
[-1/2],
[   1],
[   0],
[   0]]), Matrix([
[1/2],
[  0],
[  1],
[  0]])]
```

习题 2.4

1. 选择题：

(1) 设向量组 $\boldsymbol{\alpha}_1,\boldsymbol{\alpha}_2,\cdots,\boldsymbol{\alpha}_m$ 线性相关，则使等式 $k_1\boldsymbol{\alpha}_1+k_2\boldsymbol{\alpha}_2+\cdots+k_m\boldsymbol{\alpha}_m=\mathbf{0}$ 成立的常数 $k_1,k_2,\cdots,k_m$ 是 (　　)

A. 任意一组常数　　B. 任意一组不全为零的常数

C. 某些特定的不全为零的函数　　D. 唯一的一组不全为零的常数

(2) 向量组 $\boldsymbol{\alpha}_1,\boldsymbol{\alpha}_2,\cdots,\boldsymbol{\alpha}_m$ 线性无关，当且仅当 (　　)

A. 存在非零系数使得它们的线性组合为零

B. 只有零系数使得它们的线性组合为零

C. 其中至少有一个向量可以表示为其他向量的线性组合

D. 所有向量都是零向量

(3) 若一个向量组包含零向量，则 (　　)

A. 该向量组一定是线性相关的　　B. 该向量组一定是线性无关的

C. 该向量组可能是线性无关的　　D. 无法确定该向量组是否线性相关

(4) 已知向量 $\boldsymbol{\alpha}_1=(1,2)^{\mathrm{T}},\boldsymbol{\alpha}_2=(3,4)^{\mathrm{T}}$，下列可以表示为 $\boldsymbol{\alpha}_1$ 和 $\boldsymbol{\alpha}_2$ 的线性组合的向量是 (　　)

A. $(5,6)^{\mathrm{T}}$　　B. $(2,3)^{\mathrm{T}}$　　C. $(7,8)^{\mathrm{T}}$　　D. $(4,5)^{\mathrm{T}}$

(5) 一个向量组的最大无关组的特点是 (　　)

A. 包含了向量组中所有向量

B. 最大无关组中任何一个向量都可以由组中其他向量表示

C. 不能再添加向量组中其他向量使其保持线性无关

D. 不能再添加向量组中其他向量使其变为线性相关

2. 填空题：

(1) 设向量 $\boldsymbol{\alpha}=\begin{pmatrix}8\\7\end{pmatrix},\boldsymbol{\alpha}_1=\begin{pmatrix}2\\3\end{pmatrix},\boldsymbol{\alpha}_2=\begin{pmatrix}4\\1\end{pmatrix}$，且 $k_1\boldsymbol{\alpha}_1+k_2\boldsymbol{\alpha}_2=\boldsymbol{\alpha}$，则 $k_1=$________，$k_2=$________.

(2) 设向量组 $\boldsymbol{\alpha}_1=\begin{pmatrix}1\\2\end{pmatrix},\boldsymbol{\alpha}_2=\begin{pmatrix}2\\4\end{pmatrix},\boldsymbol{\alpha}_3=\begin{pmatrix}3\\6\end{pmatrix}$,则 $\boldsymbol{\alpha}_1,\boldsymbol{\alpha}_2,\boldsymbol{\alpha}_3$ 线性________.(填“相关”或“无关”)

(3) 向量组 $\boldsymbol{\alpha}_1=(2,1,3,-1)^{\mathrm{T}},\boldsymbol{\alpha}_2=(-1,1,3,0)^{\mathrm{T}},\boldsymbol{\alpha}_3=(1,4,2,0)^{\mathrm{T}},\boldsymbol{\alpha}_4=(2,1,0,0)^{\mathrm{T}},\boldsymbol{\alpha}_5=(-1,0,0,0)^{\mathrm{T}}$ 的一个最大无关组是________________.

(4) 已知向量 $\boldsymbol{\alpha}_1=(2,1,-1)^{\mathrm{T}},\boldsymbol{\alpha}_2=(-1,0,3)^{\mathrm{T}},\boldsymbol{\alpha}_3=(4,3,3)^{\mathrm{T}}$,则 $2\boldsymbol{\alpha}_1-\boldsymbol{\alpha}_2+\boldsymbol{\alpha}_3=$________________.

(5) 设向量组 $\boldsymbol{\alpha}_1=(1,0,0)^{\mathrm{T}},\boldsymbol{\alpha}_2=(0,1,0)^{\mathrm{T}}$,则向量组 $\boldsymbol{\alpha}_1,\boldsymbol{\alpha}_2$ 的秩是________.

3. 计算:

(1) 设 $\boldsymbol{\alpha}_1=(1,1,0)^{\mathrm{T}},\boldsymbol{\alpha}_2=(0,1,1)^{\mathrm{T}},\boldsymbol{\alpha}_3=(3,4,0)^{\mathrm{T}}$,求 $\boldsymbol{\alpha}_1-\boldsymbol{\alpha}_2$ 和 $3\boldsymbol{\alpha}_1+2\boldsymbol{\alpha}_2-\boldsymbol{\alpha}_3$.

(2) 已知 $\boldsymbol{\alpha}_1=(2,5,1,3)^{\mathrm{T}},\boldsymbol{\alpha}_2=(10,1,5,10)^{\mathrm{T}},\boldsymbol{\alpha}_3=(4,1,-1,1)^{\mathrm{T}}$,且 $3(\boldsymbol{\alpha}_1-\boldsymbol{\alpha})+2(\boldsymbol{\alpha}_2+\boldsymbol{\alpha})=5(\boldsymbol{\alpha}_3+\boldsymbol{\alpha})$,求 $\boldsymbol{\alpha}$.

4. 判定下列向量组是线性相关还是线性无关:

(1) $(-1,3,1)^{\mathrm{T}},(2,1,0)^{\mathrm{T}},(1,4,1)^{\mathrm{T}}$.

(2) $(2,3,0)^{\mathrm{T}},(-1,4,0)^{\mathrm{T}},(0,0,2)^{\mathrm{T}}$.

5. 求当 a 取何值时,下列向量组线性相关:

$$\boldsymbol{\alpha}_1=\begin{pmatrix}a\\1\\1\end{pmatrix},\boldsymbol{\alpha}_2=\begin{pmatrix}1\\a\\-1\end{pmatrix},\boldsymbol{\alpha}_3=\begin{pmatrix}1\\-1\\a\end{pmatrix}.$$

6. 求下列向量组的秩,写出向量组的一个最大无关组,并将其余向量由该最大无关组线性表出.

(1) $\boldsymbol{\alpha}_1=(-2,1,3,1)^{\mathrm{T}},\boldsymbol{\alpha}_2=(-5,3,11,7)^{\mathrm{T}},\boldsymbol{\alpha}_3=(8,-5,-19,-13)^{\mathrm{T}}$.

(2) $\boldsymbol{\alpha}_1=(1,2,1,3)^{\mathrm{T}},\boldsymbol{\alpha}_2=(4,-1,-5,-6)^{\mathrm{T}},\boldsymbol{\alpha}_3=(1,-3,-4,-7)^{\mathrm{T}}$.

(3) $\boldsymbol{\alpha}_1=(1,0,2,1)^{\mathrm{T}},\boldsymbol{\alpha}_2=(1,2,0,1)^{\mathrm{T}},\boldsymbol{\alpha}_3=(2,1,3,0)^{\mathrm{T}},\boldsymbol{\alpha}_4=(1,-1,3,-1)^{\mathrm{T}}$.

7. 设向量组 $(a,3,1)^{\mathrm{T}},(2,b,3)^{\mathrm{T}},(1,2,1)^{\mathrm{T}},(2,3,1)^{\mathrm{T}}$ 的秩为 2,求 a,b 的值.

8. 求下列齐次线性方程组的基础解系:

(1) $\begin{cases}x_1+x_2-x_3+x_4=0,\\2x_1+3x_2-x_3+5x_4=0;\end{cases}$

(2) $\begin{cases}x_1+3x_2+2x_3=0,\\x_1+5x_2+x_3=0,\\3x_1+5x_2+8x_3=0;\end{cases}$

(3) $\begin{cases}x_1+x_2+2x_3+2x_4+7x_5=0,\\2x_1+3x_2+4x_3+5x_4=0,\\3x_1+5x_2+6x_3+8x_4=0;\end{cases}$

(4) $\begin{cases}x_1+2x_3+x_4=0,\\x_2+3x_3+x_4=0,\\-x_1+x_2+5x_3-2x_4=0,\\2x_2+8x_3+x_4=0.\end{cases}$

9. 求下列非齐次线性方程组的通解:

(1) $\begin{cases}x_1-x_2-x_3+x_4=0,\\x_1-x_2+x_3-3x_4=0,\\x_1-x_2-2x_3+4x_4=-\dfrac{1}{2};\end{cases}$

(2) $\begin{cases}x_1+x_2-x_3-x_4=0,\\2x_1-5x_2+3x_3+2x_4=3,\\7x_1-7x_2+3x_3+x_4=6,\\2x_2+8x_3+x_4=0.\end{cases}$

思维训练营

一　题型精析

（一）向量组的线性相关、线性无关与最大无关组

向量与向量组的常用结论如下（图 2-16）：

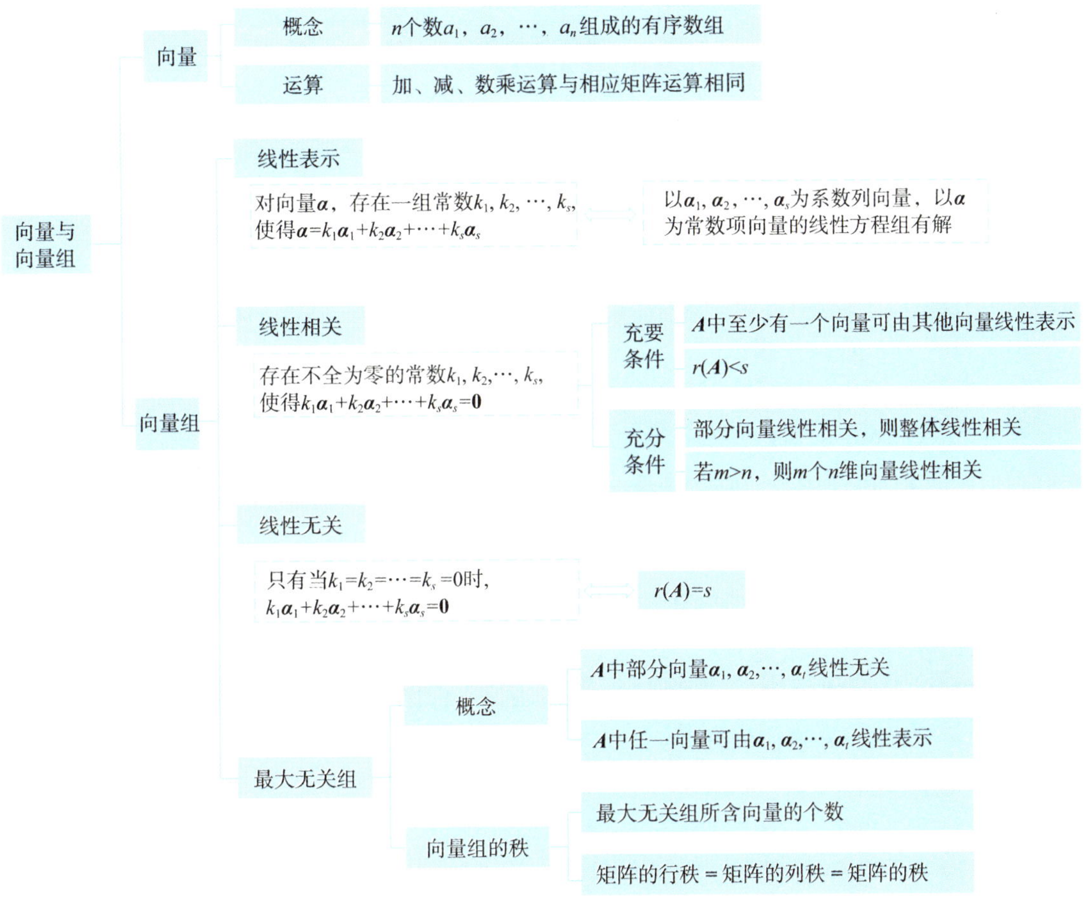

图 2-16

例 14　若向量组 $\boldsymbol{\alpha}_1=(1,0,2,0)^{\mathrm T},\boldsymbol{\alpha}_2=(1,0,0,2)^{\mathrm T},\boldsymbol{\alpha}_3=(0,1,1,1)^{\mathrm T},\boldsymbol{\alpha}_4=(2,1,k,2)^{\mathrm T}$ 线性相关，求 k 的值.

解　因为向量组 $\boldsymbol{\alpha}_1,\boldsymbol{\alpha}_2,\boldsymbol{\alpha}_3,\boldsymbol{\alpha}_4$ 线性相关，所以

$$\begin{vmatrix}1&1&0&2\\0&0&1&1\\2&0&1&k\\0&2&1&2\end{vmatrix}=\begin{vmatrix}1&1&0&2\\0&0&1&1\\0&-2&1&k-4\\0&2&1&2\end{vmatrix}=\begin{vmatrix}1&1&0&2\\0&0&1&1\\0&0&2&k-2\\0&2&1&2\end{vmatrix}=\begin{vmatrix}0&1&1\\0&2&k-2\\2&1&2\end{vmatrix}$$

$$=2(k-4)=0,$$

解得 $k=4$.

例 15 设向量组 $\boldsymbol{\alpha}_1,\boldsymbol{\alpha}_2,\boldsymbol{\alpha}_3$ 线性无关,$\boldsymbol{\beta}_1=\boldsymbol{\alpha}_1-\boldsymbol{\alpha}_2+2\boldsymbol{\alpha}_3$,$\boldsymbol{\beta}_2=\boldsymbol{\alpha}_2-\boldsymbol{\alpha}_3$,$\boldsymbol{\beta}_3=2\boldsymbol{\alpha}_1-\boldsymbol{\alpha}_2+3\boldsymbol{\alpha}_3$.证明 $\boldsymbol{\beta}_1,\boldsymbol{\beta}_2,\boldsymbol{\beta}_3$ 线性相关.

证 方法 1:定义法.设存在常数 k_1,k_2,k_3,使

$$k_1\boldsymbol{\beta}_1+k_2\boldsymbol{\beta}_2+k_3\boldsymbol{\beta}_3=(k_1+2k_3)\boldsymbol{\alpha}_1+(-k_1+k_2-k_3)\boldsymbol{\alpha}_2+(2k_1-k_2+3k_3)\boldsymbol{\alpha}_3=\mathbf{0}.$$

由 $\boldsymbol{\alpha}_1,\boldsymbol{\alpha}_2,\boldsymbol{\alpha}_3$ 线性无关,得

$$\begin{cases}k_1+2k_3=0,\\-k_1+k_2-k_3=0,\\2k_1-k_2+3k_3=0.\end{cases}$$

其系数行列式

$$\begin{vmatrix}1&0&2\\-1&1&-1\\2&-1&3\end{vmatrix}=0,$$

所以齐次线性方程组有非零解,从而存在 k_1,k_2,k_3 不全为零,使 $k_1\boldsymbol{\beta}_1+k_2\boldsymbol{\beta}_2+k_3\boldsymbol{\beta}_3=\mathbf{0}$,从而 $\boldsymbol{\beta}_1,\boldsymbol{\beta}_2,\boldsymbol{\beta}_3$ 线性相关.

方法 2:利用结论.设一组向量可由另一组线性无关的向量表示,且两组向量个数相同.若线性表示的系数行列式等于零,则向量组线性相关;否则,向量组线性无关.

因为 $\boldsymbol{\beta}_1,\boldsymbol{\beta}_2,\boldsymbol{\beta}_3$ 由向量组 $\boldsymbol{\alpha}_1,\boldsymbol{\alpha}_2,\boldsymbol{\alpha}_3$ 线性表示的系数行列式

$$\begin{vmatrix}1&-1&2\\0&1&-1\\2&-1&3\end{vmatrix}=0,$$

所以 $\boldsymbol{\beta}_1,\boldsymbol{\beta}_2,\boldsymbol{\beta}_3$ 线性相关.

例 16 设三维向量 $\boldsymbol{\alpha}_1=(1+a,1,1)^{\mathrm{T}}$,$\boldsymbol{\alpha}_2=(1,1+a,1)^{\mathrm{T}}$,$\boldsymbol{\alpha}_3=(1,1,1+a)^{\mathrm{T}}$,$\boldsymbol{\beta}=(0,a,a^2)^{\mathrm{T}}$,求当 a 取何值时,

(1) $\boldsymbol{\beta}$ 可由 $\boldsymbol{\alpha}_1,\boldsymbol{\alpha}_2,\boldsymbol{\alpha}_3$ 线性表示,且表达式唯一;

(2) $\boldsymbol{\beta}$ 可由 $\boldsymbol{\alpha}_1,\boldsymbol{\alpha}_2,\boldsymbol{\alpha}_3$ 线性表示,且表达式不唯一;

(3) $\boldsymbol{\beta}$ 不能由 $\boldsymbol{\alpha}_1,\boldsymbol{\alpha}_2,\boldsymbol{\alpha}_3$ 线性表示.

解 设 $\boldsymbol{\beta}=k_1\boldsymbol{\alpha}_1+k_2\boldsymbol{\alpha}_2+k_3\boldsymbol{\alpha}_3$,则

$$\begin{cases}(1+a)k_1+k_2+k_3=0,\\k_1+(1+a)k_2+k_3=a,\\k_1+k_2+(1+a)k_3=a^2.\end{cases}$$

此线性方程组的系数行列式

$$\begin{vmatrix}1+a&1&1\\1&1+a&1\\1&1&1+a\end{vmatrix}=a^2(a+3).$$

(1) 当 $a\neq0$ 且 $a\neq-3$ 时,方程组有唯一解,此时 $\boldsymbol{\beta}$ 可由 $\boldsymbol{\alpha}_1,\boldsymbol{\alpha}_2,\boldsymbol{\alpha}_3$ 唯一地线性表示.

(2) 当 $a=0$ 时，方程组是齐次线性方程组，且系数行列式为零，因此方程组有无穷多组解，即 $\boldsymbol{\beta}$ 可由 $\boldsymbol{\alpha}_1,\boldsymbol{\alpha}_2,\boldsymbol{\alpha}_3$ 线性表示，且表达式不唯一.

(3) 当 $a=-3$ 时，方程组的增广矩阵

$$\bar{\boldsymbol{A}}=\begin{pmatrix}-2&1&1&0\\1&-2&1&-3\\1&1&-2&9\end{pmatrix}\xrightarrow{r_2\leftrightarrow r_1}\begin{pmatrix}1&-2&1&-3\\-2&1&1&0\\1&1&-2&9\end{pmatrix}$$

$$\xrightarrow[r_3-r_1]{r_2+2r_1}\begin{pmatrix}1&-2&1&-3\\0&-3&3&-6\\0&3&-3&12\end{pmatrix}\xrightarrow{r_3+r_2}\begin{pmatrix}1&-2&1&-3\\0&-3&3&-6\\0&0&0&6\end{pmatrix},$$

$r(\boldsymbol{A})=2,r(\bar{\boldsymbol{A}})=3,r(\boldsymbol{A})<r(\bar{\boldsymbol{A}})$，所以方程组无解.因此 $a=-3$ 时，$\boldsymbol{\beta}$ 不能由 $\boldsymbol{\alpha}_1,\boldsymbol{\alpha}_2,\boldsymbol{\alpha}_3$ 线性表示.

(二) 线性方程组的解的结构

线性方程组的解的结构常用结论如下(图 2-17)：

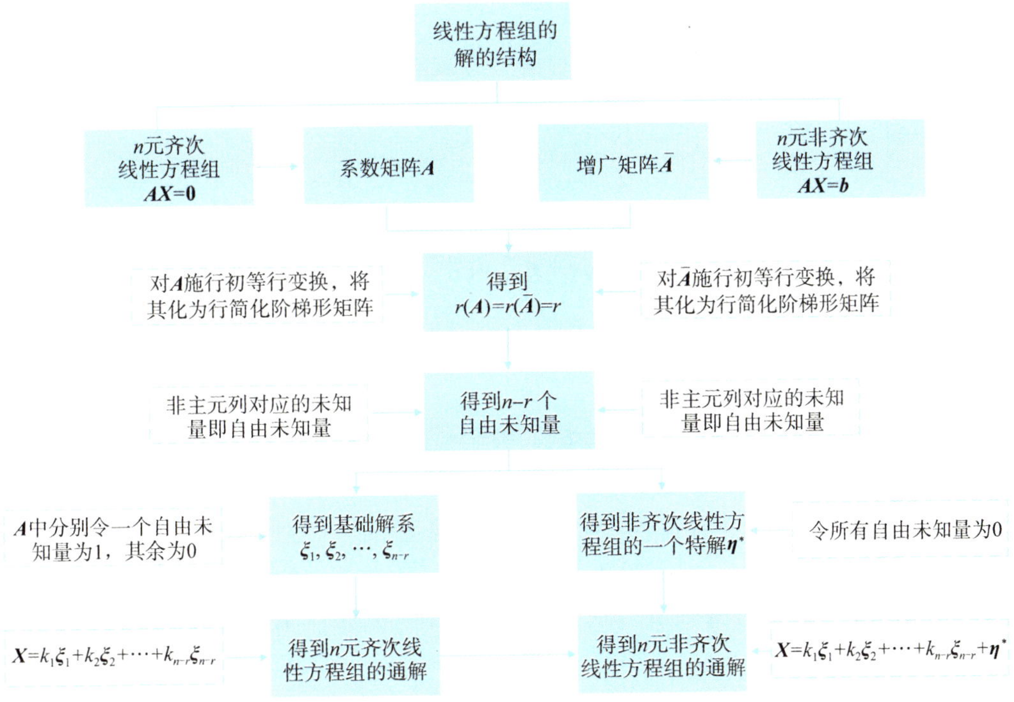

图 2-17

例 17 已知方程组

$$\begin{cases}x_1+x_2+x_3+x_4+x_5=a,\\3x_1+2x_2+x_3+x_4-3x_5=0,\\x_2+2x_3+2x_4+6x_5=b,\\5x_1+4x_2+3x_3+3x_4-x_5=2,\end{cases}$$

问当 a,b 为何值时，方程组有解？并求出全部解.

解 方程组的增广矩阵

$$\bar{\boldsymbol{A}}=\begin{pmatrix}1&1&1&1&1&a\\3&2&1&1&-3&0\\0&1&2&2&6&b\\5&4&3&3&-1&2\end{pmatrix}\xrightarrow[r_4-5r_1]{r_2-3r_1}\begin{pmatrix}1&1&1&1&1&a\\0&-1&-2&-2&-6&-3a\\0&1&2&2&6&b\\0&-1&-2&-2&-6&2-5a\end{pmatrix}$$

$$\xrightarrow[-r_2]{\substack{r_3+r_2\\r_4-r_2}}\begin{pmatrix}1&1&1&1&1&a\\0&1&2&2&6&3a\\0&0&0&0&0&b-3a\\0&0&0&0&0&2-2a\end{pmatrix}\xrightarrow{r_1-r_2}\begin{pmatrix}1&0&-1&-1&-5&-2a\\0&1&2&2&6&3a\\0&0&0&0&0&b-3a\\0&0&0&0&0&2-2a\end{pmatrix}.$$

可见，当 $a=1$ 且 $b=3$ 时，$r(\boldsymbol{A})=r(\bar{\boldsymbol{A}})=2$，方程组有解，有 3 个自由未知量.

令 $x_3=0,x_4=0,x_5=0$，得

$$\boldsymbol{\eta}^*=(-2,3,0,0,0)^{\mathrm{T}}.$$

不计最后一列，令 $x_3=1,x_4=0,x_5=0$，得

$$\boldsymbol{\xi}_1=(1,-2,1,0,0)^{\mathrm{T}}.$$

不计最后一列，令 $x_3=0,x_4=1,x_5=0$，得

$$\boldsymbol{\xi}_2=(1,-2,0,1,0)^{\mathrm{T}}.$$

不计最后一列，令 $x_3=0,x_4=0,x_5=1$，得

$$\boldsymbol{\xi}_3=(5,-6,0,0,1)^{\mathrm{T}}.$$

于是所求方程组的通解为

$$\boldsymbol{X}=k_1\boldsymbol{\xi}_1+k_2\boldsymbol{\xi}_2+k_3\boldsymbol{\xi}_3+\boldsymbol{\eta}^*\text{，其中 }k_1,k_2,k_3\text{ 为任意常数.}$$

二 解题训练

1. 选择题：

(1) 若向量组 $\boldsymbol{\alpha}_1,\boldsymbol{\alpha}_2,\boldsymbol{\alpha}_3$ 线性无关，k 为非零常数，则向量组 $\boldsymbol{\alpha}_1+2\boldsymbol{\alpha}_2,2\boldsymbol{\alpha}_2+k\boldsymbol{\alpha}_3,3\boldsymbol{\alpha}_3+\boldsymbol{\alpha}_1$ 线性相关的充分必要条件是 ( )

A. $k\neq1$　B. $k\neq-1$　C. $k=3$　D. $k=-3$

(2) 设向量组 $\boldsymbol{\alpha}_1,\boldsymbol{\alpha}_2,\boldsymbol{\alpha}_3$ 线性无关，则下列一定线性相关的向量组为 ( )

A. $\boldsymbol{\alpha}_1+\boldsymbol{\alpha}_2,\boldsymbol{\alpha}_2+\boldsymbol{\alpha}_3,\boldsymbol{\alpha}_3+\boldsymbol{\alpha}_1$　B. $\boldsymbol{\alpha}_1-\boldsymbol{\alpha}_2,\boldsymbol{\alpha}_2-\boldsymbol{\alpha}_3,\boldsymbol{\alpha}_3-\boldsymbol{\alpha}_1$

C. $\boldsymbol{\alpha}_1,\boldsymbol{\alpha}_1+\boldsymbol{\alpha}_2,\boldsymbol{\alpha}_1+\boldsymbol{\alpha}_3+\boldsymbol{\alpha}_3$　D. $\boldsymbol{\alpha}_1,\boldsymbol{\alpha}_1-\boldsymbol{\alpha}_2,\boldsymbol{\alpha}_1-\boldsymbol{\alpha}_2-\boldsymbol{\alpha}_3$

(3) 若 $\boldsymbol{\alpha}_1,\boldsymbol{\alpha}_2,\boldsymbol{\alpha}_3$ 线性相关，$\boldsymbol{\alpha}_2,\boldsymbol{\alpha}_3,\boldsymbol{\alpha}_4$ 线性无关，则 ( )

A. $\boldsymbol{\alpha}_1$ 可由 $\boldsymbol{\alpha}_2,\boldsymbol{\alpha}_3$ 线性表示　B. $\boldsymbol{\alpha}_1$ 可由 $\boldsymbol{\alpha}_1,\boldsymbol{\alpha}_2,\boldsymbol{\alpha}_3$ 线性表示

C. $\boldsymbol{\alpha}_4$ 可由 $\boldsymbol{\alpha}_1,\boldsymbol{\alpha}_3$ 线性表示　D. $\boldsymbol{\alpha}_4$ 可由 $\boldsymbol{\alpha}_1,\boldsymbol{\alpha}_2$ 线性表示

(4) 向量组 $\boldsymbol{\alpha}_1,\boldsymbol{\alpha}_2,\cdots,\boldsymbol{\alpha}_s$ 线性无关等价于 ( )

A. 存在一组不全为零的数，使其线性组合不为 $\boldsymbol{0}$

B. 存在一个向量不能由其他向量线性表示

C. 任何一个向量均不能由其他向量线性表示

D. 其中任意两个向量线性无关

(5) 关于向量组的最大无关组,下列说法错误的是　(　　)

A. 最大无关组可以表示向量组中任一向量

B. 最大无关组可能不唯一

C. 最大无关组中的向量可能线性相关

D. 最大无关组中的向量一定线性无关

(6) 设一个 n 元齐次线性方程组的系数矩阵的秩为 $r(\boldsymbol{A})=n-3$,且 $\boldsymbol{\alpha}_1,\boldsymbol{\alpha}_2,\boldsymbol{\alpha}_3$ 是方程组的线性无关解,则此方程组的基础解系为　(　　)

A. $\boldsymbol{\alpha}_1+\boldsymbol{\alpha}_2,\boldsymbol{\alpha}_2+\boldsymbol{\alpha}_3,\boldsymbol{\alpha}_3+\boldsymbol{\alpha}_1$　　B. $\boldsymbol{\alpha}_2-\boldsymbol{\alpha}_1,\boldsymbol{\alpha}_3-\boldsymbol{\alpha}_2,\boldsymbol{\alpha}_1-\boldsymbol{\alpha}_3$

C. $\boldsymbol{\alpha}_1+\boldsymbol{\alpha}_2+\boldsymbol{\alpha}_3,\boldsymbol{\alpha}_3-\boldsymbol{\alpha}_2,-\boldsymbol{\alpha}_1-2\boldsymbol{\alpha}_3$　　D. $2\boldsymbol{\alpha}_2-\boldsymbol{\alpha}_1,\frac{1}{2}\boldsymbol{\alpha}_3-\boldsymbol{\alpha}_2,\boldsymbol{\alpha}_1-\boldsymbol{\alpha}_3$

2. 填空题:

(1) 设向量组 $\boldsymbol{\alpha}_1,\boldsymbol{\alpha}_2,\boldsymbol{\alpha}_3$ 线性无关,若 $\boldsymbol{\alpha}_1+2\boldsymbol{\alpha}_2+\boldsymbol{\alpha}_3,\boldsymbol{\alpha}_1+a\boldsymbol{\alpha}_2,3\boldsymbol{\alpha}_2+\boldsymbol{\alpha}_3$ 线性相关,则 $a=$________.

(2) 设向量组 $\boldsymbol{\alpha}_1=(1,2,-1,1)^{\mathrm{T}},\boldsymbol{\alpha}_2=(2,0,t,0)^{\mathrm{T}},\boldsymbol{\alpha}_3=(0,-4,5,t)^{\mathrm{T}}$ 线性无关,则 t 的取值范围是________.

(3) 已知向量组 $\boldsymbol{\alpha}_1=(a,a,1)^{\mathrm{T}},\boldsymbol{\alpha}_2=(a,1,a)^{\mathrm{T}},\boldsymbol{\alpha}_3=(1,a,a)^{\mathrm{T}}$ 的秩是 2,则 $a=$________.

(4) 已知 $\boldsymbol{\alpha}_1=(1,2,1)^{\mathrm{T}},\boldsymbol{\alpha}_2=(2,3,a)^{\mathrm{T}},\boldsymbol{\alpha}_3=(1,a+2,-2)^{\mathrm{T}},\boldsymbol{\beta}=(1,3,0)^{\mathrm{T}}$.若 $\boldsymbol{\beta}$ 可由 $\boldsymbol{\alpha}_1,\boldsymbol{\alpha}_2,\boldsymbol{\alpha}_3,\boldsymbol{\alpha}_4$ 线性表示,且表示不唯一,则 $a=$________.

(5) 向量组 $\boldsymbol{\alpha}_1=(2,1,3)^{\mathrm{T}},\boldsymbol{\alpha}_2=(1,2,1)^{\mathrm{T}},\boldsymbol{\alpha}_3=(3,3,4)^{\mathrm{T}},\boldsymbol{\alpha}_4=(5,1,8)^{\mathrm{T}},\boldsymbol{\alpha}_5=(0,0,2)^{\mathrm{T}}$ 的一个最大无关组是__________.

(6) 向量 $\boldsymbol{\beta}=(1,4,0)^{\mathrm{T}}$ 可由向量组 $\boldsymbol{\alpha}_1=(1,2,2)^{\mathrm{T}},\boldsymbol{\alpha}_2=(0,-1,1)^{\mathrm{T}}$ 线性表示为__________.

3. 解答题:

(1) 求方程组 $\begin{cases}x_1+x_2-2x_3=5,\\2x_1+x_2-x_3+x_4=7,\\x_1+2x_2-5x_3-x_4=8\end{cases}$ 的通解;

(2) 求方程组 $\begin{cases}x_1+x_2+x_3-3x_4=6,\\x_1-5x_2+x_3+3x_4=-6,\\x_1-2x_2+2x_3-x_4=2\end{cases}$ 的通解;

(3) 已知线性方程组

$$\begin{cases}2x_1+ax_2-x_3=1,\\ax_1-x_2+x_3=2,\\4x_1+5x_2-5x_3=-1,\end{cases}$$

确定 a 的取值使方程组有无穷多解,并写出方程组的通解.

第三单元　数理逻辑

逻辑学作为一门介绍思维和论证规律的学科，经历了漫长的发展过程.它伴随着人类文明的进步而不断演化，并深刻影响着科学、哲学、法律等多个领域.关于逻辑思想的源流，一种普遍观点是，古希腊的逻辑学、古印度的因明学和我国的名辩学是逻辑思想的三大源流.

古希腊哲学家亚里士多德奠定了形式逻辑的基础，被誉为西方传统逻辑的奠基人.他的三段论是哲学史上第一个完整的逻辑系统，对后世产生了深远的影响.斯多葛学派进一步发展了命题逻辑，分析了命题间的逻辑关系，并确立了推理规则，为逻辑推理提供了一套系统的框架.直到17世纪，亚里士多德的三段论和斯多葛学派的命题逻辑一直占据着逻辑学的主导地位.然而，随着科学的发展，古典形式逻辑的局限性日益凸显：它既不能准确表达日常语言和数学语句，也无法处理关系命题及其推理.

17世纪，莱布尼兹提出了建立一种"通用科学语言"的构想，试图将思维推理过程转化为可通过计算得出正确结论的算式.尽管莱布尼兹未能实现这一构想，但他为现代数理逻辑的诞生播下了种子.19世纪，英国数学家乔治·布尔构建了一套代数系统来表达逻辑关系，将数学运算和方法应用于逻辑推理问题，这不仅为逻辑学提供了精确的语言，也为计算机科学的发展奠定了基础.德国数学家弗雷格进一步发展了量词的符号系统，罗素和怀特海则通过逻辑符号定量地探讨逻辑问题，尝试将所有数学概念归结为逻辑概念，并使用逻辑推理来证明数学定理.至此，数理逻辑发展成为一门成熟的独立学科.如今，数理逻辑在计算机科学、人工智能、语言学等多个领域发挥着至关重要的作用.它不仅为编程语言提供了语法和语义的基础，也为人工智能的发展提供了推理和决策的逻辑框架.

在我国，逻辑思想的萌芽早在春秋战国时期就已经出现，各种思想学术流派著书立说，争相论辩.在论辩方法的研究中包含了丰富的逻辑思想，现代通常称为名辩学.司马谈所著《论六家要旨》将这些流派分为阴阳、儒、墨、名、法、道六家，其中名家以思维和论辩为主要研究对象.邓析是名家辩者第一人，他主张"两可之说"，强调事物之间的对立面和同一事物内部的对立面，体现了朴素的辩证思想和逻辑观念；惠施提出了"合同异"的思想，认为事物的相同和差异是相对的，体现了对事物相对性和同一性的思考；公孙龙提出了"白马非马"，体现了属种概念的区别，现代数理逻辑中利用量词可以精确表述这种区别.名家侧重于语言和概念分析，对命题进行深入探讨.墨家对逻辑思想的主要贡献在于对逻辑推理的系统化探索，其不仅关注逻辑形式，还强调逻辑在社会实践中的应用，与现代逻辑学的应用特性相契合.《墨经》中提出的一系列逻辑原则，如类比推理、归纳推理和演绎推理，与现代数理逻辑中的推理规则有着惊人的相似之处.

秦代之后，我国逻辑思想的研究进入了沉寂时期.明朝末年，西方逻辑学随着“西学东渐”的潮流传入我国，李之藻和葡萄牙传教士傅汎际合作翻译的《名理探》是我国第一部西方逻辑学译著.19 世纪 20 年代，在严复的推动下，西方逻辑被系统地引入我国.严复的《穆勒名学》《名学浅说》等译著在当时的思想界产生了重要的影响.在数理逻辑传入我国之后，金岳霖、汪奠基等逻辑学家著书立说，并将数理逻辑引入大学、高中等学校教育.汪奠基是我国逻辑史研究的开创者，他的著作《逻辑与数学逻辑论》是一部系统介绍数理逻辑的著作，《现代逻辑》介绍了量子逻辑的前期研究.金岳霖在清华大学哲学系教授逻辑课时撰写并出版了讲义《逻辑》，较为详细而系统地讨论了数理逻辑，对我国数理逻辑的发展产生了深远影响.我国数理逻辑研究起步较晚，但是一代代的学者们自强不息，凭着对国家的挚爱忠诚、对科学的孜孜以求，才使得我国数理逻辑领域的发展在国际范围内具备了一定的影响力.

数学理论场

一　命题的概念

命题逻辑是数理逻辑的一部分.数理逻辑又称符号逻辑，是用符号语言表示自然语言，用数学的方法研究逻辑.命题是命题逻辑最基本的概念.

什么是命题？在自然语言中，陈述句表达命题.或者说，命题是用自然语言中的陈述句表示的.我们对命题的直观描述是：**命题是非真即假的陈述句**.

祈使句、感叹句或者疑问句不是命题，因为它们无法判断真假.

命题的真或假称为**命题的真值**，通常将“真”记为“T”或者“1”，将“假”记为“F”或者“0”.若命题的真值为真，则称之为真命题；否则，称为假命题.

例 1　判断下列语句是否为命题：

(1) 李白是唐朝诗人.

(2) 水在 20 ℃的环境中会结冰.

(3) 多聪明的孩子啊！

(4) 2 是素数而且是偶数.

(5) 你今天下午去上课吗？

(6) 我在说谎.

解　(1) 是命题，其真值为 1，是真命题；

(2) 是命题，其真值为 0，是假命题；

(3) 感叹句，不是命题；

(4) 是命题，其真值为 1，是真命题；

(5) 是疑问句，不是命题；

(6) 是一个悖论.假设我说谎了，那么“我在说谎”这句话是假的，我没有说谎，与假设矛盾；假设我没有说谎，那么我说的是真话，我确实在说谎，仍然与假设矛盾.像这样自相矛盾的语句，是无法判断其真假的，称之为**悖论**，不是命题.

举一反三

请查阅资料，寻找其他悖论的例子.

命题常用字母 $p,q,r,\cdots$ 或 $p_1,p_2,\cdots$ 等表示，称为命题标识符.

当命题标识符代表一个确定命题时，称为**命题常元**；

当命题标识符代表不确定的任意命题时，称为**命题变元**.命题变元不是命题，因为它不能确定真假.

给一个命题变元指定一个确定的命题或真值，称为命题变元的一个**指派**或**赋值**.

不能再分解为其他命题的命题称为**原子命题**或**简单命题**.原子命题是命题逻辑的基本单位.例如，例 1 中(1)和(2)都是原子命题.

原子命题、联结词和标点符号构成的命题称为**复合命题**.例如，例 1 中(4)就是原子命题"2 是素数"和"2 是偶数"由"而且"联结构成的.

二 命题联结词与命题符号化

(一) 命题联结词

1. 否定联结词

设 p 是命题，则 p 的否定是一个复合命题，记作 $\neg p$，读作"非 p".符号"$\neg$"称为否定联结词.

一般地，自然语言中的"不""无""没有""非"等词语均可符号化为"$\neg$".

如表 3-1 所示，根据命题 p 所有可能的真值，判断 p 的真值，并将命题 p 与 $\neg p$ 及其真值列成表格，称为否定式 $\neg p$ 的真值表.

表 3-1 $\neg p$ 的真值表

p	$\neg p$
0	1
1	0

例 2 将下列命题符号化：

(1) 今天没有下雨；　　(2) 2 不是整数.

解 (1) 设 p：今天下雨.该命题符号化为 $\neg p$.

(2) 设 q：2 是整数.该命题符号化为 $\neg q$.

2. 合取联结词

设 p,q 是两个命题，则复合命题"p 并且 q"记作 $p\wedge q$，读作"p 且 q"或"p 和 q 的合取".符号"$\wedge$"称为合取联结词.

一般地，自然语言中的"……和……""……与……""……并且……""既……又……""不但……而且……"等词语均可符号化为"$\wedge$".

例 3 将下列命题符号化：

(1) 小王和小李都是学生；

(2) 罗素不但是哲学家，而且是数学家；

(3) 5 比 4 大，比 3 小.

解 (1) 设 p：小王是学生；q：小李是学生.该命题可符号化为 $p \wedge q$.

(2) 设 r：罗素是哲学家；s：罗素是数学家.该命题可符号化为 $r \wedge s$.

(3) 设 p：5 比 4 大；q：5 比 3 小.该命题可符号化为 $p \wedge q$.

合取式 $p \wedge q$ 的真值表如表 3-2 所示.

表 3-2 $p \wedge q$ 的真值表

p	q	$p \wedge q$
0	0	0
0	1	0
1	0	0
1	1	1

3. 析取联结词

设 p, q 是两个命题，则复合命题"p 或者 q"记作 $p \vee q$，读作"p 或 q"或"p 与 q 的析取".符号"$\vee$"称为析取联结词.

一般地，自然语言中的"……或者……""可能……也可能……"等词语均可符号化为"$\vee$".

例 4 将下列命题符号化：

(1) 本学年的三好学生可能是小张，也可能是小王；

(2) 你买点水果，或者买束鲜花.

解 (1) 设 p：本学年的三好学生是小张；q：本学年的三好学生是小王.该命题可符号化为 $p \vee q$.

(2) 设 p：你买点水果；q：你买束鲜花.该命题可符号化为 $p \vee q$.

应当注意，在例 4(1) 中，"本学年的三好学生是小张"和"本学年的三好学生是小王"二者可以同时为真，称之为**可兼或**.例 4(2) 中"你买点水果"和"你买点鲜花"也可以同时为真，也是可兼或.

如果析取式 $p \vee q$ 中的原子命题不能同时为真，那么称为**不可兼或**.

例如，今晚 8 点我或者去听讲座，或者去看电影，其中"今晚 8 点我去听讲座"和"今晚 8 点我去看电影"这两个命题不能同时为真，因此是不可兼或.

在命题逻辑中，约定"$\vee$"表示可兼或.

析取式的真值表如表 3-3 所示.

表 3-3 $p \vee q$ 的真值表

p	q	$p \vee q$
0	0	0
0	1	1
1	0	1
1	1	1

4. 条件联结词

设 p,q 是两个命题，则复合命题“若 p，则 q”记作 $p \rightarrow q$，读作“p 蕴涵 q”或“若 p，则 q”.符号“$\rightarrow$”称为条件联结词，并且称 p 为 $p \rightarrow q$ 的**前件**，q 为 $p \rightarrow q$ 的**后件**.前件是后件的充分条件，后件是前件的必要条件.

一般地，自然语言中的“如果……则……”“只要……就……”“除非……否则……”等词语均可符号化为“$\rightarrow$”.

例 5 将下列命题符号化：

(1) 如果周日晴天，我们去郊游；

(2) 只要 $2+3=5$，雪就是白的；

(3) 除非你考试及格，我才让你去看电影.

解 (1) 设 p：周日晴天；q：我们去郊游.该命题可符号化为 $p \rightarrow q$.

(2) 设 r：$2+3=5$；s：雪是白的.该命题可符号化为 $r \rightarrow s$.

(3) 设 p：你考试及格；q：我让你去看电影.该命题可符号化为 $q \rightarrow p$.

在命题逻辑中，对于命题 $p \rightarrow q$：

当前件 p 为真且后件 q 为真时，命题 $p \rightarrow q$ 为真；

当前件 p 为真且后件 q 为假时，命题 $p \rightarrow q$ 为假；

如果前件 p 为假，无论后件 q 是真还是假，命题 $p \rightarrow q$ 均为真.

$p \rightarrow q$ 的真值表如表 3-4 所示.

表 3-4 $p \rightarrow q$ 的真值表

p	q	$p \rightarrow q$
0	0	1
0	1	1
1	0	0
1	1	1

注意：在自然语言中，“如果……则……”连接的两个简单句通常表述的是因果关系，但是在命题逻辑中，前件和后件之间并不需要有实际关联.

5. 双条件联结词

设 p,q 是两个命题，则复合命题“p 当且仅当 q”记为 $p \leftrightarrow q$，读作“p 当且仅当 q”或“p 是 q 的充要条件”.符号“$\leftrightarrow$”称为双条件联结词.

例 6 将下列命题符号化：

(1) 我的程序将被编译当且仅当它没有语法错误；

(2) $x^2=4$ 当且仅当 $x=2$.

解 (1) 设 p：我的程序被编译；q：我的程序没有语法错误.该命题可符号化为 $p \leftrightarrow q$.

(2) 设 r：$x^2=4$；s：$x=2$.该命题可符号化为 $r \leftrightarrow s$.

$p \leftrightarrow q$ 的真值表如表 3-5 所示.

表 3-5 $p \leftrightarrow q$ 的真值表

p	q	$p \leftrightarrow q$
0	0	1
0	1	0
1	0	0
1	1	1

逻辑联结词的基本作用是将原子命题组合成复合命题，复合命题的真值取决于构成它的原子命题的真值.这样，逻辑联结词实际上是对原子命题的真值进行了"运算"，因此也被称为逻辑运算符."¬"(否定)是一元运算符，而"∧"(合取)、"∨"(析取)、"→"(蕴涵)、"↔"(双条件或等价)是二元运算符.

每个逻辑运算符定义了如何根据其原子命题的真值来确定复合命题的真值.

"¬"将真命题变为假命题，将假命题变为真命题；

"∧"在所有原子命题都为真时结果为真，否则为假；

"∨"在至少有一个原子命题为真时结果为真，否则为假；

"→"当前件为真且后件为假时结果为假，否则为真；

"↔"当所有原子命题的真值相同时结果为真，否则为假.

(二) 命题符号化

使用命题标识符表示自然语言中的命题，使用逻辑联结词表示这些命题之间的逻辑关系，可以将自然语言命题转化为符号形式，这一过程称为**命题符号化**.

例 7 将下列命题符号化：

(1) 小王是个爱孩子的幼儿园老师；

(2) 小王是个爱孩子的人但不是幼儿园老师；

(3) 如果小王是个幼儿园老师又是个爱孩子的人，孩子们一定喜欢他.

解 设 p：小王是个幼儿园老师；q：小王是个爱孩子的人；r：孩子们喜欢小王.

(1) 命题符号化为 $p \wedge q$；

(2) 命题符号化为 $\neg p \wedge q$；

(3) 命题符号化为 $p \wedge q \rightarrow r$.

例 8 将下列命题符号化：

(1) 如果明天不是雨夹雪，我就去听讲座；

(2) 如果明天既不下雨又不下雪，我就去听讲座；

(3) 如果明天下雨或者下雪，我就不去听讲座了.

解　设 p：明天下雨；q：明天下雪；r：我去听讲座.

(1) 命题符号化为 $\neg(p\wedge q)\rightarrow r$；

(2) 命题符号化为 $(\neg p\wedge\neg q)\rightarrow r$；

(3) 命题符号化为 $p\vee q\rightarrow\neg r$.

三　命题公式与真值表

(一) 什么是命题公式

命题符号化后得到的是由命题常元、命题变元、逻辑联结词和圆括号构成的符号串.这种符号串称为**命题公式**，简称**公式**.然而，并非所有随意组合的符号串都能称为命题公式.命题公式由下列规则产生：

(1) 基本元素：命题常元和命题变元是命题公式；

(2) 否定规则：若 p 是命题公式，则其否定形式 $\neg p$ 也是命题公式；

(3) 复合规则：若 p,q 是命题公式，则 $(\neg p)$，$(p\wedge q)$，$(p\vee q)$，$(p\rightarrow q)$，$(p\leftrightarrow q)$ 也是命题公式；

(4) 生成限制：只有通过有限次应用上述规则(1)(2)(3)生成的字符串才是命题公式.

例如，命题变元 p,q,r 是公式，因此，$(p\wedge q)$ 和 $(p\vee q)$ 都是公式，则 $(\neg(p\wedge q))$ 是公式，所以 $(\neg(p\wedge q)\rightarrow(p\vee q))$ 也是公式.而字符串 $(p\vee)$ 不是公式，因为它不符合命题公式的定义.

为简化表述，约定如下：

(1) 逻辑联结词的运算优先级为 $\neg,\wedge,\vee,\rightarrow,\leftrightarrow$，优先级相同时从左到右运算；

(2) 可以省略命题公式最外层的圆括号；

(3) 可以省略 $(\neg p)$ 外层的圆括号.

例如，公式 $((\neg p)\wedge(\neg q))$ 可以简写为 $\neg p\wedge\neg q$.

公式 $(((\neg p)\vee q)\wedge r)$ 可以简写为 $(\neg p\vee q)\wedge r$.

(二) 命题公式的真值

命题公式的真值取决于它所包含的命题变元的真值.当我们为所有命题变元指定一组真值时，这一组真值称为该公式的一个**赋值**(或指派、解释)，记作 I，公式 G 在赋值 I 下的真值记为 $T_I(G)$.使公式真值为 1 的赋值称为该公式的**成真赋值**，使公式真值为 0 的赋值称为该公式的**成假赋值**.

包含 n 个命题变元的公式共有 2^n 个不同的赋值.

例 9　命题公式 $G=(\neg p\wedge q)\vee r$，在赋值 I_1：

p	q	r
1	1	0

下的真值 $T_{I_1}(G)=0$，I_1 是公式 G 的一组成假赋值.

在赋值 I_2：

p	q	r
0	1	0

下的真值 $T_{I_2}(G)=1$，I_2 是公式 G 的一组成真赋值.

（三）真值表

真值表列出命题公式所有可能的赋值及其对应的真值.创建真值表时，应遵循以下步骤：

(1) 排列命题变元：按照字典顺序从左到右排列命题变元.

(2) 排列赋值：按照二进制的顺序，从上到下排列每个命题变元的所有可能赋值.若命题公式中包含 n 个命题变元，则共有 2^n 种可能的赋值组合.

(3) 计算真值：按照运算优先级，由先至后，逐步扩展，直到计算出整个公式的真值.

(4) 记录结果：将每种赋值组合对应的公式真值记录在表格中.

例 10　构造下列命题公式的真值表：

(1) $A=p\wedge q\wedge\neg p$；

(2) $C=(p\rightarrow q)\wedge\neg r$.

解　(1) 公式 $A=p\wedge q\wedge\neg p$ 的真值表(表 3-6)如下：

表 3-6　$p\wedge q\wedge\neg p$ 的真值表

p	q	$\neg p$	$p\wedge q$	$p\wedge q\wedge\neg p$
0	0	1	0	0
0	1	1	0	0
1	0	0	0	0
1	1	0	1	0

(2) 公式 $C=(p\rightarrow q)\wedge\neg r$ 的真值表(表 3-7)如下：

表 3-7　$(p\rightarrow q)\wedge\neg r$ 的真值表

p	q	r	$p\rightarrow q$	$\neg r$	$(p\rightarrow q)\wedge\neg r$
0	0	0	1	1	1
0	0	1	1	0	0
0	1	0	1	1	1
0	1	1	1	0	0
1	0	0	0	1	0
1	0	1	0	0	0
1	1	0	1	1	1
1	1	1	1	0	0

在例 10(1)中,公式 A 的所有赋值都是成假赋值.在例 10(2)中,公式 C 既有成真赋值,也有成假赋值.

(四) 永真式与永假式

根据命题公式 A 在所有可能赋值下的真值情况,可以将其分为以下三类:

(1) **重言式(永真式)**:若 A 在任何可能的赋值下真值均为 1,则称 A 为重言式.

(2) **矛盾式(永假式)**:若 A 在任何可能的赋值下真值均为 0,则称 A 为矛盾式.

(3) **可满足式**:若 A 在某些赋值下为真,而在其他赋值下为假,则称 A 为可满足式.

利用真值表,可以判断命题公式的类型.

例 11 判别下列公式的类型:

(1) $(p\rightarrow\neg p)\rightarrow\neg p$;

(2) $\neg(p\rightarrow q)\wedge q$;

(3) $(p\wedge\neg p)\leftrightarrow q$.

解 (1) 公式$(p\rightarrow\neg p)\rightarrow\neg p$ 的真值表(表 3-8)如下:

表 3-8 $(p\rightarrow\neg p)\rightarrow\neg p$ 的真值表

p	$\neg p$	$p\rightarrow\neg p$	$(p\rightarrow\neg p)\rightarrow\neg p$
0	1	1	1
1	0	0	1

所以公式$(p\rightarrow\neg p)\rightarrow\neg p$ 为重言式.

(2) 公式$\neg(p\rightarrow q)\wedge q$ 的真值表(表 3-9)如下:

表 3-9 $\neg(p\rightarrow q)\wedge q$ 的真值表

p	q	$p\rightarrow q$	$\neg(p\rightarrow q)$	$\neg(p\rightarrow q)\wedge q$
0	0	1	0	0
0	1	1	0	0
1	0	0	1	0
1	1	1	0	0

所以公式$\neg(p\rightarrow q)\wedge q$ 为矛盾式.

(3) 公式$(p\wedge\neg p)\leftrightarrow q$ 的真值表(表 3-10)如下:

表 3-10 $(p\wedge\neg p)\leftrightarrow q$ 的真值表

p	q	$\neg p$	$p\wedge\neg p$	$(p\wedge\neg p)\leftrightarrow q$
0	0	1	0	1
0	1	1	0	0
1	0	0	0	1
1	1	0	0	0

所以公式$(p\wedge\neg p)\leftrightarrow q$ 为可满足式.

四 等价式与蕴涵式

1. 等价式

若命题公式 A,B 在所有可能的赋值下具有相同的真值,则称 A 与 B 是等价的,记为 $A\Leftrightarrow B$,读作“A 等价 B”,称 $A\Leftrightarrow B$ 为**等价式**.

显然,$A\Leftrightarrow B$ 当且仅当 $A\leftrightarrow B$ 是**重言式**.

列真值表是一种常见的判别命题是否等价的方法.

例 12 证明:$\neg(p\vee q)\Leftrightarrow\neg p\wedge\neg q$.

证 $\neg(p\vee q)$和$\neg p\wedge\neg q$ 的真值表(表 3-11)如下:

表 3-11 $\neg(p\vee q)$和$\neg p\wedge\neg q$ 的真值表

p	q	$\neg p$	$\neg q$	$p\vee q$	$\neg(p\vee q)$	$\neg p\wedge\neg q$
0	0	1	1	0	1	1
0	1	1	0	1	0	0
1	0	0	1	1	0	0
1	1	0	0	1	0	0

可见$\neg(p\vee q)$和$\neg p\wedge\neg q$ 有相同的真值表,因此$\neg(p\vee q)\Leftrightarrow\neg p\wedge\neg q$.

用真值表法可以验证以下**基本等价式**.

E_1:双否律 $\neg(\neg p)\Leftrightarrow p$;

E_2:等幂律 $p\vee p\Leftrightarrow p$,$p\wedge p\Leftrightarrow p$;

E_3:交换律 $p\vee q\Leftrightarrow q\vee p$,$p\wedge q\Leftrightarrow q\wedge p$;

E_4:结合律 $(p\wedge q)\wedge r\Leftrightarrow p\wedge(q\wedge r)$,$(p\vee q)\vee r\Leftrightarrow p\vee(q\vee r)$;

E_5:分配律 $p\wedge(q\vee r)\Leftrightarrow(p\wedge q)\vee(p\wedge r)$,$p\vee(q\wedge r)\Leftrightarrow(p\vee q)\wedge(p\vee r)$;

E_6:德·摩根律 $\neg(p\wedge q)\Leftrightarrow\neg p\vee\neg q$,$\neg(p\vee q)\Leftrightarrow\neg p\wedge\neg q$;

E_7:吸收律 $p\wedge(p\vee q)\Leftrightarrow p$,$p\vee(p\wedge q)\Leftrightarrow p$;

E_8:零一律 $p\vee 1\Leftrightarrow 1$,$p\wedge 0\Leftrightarrow 0$;

E_9:同一律 $p\vee 0\Leftrightarrow p$,$p\wedge 1\Leftrightarrow p$;

E_{10}:矛盾律 $p\wedge\neg p\Leftrightarrow 0$;

E_{11}:排中律 $p\vee\neg p\Leftrightarrow 1$;

E_{12}:蕴涵等值式 $p\rightarrow q\Leftrightarrow\neg p\vee q$;

E_{13}:假言易位 $p\rightarrow q\Leftrightarrow\neg q\rightarrow\neg p$;

E_{14}:等价等值式 $p\leftrightarrow q\Leftrightarrow(p\rightarrow q)\wedge(q\rightarrow p)$;

E_{15}:归谬式 $(p\rightarrow q)\wedge(p\rightarrow\neg q)\Leftrightarrow\neg p$.

应用基本等价式 $E_1\sim E_{15}$,可以从一个公式推导出与之逻辑等价的另一个公式.这个过程称为**等值演算**.等值演算借助于这些等价式简化逻辑表达式,且不改变其逻辑含义.

例 13 证明等价式：$p\to(q\to r)\Leftrightarrow(p\wedge q)\to r$.

证 $p\to(q\to r)\Leftrightarrow\neg p\vee(q\to r)$

$\Leftrightarrow\neg p\vee(\neg q\vee r)$

$\Leftrightarrow(\neg p\vee\neg q)\vee r$

$\Leftrightarrow\neg(p\wedge q)\vee r$

$\Leftrightarrow(p\wedge q)\to r$.

通过等值演算证明等价式可以避免列出所有可能的赋值组合，特别是在处理涉及多个命题变元的复杂公式的时候，有效地简化了证明过程.等值演算还可以用于判断公式的类型.若公式 A 与重言式 1 等价，则 A 是重言式；若公式 A 与矛盾式 0 等价，则 A 是矛盾式；若公式 A 既不与 1 等价也不与 0 等价，则 A 是可满足式.

例 14 判别命题公式 $q\vee\neg((\neg p\vee q)\wedge p)$的类型.

解 $q\vee\neg((\neg p\vee q)\wedge p)\Leftrightarrow q\vee(\neg(\neg p\vee q)\vee\neg p)$

$\Leftrightarrow q\vee((p\wedge\neg q)\vee\neg p)$

$\Leftrightarrow q\vee((p\vee\neg p)\wedge(\neg q\vee\neg p))$

$\Leftrightarrow q\vee(\neg q\vee\neg p)$

$\Leftrightarrow 1\vee\neg p$

$\Leftrightarrow 1$.

所以命题公式 $q\vee\neg((\neg p\vee q)\wedge p)$是重言式.

2. 蕴涵式

设 A,B 是两个命题公式，若条件式 $A\to B$ 是重言式，则称 A 蕴涵 B，记为 $A\Rightarrow B$，称 $A\Rightarrow B$ 为**蕴涵式**.

为了证明 $A\Rightarrow B$，只需假定 A 的真值为 1，若能推出 B 的真值也为 1，则 $A\to B$ 是永真式，从而证明了 $A\Rightarrow B$.

例 15 证明：$(p\to q)\wedge\neg q\Rightarrow\neg p$.

证 假设$(p\to q)\wedge\neg q$ 为 1，则 $p\to q$ 为 1 且 $\neg q$ 为 1，故 q 为 0，从而 p 为 0，所以 $\neg p$ 为 1，因此$(p\to q)\wedge\neg q\Rightarrow\neg p$ 成立.

真值表法和等值演算法都可以用来证明 $A\to B\Leftrightarrow 1$，从而证明 $A\Rightarrow B$.

以下是一些常用的**基本蕴涵式**.

I_1：化简式 $p\wedge q\Rightarrow p$；

I_2：附加式 $p\wedge q\Rightarrow q$；

I_3：变形附加式 $\neg p\Rightarrow p\to q, q\Rightarrow p\to q$；

I_4：变形化简式 $\neg(p\to q)\Rightarrow p, \neg(p\to q)\Rightarrow\neg q$；

I_5：假言推论 $p\wedge(p\to q)\Rightarrow q$；

I_6：拒取式 $\neg q\wedge(p\to q)\Rightarrow\neg p$；

I_7：析取三段论 $\neg p\wedge(p\vee q)\Rightarrow q$；

I_8：条件三段论 $(p\to q)\wedge(q\to r)\Rightarrow p\to r$；

I_9：双条件三段论 $(p\leftrightarrow q)\wedge(q\leftrightarrow r)\Rightarrow p\leftrightarrow r$；

I_{10}：合取构造两难 $(p\to q)\wedge(r\to s)\wedge(p\wedge r)\Rightarrow q\wedge s$；

I_{11}：析取构造两难 $(p\to q)\wedge(r\to s)\wedge(p\vee r)\Rightarrow q\vee s$；

I_{12}：前后件附加 $p\to q\Rightarrow(p\vee r)\to(q\vee r)$.

五 命题逻辑的推理理论

（一）基本概念与推理规则

设 $A_1,A_2,\cdots,A_n$ 和 B 是命题公式，若 $A_1\wedge A_2\wedge\cdots\wedge A_n\Rightarrow B$（亦可记作 $A_1,A_2,\cdots,A_n\Rightarrow B$），则称 $A_1,A_2,\cdots,A_n$ 是 B 的**前提**，B 是 $A_1,A_2,\cdots,A_n$ 的**有效结论**.

需要注意的是，推理的有效结论是前提的逻辑结果，并不要求前提或结论的真假.

判断一个结论是否为有效结论的过程称为**论证**.论证的方法主要包括真值表法、等值演算法和构造论证法.在命题变元较多的情况下，通常采用构造论证法，即以一组公式为前提，通过推理规则导出结论.

构造证明法中常用以下推理规则：

(1) 永真蕴涵式和等价式都是有效的推理规则；

(2) P 规则（前提引入规则）：在论证的任何步骤中，可以引入前提；

(3) T 规则（结论引入规则）：在论证的任何步骤中，已证明的结论可以作为后续论证的前提；

(4) 置换规则：在论证的任何步骤中，可以用等价公式替换命题公式中的任何子公式；

(5) CP 规则（附加前提引入规则）：若 $A,B\Rightarrow C$，则 $A\Rightarrow B\to C$.

通过这些规则，可以构建逻辑严谨的证明过程，确保结论的有效性.

（二）构造论证法

1. 直接证法

直接证法是应用推理规则、逻辑等价式和蕴涵式，从一组前提中直接推演出结论的证法.

例 16 构造下面推理的证明：

$$p\vee q,q\to r,p\to s,\neg s\Rightarrow r\wedge q.$$

解

① $p\to s$	P
② $\neg s$	P
③ $\neg p$	T①②I
④ $p\vee q$	P
⑤ q	T③④I
⑥ $q\to r$	P
⑦ r	T⑤⑥I
⑧ $r\wedge q$	T⑦⑤I

其中 I 表示在 T 规则中通过蕴涵式推出其他命题公式.

2. 附加前提证法

如果要证明一个条件式,可以将条件式的前件作为附加前提,与其他前提一起使用,进而证明后件的成立.这种方法称为**附加前提证法**.

例 17 构造下面推理的证明:

$$\neg p \vee q, r \vee \neg q, r \to s \Rightarrow p \to s.$$

分析 用附加前提证法,只需证明 $\neg p \vee q, r \vee \neg q, r \to s, p \Rightarrow s$.

解 ① $\neg p \vee q$ P

② p CP

③ q T①②I

④ $r \vee \neg q$ P

⑤ r T③④I

⑥ $r \to s$ P

⑨ s T⑤⑥I

例 18 某夜,在某公寓中发生了一宗盗窃案.公安人员拘留了甲、乙两名嫌疑人,审问后得知:

(1) 甲或者乙中的一人作案;

(2) 若甲是盗窃犯,则作案时间不可能在午夜前;

(3) 若乙证词属实,则午夜时房间内灯光未灭;

(4) 若乙证词不属实,则作案时间发生在午夜前;

(5) 午夜时房间的灯光灭了.

谁是盗窃犯?

解 设 p:甲是盗窃犯;q:乙是盗窃犯;r:作案时间是午夜前;s:乙的证词属实;t:午夜时房间的灯光熄灭了.

前提:$p \vee q, p \to \neg r, s \to \neg t, \neg s \to r, t$.

推理过程如下:

① t P

② $s \to \neg t$ P

③ $\neg s$ T①②I

④ $\neg s \to r$ P

⑤ r T③④I

⑥ $p \to \neg r$ P

⑦ $\neg p$ T⑤⑥I

⑧ $p \vee q$ P

⑨ q T⑦⑧I

3. 归谬法(反证法)

归谬法是将结论的否定形式作为附加前提,与给定的前提条件一起推证来导出矛盾.归谬法的基本原理是:$A \Rightarrow B$ 当且仅当 $A \wedge \neg B$ 为矛盾式.

例 19 证明：$r\to\neg q, r\vee s, s\to\neg q, p\to q\Rightarrow\neg p$.

证 ① p　　CP

② $p\to q$　　P

③ q　　T①②I

④ $s\to\neg q$　　P

⑤ $\neg s$　　T③④I

⑥ $r\vee s$　　P

⑦ r　　T⑤⑥I

⑧ $r\to\neg q$　　P

⑨ $\neg q$　　T⑦⑧I

⑩ $q\wedge\neg q$　　T③⑨I

由⑩得出矛盾，根据归谬法，原推理正确.

编程实验室

计算命题公式与其真值

（一）Python 的逻辑运算

在 Python 语言中，布尔类型只有两个值：True（真）和 False（假）.通常用于逻辑运算和条件判断.常用的逻辑运算符包括 and（逻辑与运算符）、or（逻辑或运算符）、not（逻辑非运算符），其运算规则和命题逻辑中的合取、析取、否定完全一致，如表 3-12 所示：

表 3-12　Python 语言的逻辑运算真值表

x	y	not x（$\neg x$）	x and y（$x\wedge y$）	x or y（$x\vee y$）
False	False	True	False	False
False	True	True	False	True
True	False	False	False	True
True	True	False	True	True

在实际的逻辑运算中，会有“短路”现象.

对于逻辑与运算，如果 x 为 False，那么不会计算 y，x and y 返回 False；

对于逻辑或运算，如果 x 为 True，那么不会计算 y，x or y 返回 True.

此外，Python 逻辑运算符可以用来操作任何类型的表达式，其结果也可以是任意类型.例如，3 and 2 返回 2，3 or 2 返回 3.

（二）定义逻辑表达式

SymPy 提供了四种逻辑运算符的简写符号，分别为

否定运算符：~；合取运算符：&；析取运算符：|；条件运算符：>>.

例如，以下代码定义了逻辑表达式 $(p\to q)\wedge(\neg p\vee q)$：

```
import sympy as sp
p, q = sp.symbols('p q')
expr = (p >> q) & (~ p | q)
print(expr)
```

运行结果如下：

```
(Implies(p, q)) & (q | ~p)
```

（三）计算逻辑表达式的真值

调用 expr.subs()方法可以计算逻辑表达式的真值.

例 20 求命题公式 $(p\wedge q)\vee(\neg p\wedge\neg q)$ 在赋值 $p=1,q=0$ 时的真值.

解 代码如下：

```
import sympy as sp
p, q = sp.symbols('p q')
expr = (p & q) | (~p & ~q)
expr_substituted = expr.subs({p: 1, q: 0})
print("所求命题公式的真值为", expr_substituted)
```

运行结果如下：

```
所求命题公式的真值为 0
```

（四）根据真值表生成逻辑表达式

在逻辑电路设计中，经常需要根据操作的真值表获得对应的逻辑表达式.在 SymPy 中，sympy.SOPform()函数可以实现这个功能，其语法格式为

sympy.SOPform(variables, minterms, simplify).

其中 variables 是命题变元，接受列表或元组；minterms 是最小项，表示使逻辑表达式输出为 1 的所有赋值的索引，接受列表；simplify 是可选参数，接受布尔值，默认值为 True，用于指示是否对生成的表达式进行简化.

例 21 要设计一个逻辑电路供三位评委表决使用，每位评委有一个电子按键.如果同意，就按键表示为 1；如果不同意，就不按键表示为 0.要求当且仅当 2 个及 2 个以上评委同意时表决通过.

（1）根据表决器的功能描述写出真值表；

（2）根据真值表写出相应的逻辑表达式.

解 （1）根据表决器的功能描述写出真值表（表 3-13）如下：

表 3-13 真值表

评委 1	评委 2	评委 3	结果
0	0	0	0
0	0	1	0
0	1	0	0
0	1	1	1
1	0	0	0
1	0	1	1
1	1	0	1
1	1	1	1

(2) 编写代码，将真值表中所有成真赋值作为列表传递给 sympy.SOPform()函数，求出相应的逻辑表达式.

```
import sympy as sp
miniterm = [[0,1,1],[1,0,1],[1,1,0],[1,1,1]]
p,q,r = sp.symbols('p q r')
passExp= sp.SOPform([p,q,r], miniterm)
print('pass=',passExp)
```

运行结果如下：

```
pass= (p & q) | (p & r) | (q & r)
```

Python 流程控制

程序执行的流程分为三种：顺序结构、选择结构和循环结构.

(一) 顺序结构

顺序结构是最简单的算法结构，程序按照从上往下的顺序依次执行.

例 22 编写代码，输入三角形三条边的边长分别为 5,6,7，用海伦公式求该三角形的面积.

分析 input()函数用于从用户端获取输入并将其传递给程序，语法格式为

变量名 = input(prompt)

prompt 是可选参数，可以加入字符串，作为提示性文字.

输入函数 input()返回值为字符串类型，若需要将输入转换为其他类型(如整数或浮点数)，则需要使用 eval()函数或数值转换函数 int()、float().

例如，float(input("提示性文字"))将字符串转换为浮点数.

sp.sympify(input("提示性文字"))将字符串转换为符号表达式.

解 已知海伦公式为 $S=\sqrt{p(p-a)(p-b)(p-c)}$，其中 a,b,c 分别是三角形三

边的边长，半周长 $p=\frac{a+b+c}{2}$.编写代码如下：

```
import sympy as sp
a = sp.sympify(input("请输入第一条边长: "))
b = sp.sympify(input("请输入第二条边长: "))
c = sp.sympify(input("请输入第三条边长: "))
p = (a + b + c) / 2
area =sp.sqrt(p * (p - a) * (p - b) * (p - c))
print( "三角形的面积S是: ", area)
```

运行程序，根据提示分别输入三角形的边长，输出结果如下：

```
请输入第一条边长：5
请输入第二条边长：6
请输入第三条边长：7
三角形的面积 S 是：6 * sqrt(6)
```

（二）选择结构

选择结构也称分支结构，是程序通过判断条件的真假而选择执行不同分支的算法结构.Python 使用 if 语句实现分支结构.

（1）单分支选择结构

if 语句的单分支结构语法格式为

```
if <条件表达式>:
    <代码块>
```

当条件表达式为真时，执行代码块.

例 23 编写代码，判断当 $x\to 0$ 时 $f(x)=\sqrt{1+\tan x}-\sqrt{1-\sin x}$ 和 $g(x)=\ln(1+2x)$ 哪一个是 x 的等价无穷小，并输出结论.

解 代码如下：

```
import sympy as sp
x = sp.symbols('x')
expr_1 = (sp.sqrt(1 + sp.tan(x)) - (sp.sqrt(1 - sp.sin(x))))
expr_2 = sp.log(1 + 2 * x)
limit_1 = sp.limit(expr_1/x, x, 0, dir = '+-')
limit_2 = sp.limit(expr_2/x, x, 0, dir = '+-')
if limit_1 == 1:
    print('当x→0时, f(x)是x的等价无穷小')
if limit_2 == 1:
    print('当x→0时, g(x)是x的等价无穷小')
```

运行结果如下：

当 $x\to 0$ 时，f(x)是 x 的等价无穷小

(2) 双分支选择结构

双分支选择结构的语法格式为

```
if <条件表达式>：
  <代码块 1>
else：
  <代码块 2>
```

当条件表达式为真时，执行代码块 1；否则，执行代码块 2.代码块 1 和代码块 2 是互斥的，只能执行其中一个.

例 24 编写代码，判断函数 $f(x)=\begin{cases}\dfrac{\sin x}{x}, & x>0,\\ 1, & x=0,\\ x\sin\dfrac{1}{x}, & x<0\end{cases}$ 在点 $x=0$ 是否连续，并输出结果.

解 代码如下：

```
import sympy as sp
x = sp.symbols('x')
lim_left = sp.limit(x * sp.sin(1 / x), x, 0, dir = '-')
lim_right = sp.limit(sp.sin(x) / x, x, 0, dir = '+')
if lim_left == lim_right == 1:
    print('函数f(x)在点x=0连续')
else:
    print('函数f(x)在点x=0不连续')
```

运行结果如下：

函数 f(x)在点 x = 0 不连续

(3) 多分支选择结构

多分支选择结构是一种多选一执行的结构，通常用于判断一个或一类条件的多个执行路径，其格式如下：

```
if <条件表达式 1>：
  <代码块 1>
elif <条件表达式 2>：
   <代码块 2>
…
elif <条件表达式 n>：
   <代码块 n>
else：
```

<代码块 n+1>

程序按照代码顺序依次寻找第一个结果为 True 的条件表达式，并执行其代码块. 例如，若条件表达式 1 为 True，则执行代码块 1；否则，向下判断条件表达式 2.若条件表达式 2 为 True，则执行代码块 2.以此类推，若所有的条件表达式均为 False，则执行 else 的代码块 $n+1$.

代码块 1 至代码块 $n+1$ 都是互斥的，只有且必有其中一个被执行，然后程序会继续执行下面的代码块.

例 25 编写代码判断命题公式 $(\neg p\rightarrow q)\rightarrow(q\rightarrow\neg p)$ 的类型.

解 代码如下：

```
import sympy as sp
p, q = sp.symbols('p q')
expr = (~p >>q) >> (q >> ~p)
subs_1 = expr.subs({p: 0, q: 0})
subs_2 = expr.subs({p: 0, q: 1})
subs_3 = expr.subs({p: 1, q: 0})
subs_4 = expr.subs({p: 1, q: 1})
if subs_1 == subs_2 == subs_3 == subs_4 == 0:
    print('该命题公式是永假式')
elif subs_1 == subs_2 == subs_3 == subs_4 == 1:
    print('该命题公式是永真式')
else:
    print('该命题公式是可满足式')
```

运行结果如下：

```
该命题公式是可满足式
```

在例 25 中多次手动调用 subs()增加了冗余代码，使用循环结构可以对此加以改进.

（三）循环结构

循环结构是指在算法中从某处开始，按照一定的条件反复执行同一个代码块的结构，反复执行的代码块就是循环体.

for 循环是一种遍历循环，它遍历可迭代对象，循环体针对可迭代对象中每个元素执行一次，因此，其执行次数取决于迭代对象中的元素数量，迭代次数在执行前已确定，适用于循环次数已知且固定的情况.

for 循环的基本语法格式如下：

```
for 变量 in 可迭代对象:
    <代码块>
```

其中代码块即循环体.

例 26 使用 for 语句改进例 25 中的代码.

解 代码如下：

```
1  import sympy as sp
2
3  p, q = sp.symbols('p q')
4  expr = (p >> q) >> (~q >> ~p)
5
6  assignment = [(0, 0), (0, 1), (1, 0), (1, 1)]
7  results = [ ]
8
9  for val in assignment:
10     result = expr.subs({p:val[0], q:val[1]})
11     results.append(result)
12
13 if all(result == False for result in results):
14     print('命题公式是永假式')
15 elif all(result == True for result in results):
16     print('命题公式是永真式')
17 else:
18     print('命题公式是可满足式')
```

第 6 行代码创建了一个列表 assignment，用于存放逻辑表达式中 p 和 q 的布尔值.

第 7 行代码定义了一个空列表 results，该列表用于存放每个赋值组合下计算得到的真值(布尔结果)，以便后续进行逻辑表达式的类型判断.

第 9 行代码是一个循环语句，它遍历列表 assignment 中的每个元素(元组)，将元素(元组)的值赋给变量 val，其中 val 是一个元组，包含当前组合中 p 和 q 的值.

第 10 行代码计算当前赋值组合下逻辑表达式的真值，通过调用逻辑表达式 expr 的 subs()方法，计算出该表达式在特定输入下的结果.它接受一个字典作为参数，字典的键是要替换的符号，值是要替换成的具体值.

第 11 行代码使用 results.append()方法将新的计算结果 result 添加到 results 列表中，逐步构建出所有赋值组合下的真值.

第 13～18 行代码是一个多分支结构，用于判断逻辑表达式的类型.其中，使用 all()函数检查 results 列表中的所有元素是否全为 True 或全为 False，以确定逻辑表达式是永真式(全部为真)、永假式(全部为假)，还是可满足式(既有真也有假).

习题

1. 判断下列语句是否为命题，如果是命题，判断是原子命题，还是复合命题：

(1) $\sqrt{2}$是无理数.
(2) 雪不是红色就是黑色.
(3) x 大于 y.
(4) 太空中有外星生命.
(5) 你能带我一起去看电影吗？
(6) 重要会议请不要迟到！
(7) 整数都是无理数.
(8) 这句话是错的.
(9) 我希望你能成为一名高级技术人员.
(10) 如果鸭子会飞，那么草是绿的.

2. 设 p：明天下雨；q：我去公园.请将下列命题符号化：

(1) 如果明天不下雨，我就去公园；
(2) 只要明天下雨，我就不去公园；
(3) 只有明天不下雨，我才去公园；
(4) 除非明天下雨，我才不去公园.

3. 将下列命题符号化：

(1) 找你的人不是你哥哥，就是你弟弟；
(2) 王美和王丽是姐妹；
(3) 哥哥和弟弟都在看电视；
(4) 既然程序能正常运行，就不会存在语法错误；
(5) 只要出门，他一定会去书店；
(6) 只有小李生病或出差了，他才不去参加聚会；
(7) 如果买不到车票，我就不去旅游了；
(8) 如果只有注册才能进入那个网站，那我就不进去了.

4. 判断下列公式是永真式、永假式，还是可满足式：

(1) $(p\rightarrow(p\vee q))\wedge r$；
(2) $(p\rightarrow q)\wedge p\rightarrow q$；
(3) $q\wedge\neg(p\rightarrow q)$；
(4) $p\wedge(((p\vee q)\wedge\neg p)\rightarrow q)$.

5. 设 p,q 的真值为 1，r 的真值为 0，求下列公式的真值：

(1) $p\rightarrow(q\wedge r)$；
(2) $p\leftrightarrow(q\rightarrow r)$；
(3) $(p\wedge r)\vee(r\vee q)$；
(4) $(p\wedge r)\rightarrow(q\wedge r)$.

6. 构造下列命题公式的真值表并判断公式的类型：

(1) $(p\wedge q)\vee(\neg p\wedge\neg q)$；
(2) $(p\rightarrow r)\vee(q\rightarrow r)$；
(3) $(p\wedge(p\rightarrow q))\rightarrow q$；
(4) $\neg(p\rightarrow q)\wedge q$.

7. 编写代码计算下列公式：

(1) $p\rightarrow(q\rightarrow r)$；
(2) $\neg(p\wedge q)\rightarrow(\neg p\vee(\neg p\vee q)$.

8. 某种密码锁的控制电路中有三个按钮 A，B，C 和一个报警装置.当三个按钮同时按下，或只有 A，B 两个按钮按下，或只有 A，B 两个按钮中之一按下时，锁被打开；当不符合上述开锁信号时，电铃响起报警.请根据上述描述列出真值表，编写代码求出相应的逻辑表达式.